扬州盐商住宅的修缮保护

沈达宝　袁建力　著

科　学　出　版　社

北　京

内 容 简 介

扬州盐商住宅是历史文化名城扬州的重要组成部分,为清代康乾盛世两淮盐业兴旺、商贾云集、城市建设发展的象征,具有宝贵的历史、艺术和科学研究价值。本书结合文物保护和城市建设发展的要求,基于科学研究和工程实践成果,对扬州盐商住宅的整体保护和修缮工艺进行系统的理论归纳和应用拓展。

全书由十章组成。前四章主要介绍扬州盐商住宅的时代背景、建筑特征和保护政策,以及修缮方案所依据的基本原则和方法。后六章以国家和省级重点文物保护单位的修缮工程为例,分别介绍了六个典型住宅的建筑形制、细部构造、损坏状况与病因,以及所采用的具体修缮方案和工艺。书中提供了典型住宅的测绘图,便于读者对扬州古建筑形制和结构深入理解;此外,配置了典型住宅修缮前后的照片,以反映修缮保护工程的实施效果。

本书内容丰富、资料翔实,可作为城市建设规划部门、文物保护部门和古建园林公司技术人员的专业用书,也可作为土木工程、建筑学、风景园林学等专业学生的参考教材。

图书在版编目(CIP)数据

扬州盐商住宅的修缮保护/沈达宝,袁建力著. —北京:科学出版社,2019.9
ISBN 978-7-03-062263-1

Ⅰ.①扬… Ⅱ.①沈… ②袁… Ⅲ.①民居-修缮加固-研究-扬州
Ⅳ.①TU746.3

中国版本图书馆 CIP 数据核字(2019)第 200276 号

责任编辑:惠 雪 曾佳佳/责任校对:杨聪敏
责任印制:师艳茹/封面设计:许 瑞

科学出版社 出版
北京东黄城根北街 16 号
邮政编码:100717
http://www.sciencep.com

北京画中画印刷有限公司 印刷
科学出版社发行 各地新华书店经销
*
2019 年 9 月第 一 版 开本:787×1092 1/16
2019 年 9 月第一次印刷 印张:20 1/2
字数:490 000
定价:299.00 元
(如有印装质量问题,我社负责调换)

前　言

　　扬州是一座具有 2500 多年历史的文化名城，在 5 平方公里多的古城区，保存了千余座各个历史时期的砖木古建筑；其中，有近百座建于 19 世纪以前的盐商住宅、园林、会馆，是清代康乾盛世两淮盐业兴旺、商贾云集、城市建设发展的象征，具有宝贵的历史、艺术和科学研究价值。

　　扬州盐商住宅具有鲜明的地方特色和建筑风格，大多为国家和省市级文物保护单位；多数住宅年久失修、破损严重，采用科学合理的工艺和方案进行修缮保护，关系到文化遗产和历史信息的有效保存，对历史文化名城扬州的保护与发展甚为重要。

　　自 20 世纪 80 年代起，扬州市围绕国家历史文化名城建设，确定了历史城区的保护范围和措施，制定了古建筑修缮保护的政策和要求，为扬州盐商住宅的整体规划和修缮保护提供了政策保证和技术引领。经过几十年的实践，以扬州盐商住宅为主体的大批古建筑得到了有效的修缮和保护，为历史文化名城的可持续发展做出了贡献。

　　在国家自然科学基金重点项目"古建木构的状态评估、安全极限与性能保持"、国家自然科学基金面上项目"损伤古建筑木构架抗震性能退化机理的研究"的支持下，本书作者及成员基于多年的古建筑保护工作实践和科学研究，结合文物保护和城市建设发展的要求，对扬州盐商住宅的保护方案与修缮工艺做了系统的归纳提炼和运用分析，撰写了《扬州盐商住宅的修缮保护》一书，期望增进土木建筑工程界的学术与技术交流，并为国内众多民用砖木古建筑的修缮保护提供参考。

　　本书以扬州盐商住宅的修缮保护成果为依据，对工程中实施的传统修缮方案进行归纳整理，提炼出有效可行的工艺方法。全书由十章组成。前四章主要介绍扬州盐商住宅的时代背景、建筑特征和保护政策，以及修缮方案所依据的基本原则和方法。后六章以国家和省级文物保护单位的修缮工程为例，分别介绍了六个典型住宅的建筑形制、细部构造、损坏状况与病因，以及所采用的具体修缮方案和工艺。书中提供了典型住宅的测绘图，便于读者对扬州古建筑形制和结构的深入理解；此外，配置了典型住宅修缮前后的照片，以反映修缮保护工程的实施效果。

　　本书介绍的六个典型住宅均由江苏古宸环境建设有限公司（原名：扬州市古典建筑工程公司）修缮。该公司自 1963 年成立以来，一直从事古建筑的修复保护工作。公司注重与高校科研院所合作，依托国家自然科学基金项目和省市科研项目，组织技术力量联合攻克了一批技术难题，形成了斗栱构件间榫卯的组合规律、斗栱纵横构件搭交节点与三交构件节点卯口安装等系列古建木构的关键制作技术，提出了木构架古建筑打牮拨正的科学方法和技术措施，积累了丰富的专业理论知识与实务操作经验。上述成果先后应用于全国重点文物保护单位卢氏盐商住宅、汪氏盐商住宅、小盘谷、吴氏宅第、朱自清旧居、汪氏小苑、大明寺、逸圃，江苏省文物保护单位天宁寺、岭南会馆、文峰塔、周扶九盐商住宅等修缮工程，使相关古建筑得到有效的保护，取得了良好的社会效益和经济效益。

本书由扬州市直管公房管理处沈达宝总工程师（原扬州市古典建筑工程公司经理）和扬州大学袁建力教授策划设计，沈达宝总工程师撰写前言、第一至七章、第十章，扬州市佳城置业发展有限责任公司毛素飞工程师撰写第八章、第九章并绘制部分图片，江苏古宸环境建设有限公司李祥经理收集工程项目资料，扬州市祥成古建筑设计有限公司夏鸿元工程师负责第五至十章技术核对，袁建力教授对全书进行统稿、修订与审核。

本书的编写得到了扬州大学李胜才教授、张建新副教授在建筑物测绘测试方面的支持，扬州市规划院许世源、扬州市文物局文保处樊玉祥、郭果等提供了技术指导和资料，赵立昌、蒋献忠、潘叶祥、朱小琴、居宽惠、徐向豪、许曼、陆敏等提供了图片资料；书中还采用了国家、省市文物管理部门及相关网站的部分资料。在此，作者一并致以诚挚的谢意。

书中谬误和不足之处在所难免，敬请读者和同行专家批评指正。

作　者

2019 年 1 月于扬州

|目　录|

第一章

扬州盐商住宅的兴建与分布

第一节　历史文化名城与古建筑保护

地处江苏省中部，位于长江与京杭大运河交汇处的扬州，是一座具有 2500 多年历史的古城。公元前 486 年春秋时期，吴王夫差开邗沟、筑邗城，构建了扬州古城的雏形；秦统一中国后在扬州设置广陵县；西汉王朝将扬州封为刘氏藩国吴土、江都王、广陵王的都城；唐高祖武德八年 (公元 625 年)，将广陵作为扬州的治所，确定了扬州的固有名称；"邗""广陵""江都""维扬" 均为扬州的古称。1982 年，扬州因其深厚的历史文化底蕴和政治经济重镇的地位，被国务院公布为首批国家历史文化名城。

扬州是一座经贸昌盛的古城。扬州城市的发展与运河、盐业密切相关。西汉吴王刘濞 "鬻海为盐"，使万民食其业，奠定了扬州经济的基础；隋朝开挖了京杭大运河，扬州成为水运的枢纽 (图 1-1)，促进了南北经济文化的交流；唐代财富汇聚，扬州有 "雄富冠天下" 之称，是仅次于都城长安、洛阳的经济贸易中心；清代扬州，因两淮盐业的发展，商贾云集，在康乾时期成为整个中国乃至东亚地区资本最为集中的地区。长期以来，扬州重要的经贸中心位置，推动了城市的发展与繁荣；汉、唐、清是扬州发展的三个鼎盛时期，也是城市规模扩展、建筑大量兴建的时期。

扬州是一座建筑通史式古城。扬州大地上，有距今 5000 多年前的龙虬庄文化遗址。自公元前 486 年吴王夫差在蜀冈构筑邗城之后，扬州城池从蜀冈之上逐步向南变迁发展；据考证，仅扬州唐城遗址就有约 20 平方公里；但每一次变化，空间布局、城市肌理、建筑元素等，都得到了很好的传承和发扬，逐步形成了扬州古建筑的风格。在形式上，塔、亭、台、楼、阁、榭、坊、桥等，丰富多样，各有特色；在用途上，有帝王行宫、官府衙署、宗教场所、地方会馆、古典园林、商贾豪宅、普通民居等。今天的扬州文昌路贯穿东西，通古达今，沿途可见各个历史时期的名胜古迹，有 "唐宋元明清，从古看到今" 之誉。扬州古建筑既有经

图 1-1　扬州运河水系示意图

1. 古邗沟；2. 古邗沟与古运河重合段；3. 古运河；4. 京杭大运河

典遗产，更有系统的著述；明朝计成的《园冶》、清朝李斗的《扬州画舫录》，为我们留下了园林建筑营造的宝贵历史记录。

扬州是一座开放包容的古城。扬州是我国陆上丝绸之路和海上丝绸之路的交汇点。据记载，唐朝鼎盛时期来扬州经商、学习和旅游的外国人近万人。唐鉴真大师从扬州启航东渡日本，将佛教和中国先进的文化、建筑艺术介绍到东北亚。朝鲜国新罗王朝学者崔致远曾在扬州为官 5 年，其创作的《桂苑笔耕集》，是研究晚唐时期政治和人文风俗的重要文献。南宋时西域先贤普哈丁来华传教，在扬州生活了 10 年并主持建造了中国著名的清真寺——仙鹤寺，其逝世之后，安葬在扬州的普哈丁墓园。扬州的古建筑既体现了中国传统风格，也有不少异国他乡的元素。在这些古建筑中，不乏中西融合的建筑，有的引入了西方的建筑形式，有的采用了进口的建筑材料，这些西式建筑元素与扬州传统建筑结合，相得益彰，体现了中华文化的兼容并蓄性。

扬州是一座保护有效的古城。历史曾经给予扬州无数辉煌，也有过无数灾难，或焚毁，或荒芜，或迁移，但这是一个历史文化名城波浪式前进的必然过程。中华人民共和国成立后，扬州城市经历了成立初期和改革开放之初的两次拆迁改造，对部分街巷、河道作了规划调整，使一些古建筑遭到了损坏；但由于历届领导人重视和市民的普遍关切，政府制定了合理的政策措施，妥善地解决了城市发展、居民生活改善和文化遗产保护利用之间的矛盾，较好地保存了古城总体风貌，并科学地进行了古建筑分级保护。据统计，扬州目前保存千余处有历史价值的古建筑，包括全国重点文物保护单位 16 处、省级重点文物保护单位 28 处、市级重点文物保护单位 216 处；其中，扬州盐商住宅、园林、会馆是重点文物保护单位中的精华，占有一定的比重。经过有效保存、科学保护的扬州古建筑，为中国建筑遗产的研究提供了重要的历史印迹和实例借鉴。自 20 世纪 80 年代起，扬州市围绕国家历史文化名城建设，制定了城市建设规划，明确了城市整体格局和风貌保护要求，确定了历史城区、历史文化街区的保护范围和保护措施；经过几十年的实践，在古城保护方面取得了突出成就，先后获得联合国人居范例奖、国家文化旅游示范区、中国历史文化十大名街等荣誉，正逐步将扬州建成一座古代文化与现代文明交相辉映的城市。

第二节　清代扬州盐业与盐商住宅的兴衰

明末清初，战乱频繁，人口锐减，社会经济凋敝；两淮盐区壮丁逃亡严重，许多制盐设备遭到破坏，一些盐场荒草遍地，生产难以恢复。由于盐的生产与运销、盐课的输纳是"军国所需""动关国计"，清政府对盐业的恢复和发展相当重视，尤其是具有全国最大盐场的两淮盐区，恢复建设较好，并为国家提供了巨额的盐课收入。道光时期两江总督陶澍记述"国初淮盐正课，原只九十余万两，到乾隆年间已及四百余万两，以后增至五百万两左右"。乾隆时期两淮巡盐御史李发元称："两淮岁课当天下租庸之半，损益盈虚，动关国计。"

康乾时期是两淮盐业的鼎盛时期，盐的销量极大，盐税达到朝廷财政收入的四分之一，两淮盐商也在这时积累了巨额的财富。两淮盐商的巨额资金大部分消耗在扬州及其附近，把扬州造成了一个商业繁荣、文化发达、人文荟萃的园林化城市。清代诗人孔尚任诗曰："东南繁华扬州起，水陆物力盛罗绮，朱橘黄橙香者橼，蔗仙糖狮如茨比。一客已开十丈筵，客客对列成肆市"，从一个侧面反映了扬州商业的繁荣。

扬州商品经济的繁荣与盐商的奢侈性消费有着极大的关系，尤其在建筑、首饰、饮食、服装、漆玉器等行业的高水平的消费。在园林建筑方面，清代扬州繁华以盐商私家园林住宅为最。扬州大学朱江教授著《扬州园林品赏录》考述扬州园林建筑二百四十余所，《扬州市志》所列扬州园林建筑一百零八座，其中一半左右为清代园林建筑。

扬州自古便有筑园的传统，在唐代流传的"园林多是宅，车马少于船"便是这种传统的写照。至于真正意义上的扬州园林建筑则是指明清以后的盐商园林住宅，此时的园林建筑才有了自身的文化、区域的各种特征，才在全国城市中有了相当的声誉，所谓"杭州以湖山胜，苏州以市肆胜，扬州以园亭胜，三者鼎峙，不可轩轾"，便是扬州园林建筑时代意义的象征。

扬州园林建筑的发展，与清帝的南巡密切相关。清帝康熙、乾隆的多次南巡，都经过扬州并驻跸游览。盐商们一方面受地方政府营造迎圣环境的胁迫，另一方面也想在接待圣驾时获取自身发展的政治资本，这样的历史背景推动了园林建筑的大规模修建和标准的提高。其中，著名的大盐商江春最为典型，他修建了康山、江园 (乾隆赐名为净香园)、深庄、东园等园林住宅，多次得到了清帝的临幸和赏赐。

晚清 (1840~1911 年) 时期，由于第一次鸦片战争和太平天国运动的影响，加上盐税制度的改革以及漕运受到铁路交通的冲击，扬州经济逐渐衰退，两淮盐商相继退出政治经济舞台，扬州园林建筑兴建的高潮也随之减退。在这一时期，城市中新建的盐商园林住宅较少，较有名气的有卢氏意园、贾氏庭园、汪氏小苑等；一些新近发达的盐商和告老还乡的官宦，也大多购买家境败落盐商的旧宅，进行改建或适当的增建，使建筑更具有适用性和艺术性，如两江总督周馥修建的小盘谷、浙江宁绍道台吴引孙修建的吴氏宅第、盐商周扶九修建的住宅等。晚清时期的洋务运动和中外商贸的兴起，对扬州盐商和官宦的建筑意识也有较大的影响；较多的盐商和官宦住宅，在造型上借鉴了西式建筑风格并采用了先进的建筑材料，呈现出中西结合的特色。

第三节　扬州盐商住宅的聚落分布

自明洪武三年 (1370 年) 起，政府实施开中盐法制度，晋商、陕商、徽商以及湘、鄂、赣商贾纷纷来到扬州经营盐业贸易。为了避免在原籍地和贸易地两地奔走，较多的盐商落籍于扬州，其中徽商居多。盐商往往携家带口，聚族而来，聚族而居。当时，扬州旧城的东、南部靠运河边空隙地较多，盐商为了便于行盐，把堆贮食盐的仓库建在运河边上，并就近造房居住，使旧城东、南沿运河地带逐渐发展起来。

为了加强盐业管理，明政府于洪武三年 (1370 年) 在扬州城东大东门外设立了两淮都转运盐使司，盐务管理机构设在靠近运河边的地方。明正德五年 (1510 年)，两淮都转运盐使司因东、北 "民居鳞集"，盐务管理部门陆续在盐务衙门西、南两面建房百间，供人居住。

到了清代中期，扬州已成为全国商贸中心，是清帝南巡驻跸之地。扬州盐商为了迎接康熙、乾隆驻跸扬州，不惜工本，大兴土木，建造了天宁寺、高旻寺两大行宫。为安置乾隆随从的军机处、内阁和侍卫官员们的住宿，在香园、买卖街上岸和恩奉院内建造了大批官房，这些官房有的仿照京师八旗官员的住房，有的仿照京师南苑官署建造。为了皇室和随从官员人等购物的需求，按规定，在临时驻跸的行宫附近几里之地，建造了用于 "随营贸易" 的商贸用房。从清宫保存的《扬州行宫名胜全图》中看出，扬州盐商共建楼廊达 5000 多间，亭台 200 多座。

随着时代的变换、盐商个体的更迭，盐商的住宅聚落也在不断地更新和扩展。盐商们还建有办公议事场所 (会所、公所)、慈善机构 (育婴堂等)、书院，以及兼有办公议事和慈善性质的机构 (务本堂)。盐商集中居住的建筑群落因布局和环境条件较好，也吸引了周边居民与商贾的到来，久而久之，逐渐形成了一个又一个新街区。这是扬州城市建筑中特有的一种现象，也可以称之为 "盐商群落街区"。

根据扬州大学朱宗宙教授对历史资料和近人著述的整理，扬州盐商的住宅主要聚落在 4 个街区，相应的地理位置见图 1-2。

1. 南河下街区

南河下街区，是盐商最为集中居住的地方。清初东台诗人吴嘉纪到过扬州，他在诗中描述河下街区时称："冷鸦不到处，河下多居人。郁郁几千户，不许贫士邻。" 运河边的河下地带，原先是盐商的 "积盐区"，由于盐商是聚族而居，因而很快形成聚落。在南河下东端，后来的徐宁门 (现名徐凝门) 一带，也是盐商萃居的一个中心，在此基础上，形成了井巷口市。

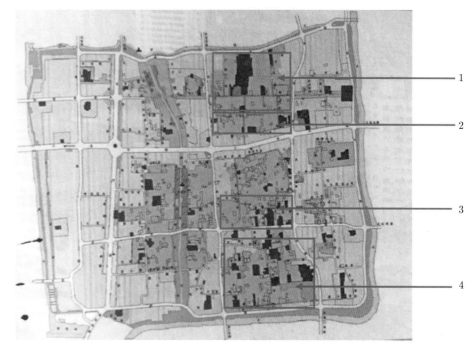

图 1-2　扬州盐商住宅的聚落街区示意图

1. 东关街街区；2. 东圈门街区；3. 辕门桥 — 左卫街街区；4. 南河下街区

李斗《扬州画舫录》中记载的河下街："钞关东内城脚至东关，为河下街。自钞关到徐宁门，为南河下；徐宁门至阙口门，为中河下；阙口门至东关，为北河下，计四里"。长达四里的河下街，与南河下成丁字形的有一个 "引市街"，为盐商进行盐引交易的场所而得名。徐宁门向西至蒋家桥，为徐凝门大街，路西为南河下口、花园巷。这一带更是盐商集中居住地之一，花园巷得名与此有关。

在河下街上居住着众多的盐商，自西向东，计有晚清民国时淮北济南场制盐七公司的汪鲁门、廖可亭，引市街的巴慰祖、王辅周、肖玉峰、魏次庚、江春、卢绍绪等。此外还有湖南会馆、湖北会馆、江西会馆等。

2. 辕门桥—左卫街街区

辕门桥—左卫街 (今广陵路) 街区是清代后期一条最为繁华的商业金融地带。辕门桥因清初驻军游击营 (驻在教场东、西两部) 在四周挖深壕，南边一道壕上架桥，后即称为辕门桥。左卫街因明初在扬州设卫指挥使司，下属左卫即在此，故后名为左卫街。扬州金融业离不开盐业，民间流传有 "银随盐走" 的说法。也有人作过一个比喻，钱庄是钟，而盐务是摆，一旦盐务衰败，钱庄也就非跟着停摆不可。

扬州是两淮盐业转运交易中心，盐业资本雄厚，钱业交易数量巨大，故有人称全国金融几可操纵。"扬郡财源，向持盐务，通利则各业皆形宽裕。" 市面上 "以盐业为银源，而操奇计赢，牢笼百货能为之消长者，厥为钱业"。据扬州金融志编撰委员会编《扬州金融志》记载：中华民国二十二年 (1933 年)，扬州市区情况调查表共列出 9 家金融业，其中 8 家在左卫街。金融业大都有盐商参与其中。

在辕门桥、左卫街街区也有盐商的住宅。据《扬州园林品赏录》记载："二分明月楼为盐商贾颂平购得，刘庄为盐商刘氏所有，盐商郑侠如休园，两淮盐运使丁乃扬丁氏园"。另外，马氏兄弟重建的梅花书院亦在左卫街上。朱江先生称"昔之左卫街，即今之广陵路，由东及西，两旁多官宦富甲宅第，每有园林"。

3. 东圈门街区

据杜召棠《扬州访旧录》记载："灯笼巷口，即东圈门所在，再前一横街，即运司街，北通彩衣街，南通鹅颈巷湾、教场街，两淮都转盐运使司署即在其间。东圈门为盐运使署所建，门有三：即南圈门、北圈门、东圈门。"东圈门与扬州盐务有关，是为了加强盐运使司衙门安全，保卫盐赋重地而建，时间在明代。

据《扬州园林品赏录》记载，在东圈门街区内有盐商和退休官员、文人居住的宅第，如汪氏小苑冰瓯仙馆、何廉舫壶园、刘文淇青溪旧座、听春楼等。

4. 东关街街区

在明朝中期，随着商业的发展、居民的增加，以及防范沿海倭寇的侵袭，在原扬州旧城的外围建造了新城。扬州新城起自"旧城东南隅，而北、而西，及旧城之东北隅止"。全长十里，一千五百四十一丈九尺，有七个门，即钞关、徐凝、天宁、广储、便益、通济和东关，门各有城楼，有敌台十二个。修新城所花经费通计白银四万六千一百五十七两。当时扬州府库只有一万六千余两，尚缺三万两，知府石茂华向盐商借银三万两，解决了修城经费。

东关街因扬州新城建成以后而得名。自入东关一直向西，长约三里的路段，有东关大街、大东门街、彩衣街，这是清代扬州又一重要街区。清代扬州，彩衣街与辕门桥—左卫街—多子街、翠花街（新盛街）是三个著名的服饰行业集中地。《扬州园林品赏录》列出了在东关街区居住的盐商住宅，其中主要有马氏兄弟的街南书屋、黄至筠的个园，此外还有安麓村安氏园、约园（安氏园旧址）、华友梅华氏园。

以上四个街区，是盐商筑园居住的主要地区，在盐商带动下，官员、文人也不断移来居住，逐渐形成了"园林多是宅""堂前无字画，不是旧人家"，琅琅书声香飘全城的历史文化街区。

第四节　扬州盐商园林住宅的风格及影响

1. 扬州盐商园林住宅的风格

以扬州盐商住宅、园林建筑为代表的扬州古建筑具有鲜明的特色和风格，可用"兼容、精致、意境"来概括；这些风格不仅反映在建筑本身，也影响着整个城市的建设风貌。

1）兼容并蓄的风格

扬州因其商业中心的地位，吸引了全国各地大商贾来此安家创业，也吸引了大批南北工匠来此修房造屋；使得所造建筑充分展示了各地的区域特色，又体现了扬州当地既有的传统风貌。扬州古建筑大多兼具"北雄南秀"又不失自我个性的地方特征，如扬州城标瘦西湖中的莲花桥（五亭桥），其雄浑的石砌多孔拱桥与隽秀的木质飞檐亭廊的组合，就是这种特色的典型代表作。正如我国著名古建筑园林艺术专家陈从周评价："扬州位于我国南北之间，在建筑上有其独特的成就与风格，是研究我国传统建筑的一个重要地区，扬州的园林与住宅在我国建筑史上有其重要价值"。

2）精致典雅的风格

扬州的盐业在清代中期达到鼎盛状态，雄厚的经济实力提升了盐商物质与精神上的需求，进而带动建筑业的发展、匠师的技艺交流和精益求精的细作。这一时期，为了迎合清帝多次南巡临幸，对建筑的标准提出了更高的要求，在设计、用料、做工、装修等方面，无不体现匠心独运、精雕细琢、别具一格。

3）意境意趣的风格

扬州盐商的园林住宅在"形"与"意"上有机结合，蕴藏着中国古代哲学思想与地方民俗文化的深刻内涵。就整体布局而言，注重以人为本，与自然融合，有宅必有园；住宅与园林的设计，依地形、院落合理布置，按功能、环境有机协调，尽可能达到宜居、怡情目的。在住宅的门楼砖雕、室内木雕上，园林的假山水景、植被绿化上，均蕴含着吉祥如意的图案或造型，使意境意趣无所不在。晚清文人金安清在其著作《水窗春呓》中写道："扬州园林之胜，甲于天下。由于乾隆六次南巡，各盐商穷极物力，以供宸赏，计自北门直抵平山，两岸数十里，楼台相接，无一处重复。其尤妙者，在虹桥迤西一转，小金山矗其南，五亭桥锁其中，而白塔一区，雄浑古朴。往往夕阳返照，箫鼓灯船，如入汉宫图画。盖皆以重资，广延名士，为之创稿，布置使然也"。

2. 扬州盐商园林住宅对清代建筑发展的影响

随着经济建设的蓬勃发展，扬州在清代中期已成为中国商贸与文化交流的重要城市，扬州盐商园林住宅的风格对国内建筑风格的影响也随之得到了扩大。

1）对盐商原籍地建筑风格的影响

盐商除了在扬州建造豪华住宅、园林外，在其原籍山西、陕西、安徽等地亦建造住宅和园林。扬州的各种建筑技术、造园手法必然对盐商原籍地产生影响。

山西盐商亢氏以富闻名天下，时有"南季北亢"之称；他在扬州小秦淮河边建有"亢园"，此园长里许，自头敌台起至四敌台止，临河造屋100间；他还在山西老家建造了豪华住宅，"宅第连云，宛如世家"。

安徽商人在扬州业盐致富后，多于其老家歙县、徽州等地兴建住宅和园林，不可避免地受到扬派建筑风格的影响。《歙县志》曾经记载："其上焉者，在扬则盛馆舍，招宾客，修饰文采；在歙则扩祠宇，置义田，敬宗睦族，收恤贫乏"。

扬州盐商甚至把扬州的一些社会风尚带到盐商的原籍，据清光绪《三原县新志》记载，"吾三原士半商贾，衣饰大率袭吴越广陵，士亦因而化焉"，"多染维扬习俗，奢靡相尚，而中实索然也。地去省会不百里，而一切供应倍于他县"。

2）对文人学士家园建筑风格的影响

扬州的盐商大多亦商亦儒，喜欢读书和结交文士；有些盐商本身就是博学之士，有文集传世。盐商们乐于与文人雅士交友，四方文人云集扬州，以其诗文书画在扬州的名园住宅中留下了珍贵的手迹，也将扬州园林建筑的风格带回到自己的家乡。由于经济发达、文化繁荣，清代扬州是文人的"冶游酬唱"热点地区，大批文人参与扬州诗文酬唱，成为一种独特文化景观。文人的诗文酒会一般以盐商的私家花园作为活动基地，《扬州画舫录》记载："扬州诗文之会，以马氏小玲珑山馆、程氏筱园及郑氏休园为最盛"。这三座园林均是盐商名园，其他如南园、东园、贺园、万石园、寒木山房等盐商园林均作为文人雅集举办诗文酒会的场所。外地文人在诗文酒会之余欣赏了扬州盐商园林建筑的艺术，对他们构筑自家园林亦会产生影响。如清代文人冒辟疆曾数次到扬州，与王士祯及"扬州八怪"等均有交往，其在南通如皋修建的水绘园湘南亭，就是借鉴了大明寺西园美泉亭之景。

3) 对皇家建筑和园林景观风格的影响

康熙、乾隆皇帝多次南巡驻跸扬州，游览了扬州名胜和盐商园林。康熙、乾隆对扬州的造园艺术大为欣赏，并命宫廷画师画出园林图册，带回北京作为皇家园林建设的参考，对皇家园林的风格产生了较大的影响。

乾隆皇帝曾 4 次游览瘦西湖趣园，他十分喜爱趣园的四桥烟雨景观，1762 年他赐园名为趣园，并赐"潆洄水抱中和气，平远山如蕴藉人"联及"目属高低石，步延曲折廊"联；三年后，又赐御书"何曾日涉原成趣，恰值云开不觉欣"联；北京清漪园荇桥、九曲桥、半壁桥、柳桥一带景观建筑，均采用了趣园"四桥烟雨"的风格。北京圆明园"水木明瑟"直接借鉴了扬州瘦西湖水竹居的景观；水竹居为盐商徐士业家园，1765 年乾隆皇帝来此处，赐名为"水竹居"，居后有轩，赐名"静照轩"，皆御书匾额，又赐"水色清依榻，竹声凉入窗"联。还有圆明园"北远山村"借鉴"杏花春舍"景观，清漪园"耕织图"借鉴"邗上农桑"，圆明园方壶胜境的临水楼阁即取熙春台祝寿的形态，圆明园北宫墙沿溪景观整体借用瘦西湖线性卷轴画景观组织方式。关于扬州盐商园林对皇家园林的影响，《中国古代建筑史》第 5 卷有精妙的阐述："清代园林艺术南风北渐的过程中，杭州的山水景致，苏州的私家园林，及扬州的郊野水景是起了重要作用的三个热点。"

第二章

扬州盐商住宅的布局与营造工艺

第一节　扬州盐商住宅的布局与风格

1. 盐商住宅的布局特点

　　盐商住宅是盐商生活娱乐、通商情、叙乡谊的场所，往往体现出血缘关系、商贾意识以及地域文化相互交织的氛围。大型的盐商住宅占地面积达数千或上万平方米，造屋数十间至百间，以规整严谨的院落式单元的组群布局，满足各类使用功能的需求。盐商住宅多注重人居环境的营造，巧妙地利用地形和空间构筑园林，叠石造景，广植花木，将住宅融入天然美景之中。清代江苏金匮（今属无锡）文士钱泳在其著作《履园丛话》中，对扬州盐商园林住宅的布局与风格给予了高度的评价："造屋之工，当以扬州为第一，如作文之有变换，无雷同，虽数间小筑，必使门窗轩豁，曲折得宜，此苏、杭工匠断断不能也。盖厅堂要整齐如台阁气象，书房密室要参错如园亭布置，兼而有之，方称妙手。今苏、杭庸工皆不知此义，惟将砖瓦木料搭成空架子，千篇一律，既不明相题立局，亦不知随方逐圆，但以涂汰作生涯，雕花为能事，虽经主人指示，日日叫呼，而工匠自有一种老笔主意，总不能得心应手者也。"

　　扬州盐商住宅多为园林建筑或花园建筑，在布局与风格方面具有以下特点。

　　一是住宅与园林有机结合，使建筑融入自然环境之中。位于河湖风景区的盐商住宅多与园林相连，形成统一的有机体，成为园林建筑；位于繁华市区之中的盐商住宅，也能巧妙地利用建筑空间，因地制宜构筑花园，使住宅与人工美景融为一体，形成花园建筑。在总体布局上，一般是住宅居前，或位于中轴线对称的部位；花园居后，或分散围绕在住宅的四周。整个建筑的色彩则以淡雅古朴为主，与花木融为一体，用"咫尺山林"的手法，再现大自然风景。花园由人工构筑，虽有大有小，但静与动、隐与显、隔与通等都蕴含了天然之趣。

　　二是建筑布局严谨规整，充分体现了儒家的理性精神。盐商住宅大多采用严格的对称结构，以展示规整、方正、井井有条。就扬州盐商住宅的单体建筑而言，布置规整，造型简朴；

但就整体建筑群而言，则透迤交错，气势恢宏，形成了在严格对称中仍有变化，在多样变化中又保持统一的风貌。大型盐商住宅、会馆多采用组群布局，横向组群设置常常为两路、三路、四路、五路排列，如两淮盐业商总黄至筠宅邸园林"个园"的南部住宅、盐商许蓉楫住宅，横向均达到五路。纵向组群设置常为三进、五进、七进连贯，更大者达到九进，如盐商卢绍绪住宅达到七进，汪氏盐商住宅达到九进。这种大规模、大体量的房屋组群在江苏、安徽民居中已经很难见到。

三是建筑外观雄浑古朴，与江南民居的轻盈简约明显有别。盐商住宅的门楼高大健劲，其造型、体量以及考究的程度，展示了盐商的经济实力与扬州的文化习俗。盐商住宅的八字形门楼比江南民居的八字形门楼幅面宽阔，凹字形门楼比江南墙门式门楼高峻，匾墙式门楼比江南字匾式门楼劲朗。此外，大多数盐商住宅的外部装修精美，细部装饰细腻，以砖雕为例，江南砖雕纤巧细密，繁复堆叠；北方砖雕粗硕雄浑，喧炽热烈；与江南、北方建筑砖雕相比，扬州砖雕繁简适宜，雕工精美，多以传统戏文为题材，体现出不同的地方文化特色。

2. 盐商住宅的主要布局形式

1）纵向一路布局

常见的前后有三进、五进、七进不等，甚者有九进、十一进，最高者达十三进。前后中轴贯穿，左右廊厢对称。如图 2-1 所示南河下 170 号盐商汪鲁门住宅组群布局，其中主房前后九进连贯；自南向北依次排列门厅、楠木大厅及倒座、二厅、前住宅楼倒座、前住宅楼、中前住宅楼、中后住宅楼和后住宅楼。

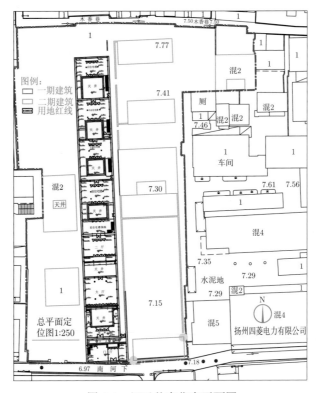

图 2-1　汪氏盐商住宅平面图

2) 横向数路并列布局

有二路、三路、四路，甚者五路建筑并列，中夹火巷，左右前后相隔、相通。纵向三进、五进、七进前后相接，多者九进、十一进不等。如位于东圈门地官第 14 号的汪氏小苑，住宅由东、中、西三路建筑组成，院内北部为东后花园和西后花园 (图 2-2)；位于泰州路 45 号的吴氏宅第为四路并列，每路分前、中、后三进 (图 2-3)。

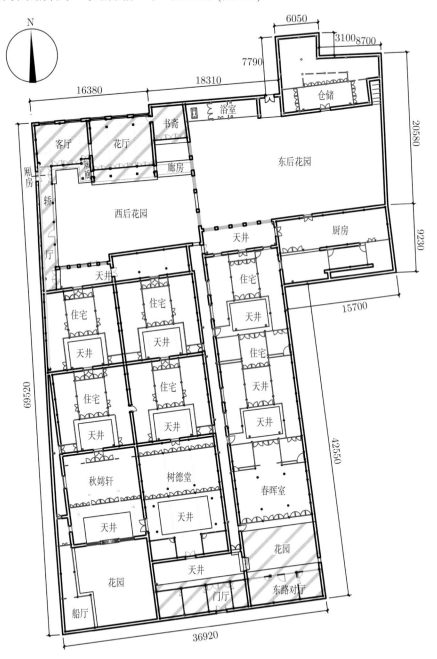

图 2-2　汪氏小苑平面图

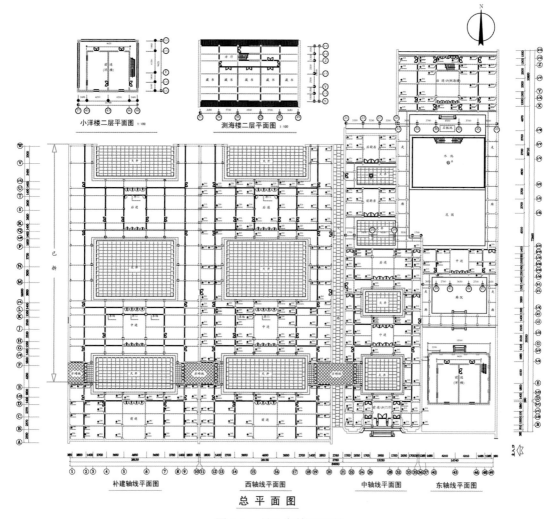

图 2-3　吴氏宅第平面图

3. 盐商住宅的空间功能格局

组群上前厅后室，或前厅后楼，或前堂后寝，或前宅后园，或宅园并列。厅前左右置对称走廊，后室左右置厢房，数路并列住宅之间设置火巷，使之前后左右按需相通相隔。

盐商住宅内因前后左右组群数进格局，前厅后室之间设置中门（又称腰门），左右之间设置腰门或耳门（指较小的门）。考究的人家室与室之间还设置暗门。前后楼上楼室之间通过门的设置可相串，扬州人称之"串楼"。前后左、右、上下之间通过门的过渡作用，可按需能分能合，分合自如，同时也界定男女有别，老幼有序。还有在夏日打开道道中门可使凉风徐徐而来形成"串风"，达到凉意满宅；冬日闭塞道道中门，可挡寒风入室。

一些盐商住宅在厅前厅后左右置廊，使下雨天不走雨地，还有的在正厅之后连接倒座厅，为前面正厅备事之用。

盐商住宅通常在主房旁或两路住宅之间设置纵深火巷 (图 2-4)，从功能上说，一是防火；二是从礼制方面作为佣人杂务进出之道。火巷类似于北方建筑中的胡同，但比胡同要窄一些；火巷上可见天，通常只在两路住宅之间通达火巷腰门之上首搭盖屋面，扬州人称之"瓦捲"。

图 2-4 汪氏小苑的火巷

4. 小型盐商住宅的布局特点

上述盐商住宅的布局，基本上为"宅 + 园"的宅第模式，宅第的主人绝大多数是当时扬州富裕的盐商或告老还乡的高官。受经济条件的限制，在扬州还有一批小盐商、小官僚的住宅，其布局相对简洁，但也很有特色。这些建筑的特点是：①建筑的规模相对大盐商来说住宅比较小。②住宅内大都不附建较大的花园，宅内环境主要依赖因地制宜的庭院绿化来解决；即使有一独立花园，其规模也较小，设计较简单，名气也不大。③建筑的布局更加灵活，礼仪空间弱化，实用空间增强。④建筑结构不用名贵木材，楠木、柏木基本不用。这些特点与住宅主人的社会地位、经济状况是吻合的。如位于崇德巷 1-7 号的孙氏盐商住宅 (图 2-5)，

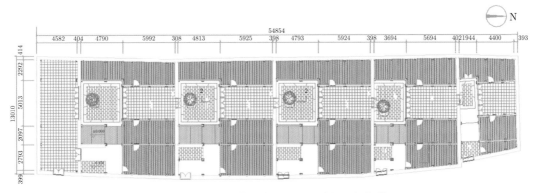

图 2-5 孙氏盐商住宅平面图 (单位: 毫米)①

---

① 全书中平面图、立面图、剖面图等图的建筑尺寸均以毫米为单位，标高尺寸以米为单位，后不再一一标注。特殊尺寸单独说明。

其特点一是规模较小,只有一路;二是每一进都对东侧的公共巷道独立开门,增加了宅院流线的灵活性;三是没有独立的园林式花园,客观反映了主人的经济实力。

第二节　扬州盐商住宅的结构与构造

1. 盐商住宅的木构架形式

扬州盐商住宅多为砖墙木构架建筑。木构架以柱、梁、枋构成结构受力体系,承受屋盖和自身的荷载;墙体通常采用青砖砌筑,分布在建筑四周,主要起围护作用。盐商住宅中木构架的基本形式主要有三种:抬梁式、穿斗式(立帖式)、酱架式,在一栋建筑中,常根据空间和使用功能需求将两种或三种构架并用。

1) 抬梁式构架

将屋面的荷载通过梁、短柱传递到两端的柱上,其特点是建筑内部的柱的数量较少、梁的跨度较大,如图 2-6 所示以中部五架梁为基本单元的抬梁式构架。抬梁式构架通常用在明间和次间,以获得宽敞的建筑空间。

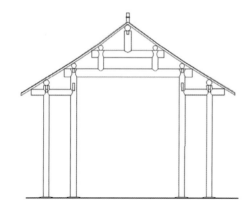

(a) 七檩四柱构架　　　　　　　　　　　(b) 汪氏小苑春晖室抬梁式木构架

图 2-6　抬梁式构架

2) 穿斗式(立帖式)构架

将每架檩(桁)的荷载直接传递到落地的柱上,柱与柱之间用水平穿枋连接形成构架整体(图 2-7(a))。工匠建造房屋时,通常先在地面上将柱和穿枋拼装成骨架,然后立起,故有"立帖"之称;位于两端山墙部位的构架称为"边帖",位于中间的构架称为"正帖"。

与南方传统"小柱径、密穿枋"的穿斗式构架不同,扬州盐商建筑中立帖式构架的柱径较大、穿枋很少;穿枋仅布置在构架上部,便于下部空间的利用。此外,为了增大柱间距,也常让中柱两侧的柱不落地,通过瓜柱将荷载传递至穿枋上(图 2-7(b))。立帖式构架通常用在梢间和山墙处,以增强结构的整体稳定性。

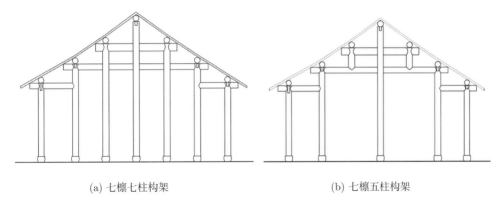

(a) 七檩七柱构架　　　　　　　　　(b) 七檩五柱构架

图 2-7　穿斗式 (立帖式) 构架

3) 酱架式构架

酱架式构架是一种用于隔墙或山墙构架的特殊形式，构架的中间不用中柱，便于贴挂字画，或开设窗洞 (图 2-8)。

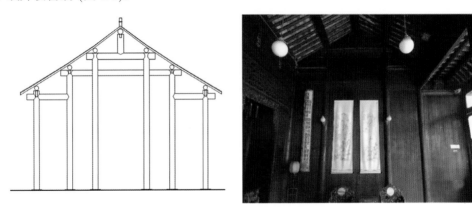

(a) 七檩六柱构架　　　　　　　　(b) 汪氏小苑春晖室酱架式木构架

图 2-8　酱架式构架

2. 盐商住宅的构造特点

1) 屋架的形式与檩数

扬州盐商住宅的屋架形式丰富多样，屋架的檩数确定了房屋的进深，与房屋的使用功能相关。本书中典型盐商住宅所用的屋架形式见图 2-9~ 图 2-16，其中，二檩、三檩屋架多用于门房、厢房、廊房，四檩、五檩屋架主要用于门厅、对厅和次要房屋，六檩屋架主要用于后厅、书斋，七檩及七檩以上屋架多用于规模较大的厅堂和主要房屋。在一些左右不对称屋架或开间檩数不同的屋架中，常采用草架 (图 2-17) 对屋盖的内部进行对称和平顺处理。

由于受封建社会建筑等级限制，盐商住宅中不能设置九架梁，只能通过添加前后卷、架的方式来满足增大进深的需要。如图 2-18 中卢氏盐商住宅的大厅木构架，中部为抬梁式构架的五架梁单元，在其左右各添加了两个轩 (架)，使屋架增大到九檩，扩大了进深。

图 2-9　二檩屋架

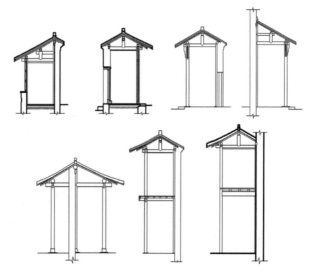

图 2-10　三檩屋架

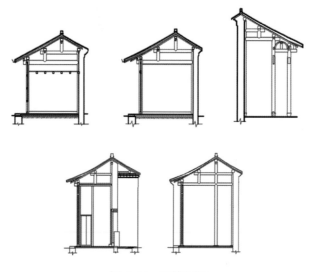

图 2-11　四檩屋架

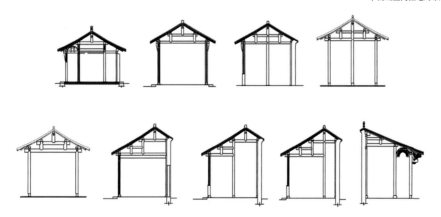

图 2-12　五檩屋架

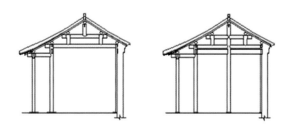

图 2-13　六檩屋架

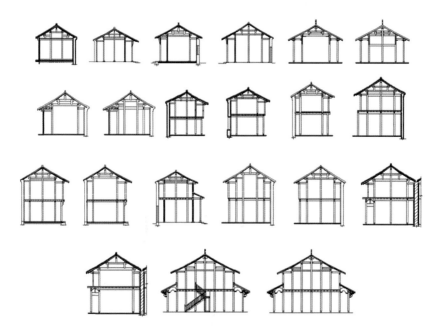

图 2-14　七檩屋架

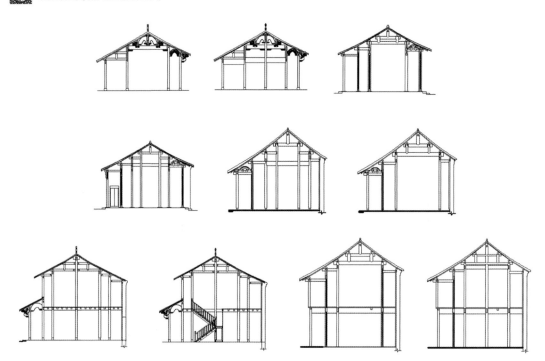

图 2-15　八檩屋架

图 2-16　九檩屋架

图 2-17　带草架屋架

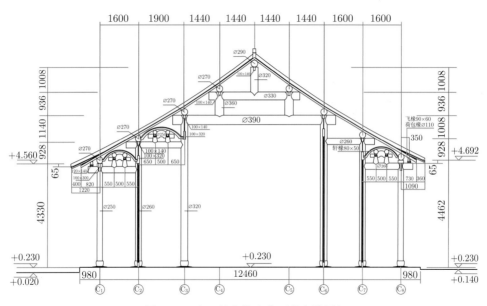

图 2-18　卢氏盐商住宅大厅的九檩屋架

2) 厅堂的面阔与尺寸

盐商比较注重风水、讲究吉利，对建筑尺寸尾数亦图 "顺序"。例如汪氏小苑中路厅堂正间的面阔，按现代尺寸计算是 3.40 米，折成过去的营造尺寸为 10.60 尺，即一丈零六寸 (扬州方言 "六" 为 "乐")。还有风箱巷蔚圃厅堂正间、甘泉路匏庐厅堂正间，面阔按现代尺寸计算是 3.70 米，折成过去的营造尺寸为 11.60 尺，即一丈零一尺六寸。还有石牌楼汉庐、大树巷小盘谷、广陵路邱氏住宅厅堂正间的面阔按现代尺寸为 4.00 米，折成过去的营造尺寸为 12.50 尺，即一丈零二尺五寸 (五即为半，含有 "伴" 之意)。

3) 构架的选材与做法

以厅堂木构架为例，构件用圆料，称之圆作；用矩形料，称之扁作；用方料，称之方作。扁作的制作较精细、耗材较多，通常用于装饰要求较高的厅堂；圆作的制作较为简便、用料较省，一般用于普通厅堂，或厅堂的次间；方作的制作和用料介于扁作与圆作之间，有些方作采用圆作料,在外部镶包木板成方形,以美化外观。

厅堂构件的材料一般采用杉木,富有盐商的住宅也有采用柏木,甚至楠木。如盐商汪鲁门住宅的大厅,面积约 200 平方米,构架的梁、柱、桁全部采用楠木制作,是扬州盐商住宅中体量最大、最为完整的楠木厅。

4) 构件的制作与造型

盐商住宅的木构架常采用肥梁硕柱,不施油漆,显其木材本色。其梁又称为柁梁,扬州匠人习惯称之大柁、小柁。从梁的造型分有圆梁、扁梁 (矩形竖向)、方梁、月梁 (有人称之冬瓜梁,图 2-19)。月梁两侧略显鼓出形态,称为琴面,梁端头线刻成弯弧上翘,称为梁眉。端头剥刻成梁的约五分之一斜三角形,称为拨亥或剥腮,两者厚薄交接处成斜形部位,称为斜项,三角形尖头称为腮嘴,亦称为项背。

图 2-19　月梁

梁与柱相交多用箍头榫,少有椰头榫。大小柁相接瓜柱,扬州匠人称之矮柱、矮脑,上下柁之间用墩接的又称之柁墩 (驼峰),柁墩多雕饰吉祥纹样。

5) 蓬轩的设置与形制

盐商住宅的厅堂之前通常设置蓬轩 (扬州称为施卷、卷棚),比较讲究的厅堂前后皆设置蓬轩,如康山街卢氏盐商住宅厅堂前后皆施卷 (图 2-20)。明崇祯年间造园名著《园冶》一书虽为苏州吴江人计成所著,然成书于扬州,书中许多建筑术语采用了扬州匠人的习惯用语,例如卷、束腰、大柁、小柁等。

图 2-20　卢氏盐商住宅厅堂前蓬轩 (左图)、后蓬轩 (右图)

第三节　扬州盐商住宅的木作与装饰工艺

我国传统建筑的营造方法可分为北方"官式"与江南"民式"两大类，其中，北方"官式"营造技艺的依据为《营造法式》或《工程做法则例》，江南"民式"营造技艺的依据为《营造法原》。扬州历代的能工巧匠以高超的技艺，综合了南北营造方法的优点，建造了具有"南秀北雄"的盐商住宅，并形成了独特的工艺做法。

1. 木构件制作工艺

1) 柱类构件的制作工艺

盐商住宅的柱类构件一般都以其位置和朝向来命名，在柱子上标出名称。标注时注意将名称标在向内的一侧或不明显的一侧。例如，正帖屋架柱子的名称一般标注在朝向界的一侧，边帖前后柱子的名称一般标注在朝向脊柱的一侧。

柱子制作前先在木柱的两端画头线，查看木柱是否有弯曲起翘，保证木柱的顺直。当原料的弯曲度较大，难以加工得完全顺直，则可以将其安装在边帖朝向墙内的一侧，或是非主要立面的位置。接下来根据两端的头线弹八卦线。八卦线是根据木柱的截面形状弹出的正多边形；木柱为圆柱时，可根据实际情况先弹出四边形，然后弹成八边形、十六边形，再用刨子刨成光滑顺直的柱子。然后弹中线、基面线。基面线是控制建筑尺寸和构件相接的基准线。例如，柱子与梁类构件相交时，是以基面线为基准高度，与枋类构件相交时，是以柱的顶面为基准高度，同高度的构件基面线要在同一高度上。柱子的底面加工时应留有一定的余地，以便于在现场根据实际所需要的尺寸调整。柱头杆点画上榫卯的位置，然后样板画上榫卯的实际轮廓线。做榫眼时，一般以榫头为依据，榫眼的深度要大于榫头的高度。通榫眼时，一般先做好通榫眼，再做半榫眼。柱上端如连接斗时，应把榫做好，柱子与斗以方榫或双夹榫连接。

盐商住宅的柱类构件一般为贯柱，无卷杀，柱头做摘头榫，以包箍梁胆。柱头两侧开口，以插接梁下连机。采用梁摘柱做法，先在柱子顶端画出梁胆口子，再用凿子凿除余料。梁底与柱顶要安装稳妥。木构架中柱与梁的连接构造如图 2-21 所示，柱径一般在 18~30 厘米，甚

图 2-21　柱与梁的连接构造

至更粗。柱子一般为圆柱，也有一些采用瓜楞柱。瓜楞柱是由几根木头拼成的，断面呈梅花状，木材之间以榫卯插接。

2) 梁、枋类构件的制作工艺

梁是木构架中最主要的承重构件，其作用是承接竖向荷载并传到两端的柱上，因此梁类构件的主要应力为弯剪应力。枋类构件为水平连接构件，一般来说不承担竖向荷载，主要传递和承担水平荷载。当水平应力产生时，枋所连接的木构架以整体框架形式抵抗，枋则产生拉压应力。因此，在抬梁式构架中梁、枋的结构功能是不同的。

盐商住宅中的抬梁式木构架，其构造及用材与北方做法有许多不同之处。根据梁的断面形式，可分为圆作梁与扁作梁；圆作梁断面呈圆形，扁作梁断面呈矩形。扁作梁的等级一般要高于圆作梁，梁上的雕饰也更加华丽。圆作梁断面除圆形外还有一些变化，背脊可以做成凸出的脊线，如同鲫鱼的背，因此得名鲫鱼背。底部常做挖底处理，将梁底做成平直的形状。端部还常做拔亥处理，形成较为优美的曲线 (图 2-22)。圆梁有轻微起拱，一般为梁跨的 $1/300 \sim 1/150$。

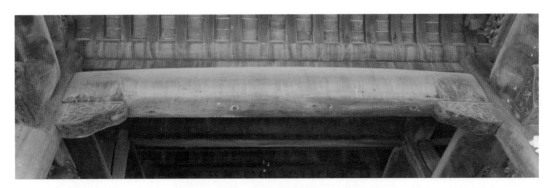

图 2-22　圆作梁的外形处理——鲫鱼背

2. 木构件装饰工艺

1) 木雕工艺

木雕是在木材上雕刻的工艺，相对砖雕较为容易。木雕主要运用于建筑构件和家具的装饰，雕刻的部位包括梁、枋、雀替、插角、门罩、门楣、门窗的裙板、夹樘板、字额、栏杆、飞罩、挂落、隔扇等处。其中梁、枋等建筑构件位置较高，距离人的观察点较远，一般不会精雕细刻；而在门窗、挂落等与人较为接近的装修上，则是精益求精。木雕的材料应质地坚硬，纤维紧密，雕凿时不易开裂，富有韧性。一般根据施用部位的不同，采用上等的香樟木、杉木或是以白桃木、银杏木、楠木、红木等硬木作为雕刻材料。图 2-23 为盐商汪鲁门住宅厅堂梁、桁、垫、枋、墩、椽、柱、卷及雕饰细节。

木雕的操作程序主要是：

(1) 排布。首先考虑木雕在构架中的位置和高度，要根据建筑的规模、形制、构件类型等因素综合考虑，以使得雕刻装饰与建筑空间相得益彰，避免喧宾夺主。

(2) 放样。将设计好的图案纹样粘贴在构件上，或是将制作的样板放在构件上并描画到构件上。

图 2-23　汪鲁门住宅厅堂中的木雕
1. 浅刻梁眉；2. 深浮雕双狮、双麒麟；3. 深浮雕牡丹

(3) 打轮廓线。首先刻出大体轮廓，注意不要刻得太深，要根据图案纹样整体推进，无须一步到位。

(4) 分层打作。雕刻的图案有主次和层次的关系，雕刻时应分层进行，由前至后，由高至低，逐渐刻画成型。

(5) 细刻。精细雕刻图案的局部，如人物的动作、形态、表情，衣饰的纹理，花草的枝叶，等等。一般从下至上，由次及主进行，越是精细的部分越要最后进行，以免雕刻过程中损坏。

(6) 修光打磨。对雕刻的线条、形态进行整体调整，修掉毛刺瑕疵，然后用砂纸打光，并用鬃刷刷干净。

(7) 揩油上漆。揩油上漆以保护木雕。无论油、漆，上得要薄，以体现雕刻的精美。有时候，只罩一层透明的桐油，以表现木纹本色之美。

2) 油漆工艺

油漆是传统木结构表面隔潮、防腐、防污、美化的涂料层。江南传统油漆工艺包括 "油" 和 "漆" 两个概念。传统意义上，油是指桐油、苏子油等油脂材料。北方的油漆工艺中有将两种油脂混合使用的情况，而在扬州地区，桐油的使用较为广泛，几乎不使用苏子油。漆则是指生漆或以生漆为原料与桐油加工处理而制成的广漆，该漆具有耐温、耐水、耐光和干燥快的特性。生漆又称大漆、国漆，是从漆树树干的初皮割取的乳液。传统建筑的油漆工艺与其所处的地理位置、自然气候环境有着很大关系，南方地区大多是以生漆与桐油共同作为建筑装饰材料。

传统建筑油漆作根据使用材料的不同，可分为油作与漆作两类。其中，清水光油、混水光油做法属于油作；明光漆、退光漆以及揩漆做法则属于漆作。如果从油漆涂刷完成后的效果来看，可分为混水活与清水活。混水活覆盖力较强，成活后能够将原有的木纹盖住。清水活则呈透明状，成活后能露出木纹原有的纹理。清水活比较费工，而其中的揩漆做法最为讲究，工序多达几十道，主要用在一些高级硬木 (如银杏、香樟、红木、楠木等) 家具、摆件或装折上。混水活主要包括混水光油、明光漆、退光漆三种做法，其中明光漆和混水光油做法的应用范围最为广泛，大木、装折、家具都可以采用，是油漆工艺中最为普遍的做法。图 2-24 为某盐商住宅中的油漆构件。

(a) 修缮前   (b) 修缮后

图 2-24　某盐商住宅中的油漆构件

第三章

扬州盐商住宅的保护与利用

第一节　盐商住宅是名城保护的核心对象

扬州市历史文化名城保护规划的研究始于 1980 年，扬州盐商住宅在规划的制订中占据着重要的地位。1982 年 2 月国务院批准扬州市为全国第一批历史文化名城后，扬州市立即编制了历史文化名城保护规划，并作为城市总体规划的组成部分进行报批。《扬州市城市总体规划 (1980～2000 年)》中，历史文化名城保护规划所确定的重点是以 "河、湖、城、园" 为核心，控制好一条河 (从邵伯湖至瓜洲段古运河)、两大片 (蜀冈瘦西湖风景名胜区和老城区)、四条线 (古城新貌主干道 —— 石塔路、三元路、琼花路；传统文化旅游服务街 —— 盐阜路；水上游览线 —— 小秦淮河；古城老街道 —— 东关街、彩衣街、县学街、西门街)、八个区 (蜀冈风景名胜区、瘦西湖湖区、个园名园叠石区、天宁寺重宁寺寺庙建筑特色区、史公祠及双忠祠历史英雄人物城市特色区、仁丰里传统民居街坊特色区、教场区和南河下盐商住宅区)、24 个重点保护点 (大明寺、观音山、双忠祠、史公祠墓、天宁寺、重宁寺、仙鹤寺、普哈丁墓、西方寺、旌忠寺、文昌阁、阮家祠堂、四望亭、文峰塔、白塔、梅花书院、五亭桥、个园、何园、廿四桥、小盘谷、冶春园、朱草诗林、唐古塔与银杏)。在上述重点 "河、湖、城、园" 中，盐商园林住宅都是其核心保护对象。

随着经济建设的发展和社会文明的进步，扬州现代化的建设水准不断地提高，古城保护规划的要求也在不断地完善。自扬州市于 2006 年获 "联合国人居范例奖"、2014 年中国大运河项目成功入选世界文化遗产名录 (扬州市作为项目牵头城市和申遗办公室所在地)，对历史文化名城保护提出了更高的要求。在新近编制的《扬州历史文化名城保护规划 (2015～2030 年)》(以下简称《规划》) 中，系统研究了扬州市历史文化价值，提出了名城保护原则、规划目标和框架，明确了城市整体格局和风貌保护要求，确定了历史城区、4 片历史文化街区的保护范围和保护措施。

1. 确定历史城区范围和 4 片历史文化街区

《规划》明确,扬州历史城区保护范围为东、南至古运河,西至二道河,北至北护城河,面积约 5.09 平方公里。确定东关街、仁丰里、湾子街和南河下 4 片历史文化街区 (图 3-1),保护范围面积分别为 32.47 公顷、12.07 公顷、32.50 公顷、22.35 公顷。

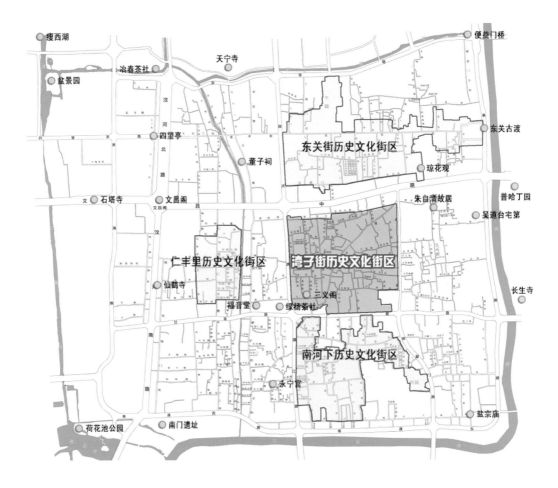

图 3-1 历史文化街区示意图

2. 形成 "一带、四片、多点" 框架

根据《规划》,扬州市将形成 "一带、四片、多点" 的文化遗产保护规划框架。"一带":大运河 (扬州段)。"四片":扬州片区、高邮片区、仪征片区和宝应片区。"多点":各级文物保护单位等不可移动文物和各类历史建筑。

市区则以京杭大运河 (中心城区段为古运河) 为主脉,串联扬州历史城市、邵伯、湾头、瓜洲、大桥 4 个古镇和沿线众多文物景点,构成 "一带、一城、四镇、多点" 的市区历史文化资源保护的总体框架。

3. 提出 "历史城市" 保护概念

唐城、宋三城、明清城是扬州三道古城轮廓线，《规划》首次提出 "历史城市" 的保护概念，延伸了之前三道古城轮廓线的内涵，旨在将隋、唐以来扬州城的历史格局作为一个整体进行保护，既凸显了扬州 "不断演进形成的历史性城市景观" 的名城价值，又体现了当今国际古城保护的最新理念。

4. 重点保护明清扬州城格局

根据扬州城历史变迁和格局演变，确定基本以明清扬州城的范围为重点保护控制的历史城区，具体为古运河、二道河、北护城河以内的明清扬州城。

扬州历史城区为老城区 (明清扬州城)，保护的重点内容包括：明清扬州城的城池格局、传统风貌、空间尺度及其相互依存的外围环境；历史文化街区、历史地段；风貌街巷；古运河、护城河、小秦淮河等历史水系；历史园林、古树名木、古井、古桥梁等历史环境要素；个园、何园、朱自清故居等文物保护单位、历史建筑和其他不可移动文物；扬州玉雕、扬州剪纸等传统工艺、传统产业以及其他非物质文化遗产。

该《规划》于 2016 年 1 月被江苏省人民政府正式批准实施，省政府在批复中要求：制定完善并全面落实相关措施，加大对市域各类物质文化遗产及非物质文化遗产的保护力度。重点保护大运河等历史河道以及两岸不同时期的历史文化遗存，保护体现扬州城历史演变的城河水系、城墙遗址本体及其周边历史环境。批复中还强调：保护历史城区的空间特征，保持传统街巷、河道的空间形态与尺度，保护文昌阁、四望亭等标志性建筑物，严格控制新建建筑高度和视线走廊，延续南秀北雄相融合的传统建筑风格。

《规划》对于加强扬州市历史文化名城的保护与管理、统筹协调经济社会发展、妥善处理建设与保护之间的关系具有重要意义，这也为盐商园林住宅的保护和利用以及周边环境的建设提供了保证。

第二节　盐商住宅是大运河遗产的组成要素

鉴于扬州与大运河的深厚历史渊源及其对中国经济、文化发展所做出的重要贡献，2007 年 9 月，国家文物局确定由扬州市作为大运河申报世界文化遗产的牵头城市，并在扬州成立中国大运河联合申报世界文化遗产办公室，以带动大运河沿线相关城市建立运河遗产保护管理合作机制。

为了做好大运河申遗工作，扬州市政府于 2012 年 8 月 24 日印发了《扬州市大运河遗产保护办法》(以下简称《办法》)，以加强大运河 (扬州段) 遗产保护，规范大运河 (扬州段) 遗产利用，促进大运河沿线地区经济、社会、文化的全面、协调、可持续发展。

在该《办法》中，将大运河遗产定义为大运河的水利工程遗存，各类伴生历史遗存、历史街区、历史村镇，各类相关的环境景观以及近代以来具有文化代表性和突出价值的大运河水利工程设施等。并将个园、汪鲁门盐商住宅、卢绍绪盐商住宅、盐宗庙等扬州盐商园林建筑列为大运河扬州段申遗点。

该《办法》规定：①大运河遗产的保护标准、保护重点以及相应的保护措施应当符合大运河(扬州段)遗产保护规划的要求。②在大运河遗产保护范围内进行防洪设施建设、河道疏浚、水利工程设施维护、输水河道和大运河遗产保护展示等工程建设时，应当按照遗产保护规划相关要求实施。涉及大运河遗产的工程在办理相关行政许可前应当征求当地文物主管部门意见，确保工程建设风貌与遗产保护相协调，不影响遗产保护。③在大运河遗产保护规划划定的建设控制地带内进行工程建设，应当遵守文物保护法和环境影响评价法的有关规定。

2014年中国大运河项目成功入选世界文化遗产名录后，为切实履行对世界遗产组织的承诺，按照世界遗产标准和要求保护管理好运河遗产，经国家文物局同意，将大运河联合申报世界文化遗产办公室更名为大运河遗产保护管理办公室，办公室仍设在扬州，主要职能为协调、组织、实施大运河全线遗产保护管理工作。

为了加强大运河扬州段世界文化遗产保护，履行对《保护世界文化和自然遗产公约》的责任和义务，扬州市政府于2017年2月1日实施了《大运河扬州段世界文化遗产保护办法》(以下简称《保护办法》)。

在该《保护办法》中，明确了大运河扬州段世界文化遗产由下列要素组成：

(1)遗产河道。古邗沟故道、里运河、高邮明清大运河故道、邵伯明清大运河故道、扬州古运河、瓜洲运河。

(2)遗产点。瘦西湖、个园、汪鲁门盐商住宅、卢绍绪盐商住宅、盐宗庙、天宁寺行宫、盂城驿、邵伯古堤、邵伯码头、刘堡减水闸。

该《保护办法》确定了各级政府和文物主管部门的管理体制和职责，并要求将保护经费纳入本级财政预算。

该《保护办法》要求市文物主管部门按照世界文化遗产的保护要求和江苏省有关大运河世界文化遗产保护规划，组织编制、修订《大运河扬州段遗产保护规划》，明确遗产构成、保护标准和保护重点，并划定遗产区、缓冲区范围。

该《保护办法》要求，大运河扬州段世界文化遗产保护的重大事项实行专家咨询制度。规定遗产河道、遗产点的使用人是遗产保护的直接责任人。文物主管部门应当建立大运河世界文化遗产监测系统，加强日常监测、定期监测和反应性监测。

对于大运河扬州段世界文化遗产的保护和利用，该《保护办法》规定：在遗产区内的工程建设，应当避开遗产点、遗产河道相关古迹、遗址，因特殊情况不能避开的，应当按照有关法律规定采取保护措施，并在进行工程施工时，采取对遗产影响最小的施工工艺。建设项目布局、高度、体量、外形、风格和色调，应当与大运河扬州段世界文化遗产的历史风貌和景观环境相协调。

大运河扬州段世界文化遗产的分布见图3-2。

大运河遗产保护办法的制定与实施，使得扬州盐商园林建筑成为世界文化遗产点，对扬州盐商住宅的修缮保护和利用也提出了更高的标准和要求。

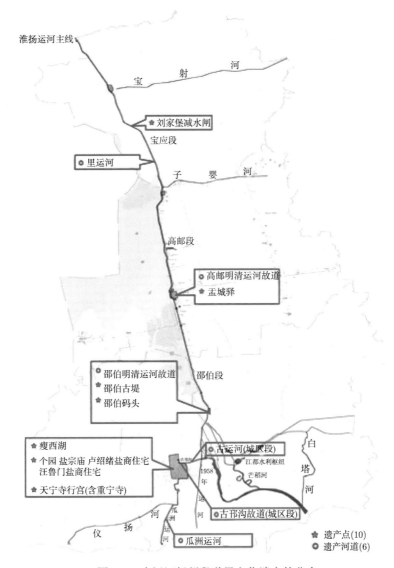

图 3-2 大运河扬州段世界文化遗产的分布

第三节 盐商住宅得到全面的认定与保护

据统计，扬州市有盐商住宅近百处，已列为国家、省市级重点文物保护单位的有 30 多处，这些保护单位的修缮保护均有相应的政策指导、修缮标准和经费支持。为了加强古城的整体建设与协调发展，除了对列为重点文物保护单位的古建筑加强保护外，扬州市还对具有一定保护价值、能够反映扬州历史风貌和地方特色的建筑物进行了历史建筑的认定，并制定了保护和修缮办法。历史建筑的认定和保护，进一步扩大了扬州盐商住宅的保护范围，提高其修缮标准并增强其在中国建筑遗产中的整体影响。

扬州市人民政府于 2012 年 1 月颁布了《扬州市历史建筑保护办法》，该办法给出了历史建筑的认定标准：①建筑类型、建筑样式、工程技术和施工工艺具有艺术特色和科学价值的；②能反映扬州历史文化特点、民俗传统文化和传统手工技艺，具有时代特色和地域特色的建筑；③著名建筑师的代表作品；④著名人物的故居、旧居、纪念地以及和重大历史事件有关的建筑物；⑤其他体现地方历史文化价值的建（构）筑物。

该办法对历史建筑的保护提出了如下要求：①市城乡规划主管部门应当会同文物、古城保护等部门对历史建筑提出具体的保护要求，并书面告知所有人或使用人。历史建筑的所有人或使用人应当按照保护要求，及时对建筑进行修缮、维护和保养，并接受市城乡规划主管部门的督促和指导。历史建筑修缮、维护和保养的费用，由历史建筑的所有人承担；历史建筑的所有人承担修缮费用确有困难的，当地人民政府应当给予一定补助。②根据历史建筑的价值，对历史建筑的保护应当遵循最低干预的原则，不得变动原有的外貌、结构体系、基本平面布局和有特色的室内装修，历史建筑内部在保持原结构体系的前提下，根据需要可以作适当的变动。③历史建筑不得擅自拆除、改建和翻建。对历史建筑进行外部修缮装饰、添加设施以及改变历史建筑的结构的，应当依照有关法律法规的规定到城乡规划等部门办理相关批准手续，并委托具有相应资质的专业设计、施工单位实施。④历史建筑修缮工程形成的文字、图纸、图片等竣工档案资料，应当由历史建筑的所有人及时报送市城乡规划主管部门，并按照规定报送城建档案部门保存。

扬州市人民政府于 2017 年 12 月又颁布了《扬州古城历史建筑修缮管理办法》。该办法对历史建筑修缮的管理部门和职责，历史建筑修缮年度计划的编制、申请、审批以及修缮的实施、监督做出了具体规定。该办法还要求有关部门制定《扬州市历史建筑修缮技术导则》，以进一步提高历史建筑的修缮质量。

第四节　盐商住宅的合理保护与利用

中华人民共和国成立后，扬州市区遗存的盐商住宅，其产权大都属于公有，由扬州市房产局直管公房管理处管理。以盐商住宅、园林为主体的扬州古建筑的有效修缮保护，为扬州市获得 "中国人居环境奖"、"全国文明城市" 和 "联合国人居范例奖" 等殊荣做出了贡献，也为深化直管公房中文保单位的保护与利用带来了良好机遇。

在扬州历史城区保护范围 5.09 平方公里的老城区里，有直管公房建筑面积 50.03 万平方米。其中住宅用房 39.71 万平方米，非居住用房 10.32 万平方米。市区市级以上文物保护单位达 260 处，其中直管公房市级以上文物保护单位达 74 处，建筑面积达 4.27 万平方米。

文物保护与利用的关系是明确的，既有国家政策法令的明确规定，又有许多专家学者的阐述。保和用是文物工作的两个方面，保是前提，是基础，用是保的最终目的。保是第一位的，因为文物是不能再生产的，毁掉一处就少一处。保不住，就谈不上利用，所以，必须在保护文物的前提下，充分发挥文物的作用，并在发挥作用的过程中进一步加强保护工作。

扬州直管公房中文物保护单位的保护与利用并非一帆风顺，而是经历着艰难曲折和发展变化的历程。随着形势的发展，特别是进入 21 世纪以来，文物保护单位保护与利用的形势逐步发展、变化，目前已进入最佳发展时期。2000 年 10 月，江泽民同志题词："把扬州建设成为古代文化与现代文明交相辉映的名城"，明确地指出了扬州的发展方向，增强了房管部门把扬州建设得更加美好的责任感，保护与利用的观点有了明显的转变，认识有了很大提高。

1. 公房保护与利用的模式

国内外公房的保护与利用模式很多，如英国的公房私有化及住房协会管理模式；法国的私有化及混合社区发展模式；新加坡的公共住房、半私有化模式；绍兴、丽江、平遥的"保护性旅游开发"模式，都在不同程度上有借鉴之处。在借鉴国内外模式的基础上，扬州直管公房管理处结合本地的实际情况，在文物保护单位保护与利用的工作实践中采用过如下三种模式，这些模式的优缺点如下所述。

(1) 政府主导模式：是由政府主导、政府投资的一种保护与利用模式。

模式的优点：是政府制订保护与利用计划，并出资进行维修，有一个强有力的政策和资金支持，便于形成统一的保护与利用意见，政府改造之后直管公房仍归政府管理，便于调控住房市场。

模式的缺点：容易导致政府强制性的保护和利用，与强制性的转让和开发，容易忽略企业和居民的参与热情。

(2) 企业直接参与模式：由企业直接利用，政府宏观调控不作干预的保护与利用模式。

模式的优点：由于企业的积极参与，减轻了政府在直管公房建设以及维护方面的财政开支。

模式的缺点：企业考虑的是经济效益，导致政府在管理上的失控，直管公房的管理混乱，居住环境日益恶化。

(3) 由政府主导、企业参与的模式：政府部门拿修缮方案，具体组织施工，由企业负责出资，修缮后由企业利用的模式。

模式的优点：有利于文物保护单位的保护与利用，政府拥有产权，企业只享有其使用权，并负责日常维护。

模式的缺点：企业在使用时，有可能违反文物保护法相关规定。

近年来，扬州直管公房管理处在市级以上文物保护单位的保护与利用上，按照"护其貌、美其颜、扬其韵、铸其魂"的思路，坚持"不改变文物原状"的原则，先后做了许多尝试，有失败的，也有成功的。如东关街和教场的保护与利用主要以大拆大建为主，虽然按照老城风貌修建了仿古建筑，但终究无法取代保持老城风貌的传统老建筑；特别是东关街保护与利用过程中修建的商业街，虽然盘活了老城区的经济，但是原来的建筑机理遭到了破坏，原来的居民已经迁走，现有的商户对老城的历史知之甚少，割断了老城的文脉。在吸取经验教训的基础上，管理处通过充分的调研和协调，在小盘谷、汪氏小苑等园林住宅的保护与利用方面，采用了一条能够实现双赢的模式 —— 政府和企业合作的模式。该模式的具体做法是：由政府部门拿修缮方案，具体组织施工，由企业出资，修缮后由企业利用；由文保部门进行保护指导，定期检查文保状况。这种模式合理利用了政府的行政力量、企业的资金力量和文保部门的技术力量，使修缮后的古建筑能充分发挥园林住宅的文化价值、社会价值和经济价值。

2. 公房保护与利用中的问题与解决方法

直管公房类型多、数量大，损坏状况较严重，在保护与利用工作中存在如下问题：

(1) 自身造血功能不强。不少直管公房有上百年历史，超期使用，租金极低，难以实现"以租养房"，致使多年来修缮经费严重缺乏。现在修缮主要是政府投入，但这绝不是长久之计，要从根本上解决问题；一要提高租金标准，实现"以租养房"，二要进行市场化动作。要增强自身造血功能，同时要多元化投入，建立全社会共同保护的机制。

(2) 矛盾处理难度大。直管公房大多是新中国成立后没收的房产和社会主义改造时取得的，由于缺少原始资料，因此申领房产证、土地证有一定困难，修缮时也难办手续。同时，周围邻居矛盾多，如不及时协调好，便会受到阻工，这样势必造成修缮成本增加，还要消耗大量时间和精力。

(3) 住在老城区古宅中的居民，大多数是年龄较大、收入较低、不具备迁出条件的弱势群体；同时这些居民与老城区有种特殊的情结。由于居住环境比较差，为了改善居住条件，多年来住户私自搭建、增建等现象还比较普遍，影响了原始风貌，如要彻底整治，一方面住户不愿意，另一方面，成本投入也相当高。

扬州市直管公房管理处针对上述问题，按照"全面保护古城风貌，彻底改变老城区居住条件，有效利用直管公房的种类资源"的要求，从以下几个方面做好直管公房的保护与利用。

(1) 拓宽直管公房管理工作思路，促进直管公房的保护与利用。老城区直管公房的保护与利用需政府主导，政策及资金的支持。要尽快落实"保护利用，全面提升"的要求，对危旧房的改造实行市场化运作，对老城区住房困难家庭进行异地搬迁，实行住房保障。同时将"不改变文物原状"后的旧民居借鉴绍兴、丽江等地的做法，居住房屋产权拍卖；非居住房屋经营权拍卖。形成良性的资金循环，实现资源整合。

(2) 继续坚持直管公房保护与利用相结合的原则，对有价值的文物保护单位采取有针对性的解危措施。试行以点带线、以线带面的做法，如南河下历史街区，以全国文物保护单位小盘谷为核心，以盐商住宅集中的丁家湾老街巷为线，带动整个历史街区做好保护利用工作。

(3) 创新经济新理念，借力民间和社会资本，打造会馆产业。鼓励国内外组织和个人购买或租赁民居古宅，以有效的途径和方法，把资源优势转化为产业优势。

3. 东圈门历史文化街区的建设

扬州东圈门历史街区是由东圈门街、三祝庵街、地官第街一线组成，东靠观巷宋遗址"蕃釐观"，西接国庆路清遗迹"盐运司衙署"，南临文昌东路繁华商业街，北倚成片清代、民国时期老房旧屋。东圈门历史街区拥有厚重的历史文化；街区内有南宋抗元名将李庭芝、姜才"双忠祠"；有清嘉庆、道光年间著名经学名家刘文淇故居，名"清溪旧屋"；有清同治年间江阴要塞太守何廉舫"壶园"；有大盐商汪竹铭的"汪氏小苑"；还有众多古井名木、庵观寺庙及假山园林。

由于历经沧桑、缺乏整体规划和管理修缮，东圈门街区原古朴石路面坑洼不平，给排水不畅，沿街建筑外观破旧，各种线路杂乱无章，历史风貌基本丧失。

扬州市于2010年开始实施东关街历史街区(含东圈门历史街区)整治工程，颁发了《关于东关街历史街区保护与整治的实施意见》文件，并成立了领导小组，由市建委组织成立工作班子，由原扬州市古典建筑工程公司负责具体实施。整治工程主要遵循"重点保护、合理保留、全面改善、局部改造" 的原则，复建了东圈门城楼 (图 3-3)，整治了沿街的商铺 (图 3-4)，修复了壶园 (图 3-5)、三祝庵照壁 (图 3-6)、地官第名人故居 (图 3-7)、刘文淇故居 (图 3-8)，收回汪氏小苑并整修后对外开放 (图 3-9)，较好地恢复了历史风貌。

图 3-3　东圈门城楼

图 3-4　东圈门沿街商铺

图 3-5　何廉舫 "壶园"　　　　　　图 3-6　三祝庵照壁

图 3-7　地官第名人故居　　　　　　　　图 3-8　刘文淇 "清溪旧屋"

图 3-9　汪氏小苑

4. 南河下历史文化街区的建设

　　南河下街区位于扬州 5.09 平方公里老城区的南部、古运河畔。区内现存花园巷、南河下、丁家湾等老街古巷。南河下街区范围为：北至广陵路，南至南河下中段及花园巷一线，东至徐凝门大街，西至渡江路。南河下被称为 "盐商一条街"，历史上这条街曾是扬州盐商住宅的聚集地。如今许多盐商宅邸依然存在，并相当程度地保持完好，整个街道有着很高的保护与利用价值。

　　南河下盐商住宅园林，秀丽中寓雄奇，幽静中含深远，对其中大型盐商住宅园林加以修复，即可与古运河游览区相衔接。如花园巷 "何园" "平园"，康山街卢绍绪 "意园"，大树巷 "小盘谷" 等住宅园林。又如：位于南河下 170 号的汪氏盐商住宅 (现为全国重点文物保护单位)，系清代大盐商汪鲁门宅第；现存门楼、照厅、楠木大厅、二厅、住宅楼等前后七进；除东部花园已毁外，建筑保存完整，占地面积 3400 余平方米；全部收回进行整修，可作为扬州盐商住宅的典型代表展示在游客面前。还有位于南河下 118 号的清末盐商廖可亭住宅、康山街 22 号的卢绍绪盐商住宅、南河下 22 号的棣园、南河下 174-3 号的湖北会馆等一批重点文物保护单位，可结合南河下历史文化街区分期进行整治，其中南河下 174-3 号的湖北会馆可与毗邻的汪氏盐商住宅相连成文物景点。

在编制《扬州市南河下历史文化街区保护规划》时，考虑到南河下是扬州最大、最有特色的老街区，不仅要加强对其传统风貌的保护，也要尽量保证当地居民的居住。保护规划分为近期和远期，近期从 2010～2015 年，远期从 2016～2020 年。规划在该街区补种一批名树古木，以扩大绿化面积，增加休憩场所；理顺各类杆线，完善公厕、消防等设施，保证老街区的消防安全；完善路网结构，做好慢行交通规划，同时科学设置人行和非机动车等慢行交通体系。在整治时严格执行"五统一、三同时"的要求，即统一规划、统一设计、统一标准、统一监管、统一验收，道路整治、房屋整治、市容整治同步实施、同时完成。

编制南河下历史文化街区详细规划时，则是以园林住宅何园、小盘谷为点，以徐凝门大街、丁家湾为线，从而带动整个南河下历史文化街区（面）的建设。到 2015 年，已完成了何园、小盘谷两个点的保护与利用，整治了徐凝门大街、丁家湾沿街建筑和周围环境，取得了较好的建设效果。图 3-10～ 图 3-16 为街区、巷道、部分盐商住宅整治修缮后的照片。

图 3-10　南河下历史文化街区牌坊

图 3-11　晚清第一园——何园

图 3-12　古运河环境整治

图 3-13　丁家湾牌坊

图 3-14　丁家湾 88 号许氏盐商住宅

图 3-15　丁家湾"小盘谷"后门

图 3-16　四岸公所 (湘、鄂、赣、皖四省盐务协调机构)

第四章

扬州盐商住宅的修缮保护工艺

第一节　古建筑修缮原则的遵循与实践

扬州盐商住宅大都属于木构架古建筑，进行修缮加固时须以《古建筑木结构维护与加固技术规范》(GB 50165—1992) 为依据，并遵守"不改变文物原状"的原则。文物原状是指：①原来的建筑形制；②原来的建筑结构；③原来的建筑材料；④原来的工艺技术。

保存原来的建筑形制，包括古建筑原来的平面布局、造型、法式特征和艺术风格等。对于木构架古建筑的修缮加固，需根据建筑物法式勘查报告进行现场校对，明确应保持的法式特征；对更换原有构件，应持慎重态度，凡能修补加固的，应设法最大限度地保留原件，使历史信息得以延续；凡必须更换的木构件，应在隐蔽处注明更换的年、月、日。

保存原来的建筑结构，应注意保持木构架古建筑原有的结构承重体系以及构件的榫卯连接构造，防止采用围护墙体替代木构架承重、降低木构架体系的抗震性能。

保存原来的建筑材料，应注意保护木材的"本质精华"，木构件能修补的尽量修补，损坏严重需更换的尽量采用同树种的木材制作替换的构件；应特别注意禁止使用钢构架、钢筋混凝土构架代替古建筑原来的木构架，避免珍贵的文物建筑沦为现代材料的仿古建筑。

保存原来的工艺技术，应注重继承传统的工艺技术，如木结构的打牮拨正、偷梁换柱、墩接暗榫等在实践中得到验证的有效工艺和方法；在保存和提炼的基础上，开发和引入现代化的机械装置和测量仪器，进一步提高传统工艺的工作效率和保障施工过程的安全性。

江苏古宸环境建设有限公司 (原扬州市古典建筑工程公司) 在古建筑修缮加固的长期实践中，努力遵循上述修缮基本原则，并结合历史风俗实际操作，对包括扬州盐商住宅在内的一批重点文物保护单位进行了修缮，在整体保护和修缮技术方面积累了一定的经验。

1. 按照古建筑修缮原则制定修缮方案

对每一项修缮工程，必须按照国家文物保护的规定制订修缮方案，注意遵循古建筑修缮原则，具体做法如下。

1）"不改变文物原状"的原则

以文物保护工程必须遵守的"不改变文物原状"和《中华人民共和国文物保护法实施条例》中对文物建筑保护的规定为基本原则。对一般损坏的建筑和构件优先采取修理加固的方案，不随意更换和添加构件，无原件的可参照同类式样和同样做法进行复原，以达到最大限度地保留原来的构件，不降低文物价值的目的。

2）恢复历史原状的原则

一些盐商住宅由于历史上的多次维修、加建和改建的部分较多，破坏了建筑的整体性，降低了文物的艺术性和历史价值。制订方案时，对照历史文献、照片资料和实地勘查结果，做好记录，拆除加建和改建部分，恢复文物建筑的原状，完整真实地反映文物建筑的历史特征。

3）最小干预的原则

方案的制订遵循最小干预的原则，维修中应做到"四个保持"：保持原来的建筑形制，保持原来的建筑结构，保持原来的建筑材料，保持原来的工艺技术。杜绝破坏建筑物现有结构、形式和所用主要材料的做法，不得改变其功能特色。对于现代建筑材料，仅用于原结构或原有材料的修补与加固，并应有可逆性与可再处理性，为将来的研究、识别、处理、修缮留有更准确的判定依据，提供清晰的干预信息。

2. 按照古代的建筑文化进行修缮

在对古建筑进行修缮的过程中，需了解并尊重古人的观念和思想，以此来保证恢复古建筑的原貌。例如，在不同的时代，古建筑的布局和建筑风格是不同的。在和平年代，讲究的是左阳右阴、左雄右雌；在战争年代，往往更加注重左右相应、阴阳相合、文武对应。在门口摆放的石狮一定是左雄右雌，这些物件在修缮的过程中，一定不能弄错位置。

另外，在古建筑修缮过程中，要注重风水格局，这涉及建筑的规划、选址、营造和设计中的所有方面。风水不仅是我国传统文化的重要组成部分，也是传统建筑的灵魂，包含了古人对地理环境的认识和总结以及易学的理念和观念。在对盐商园林住宅进行修缮的过程中，需要熟悉风水学知识，理解古人对住宅的选址布局、建筑风格及物件摆放位置的理念与习惯做法，对古建筑进行原样修缮。

3. 按照建筑物的原样进行修缮

在对古建筑进行修缮的过程中，要注意按照建筑的原貌进行修缮。所有的古建筑都蕴含着历史遗留下来的痕迹，将当时社会的艺术风格、生活生产、风俗习惯等情况反映出来，可以让人们"看到"历史。在修复的过程中，要对各个时期历史留下的痕迹进行保存，而不是根据现代人的想法去抹杀历史；如果修缮失败，就会造成无法挽回的损失。在对盐商园林住宅进行修复时，应详细考察建筑物的时代背景和住宅主人的身份及经历，要对当时的建筑选材和营造技艺进行总结归纳，要对建筑物的营造特点、损毁规律进行分析和考虑，尽可能地做到按照原样进行修缮。

在制订损毁建筑的修缮方案时，应在勘查和调研的基础上，确定合理有效的修缮依据，以真实地再现建筑物原有的风貌。具体方法如下：①以现存房屋的墙体、屋面、构架、装修及地坪的形制、造型、风格以及用材质地作为修复的主要依据；②以现场勘查、测绘绘制的房屋现状图以及相关的平面、剖面图为重要依据；③以历史文献记载，勘查获取的房屋残损信息和失落建筑遗留的各种信息作为补充依据；④以毁坏建筑残存的墙体、柱子作为复建房屋的柱网尺寸、檐口高度、构架形式及其用料尺寸的主要依据。

第二节　木构架修缮加固基本方法的运用

1. 木构架整体修缮工艺方法的运用

按照《古建筑木结构维护与加固技术规范》(GB 50165—1992)，木构架的整体修缮与加固，可根据其残损程度分别采用落架大修、打牮拨正和修整加固的工艺方法。在扬州盐商住宅的修缮工程中，根据建筑物的实际残损情况，对上述工艺方法进行了较好的运用。

1) 落架大修工艺的运用

落架大修，即全部或局部拆落木构架，对残损构件或残损点逐个进行修整、更换残损严重的构件，再重新安装，并在安装时进行整体加固。

落架大修可从根本上解除木构架的安全隐患，但结构的全部拆卸将丢失较多的历史信息，一般情况下应谨慎采用；对于一栋房屋，若部分构架损毁严重，部分构架尚可保留，也可以采用局部落架大修的方案。如汪鲁门盐商住宅修缮工程中，前住宅楼的倒座因屋面长期渗漏，引起木构架、屋面结构、楼面结构的构件发生严重的霉变、糟朽和腐烂，使这些构件失去承载能力，并引起部分瓦屋面、木楼面坍塌，成为危房，故需对破坏严重的部位进行落架大整。为了减少历史信息的损失，工程实施中选择了局部落架大修工艺，将严重损坏的木构架落架；采用与原结构一致的杉木材料，更换不能继续使用的柱、梁、枋、桁和楼面构件，使木构架及屋面、楼面结构保持原来的结构形式；修整后的木构架按原状归安，并与不落架部位的结构可靠地连接在一起 (图 4-1)。

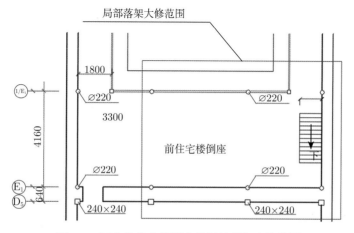

图 4-1　汪宅前住宅楼倒座的局部落架大修范围

2) 打牮拨正工艺的运用

打牮拨正，即在不拆落木构架的情况下，使倾斜、扭转、拔榫的构件复位，再进行整体加固。对个别残损严重的梁枋、斗栱、柱等应同时进行更换或采取其他修补加固措施。

扬州盐商住宅中，木构架因气候潮湿、地基沉陷引起的变形较多，大多采用打牮拨正工艺进行了纠偏扶正。以小盘谷修缮工程为例，住宅中对厅的木构架最大南倾 0.255 米，倾斜度 5%；檐墙最大外倾 0.175 米，倾斜度 3.4%。因结构变形过大，采用瓦望落地、拆除木装修及四周墙体后，对倾斜木构架进行了牮正。由于原有木桁条、木椽及柱腐朽严重，牮正施工时临时加设了剪刀撑、斜撑进行固定，防止构架倒塌 (图 4-2)。

图 4-2　小盘谷对厅木构架的牮正

3) 修整加固工艺的运用

修整加固，即在不揭除瓦顶和不拆动构架的情况下，直接对木构架进行整体加固。这种方法适用于木构架变形较小、构件位移不大、不需打牮拨正的维修工程。

在扬州盐商住宅的修缮工程中，对大部分木构架基本完好的建筑进行了修整加固。修整加固的重点，主要是木构架中局部损坏的构件和榫卯节点；在不拆动木构架的情况下，采用传统工艺，对损坏的构件进行修补或替换。对于屋顶渗漏或桁椽局部损坏的建筑，也可在保证木构架安全的条件下，搭设施工支撑和脚手架，进行屋盖体系的修整。

2. 木构架整体加固基本要求的执行

对木构架进行整体加固时，应注意保持木结构的受力体系和构造特征，注意保存有价值的历史信息，基本要求如下：

(1) 加固方案不应改变结构原有的受力体系，应保持构架中原有各节点接近于铰接的构造与传力方式，不得将其加固成刚接方式，也不得将柱脚与柱基础拉结固定。

(2) 对原来结构和构造的固有缺陷，应采取有效措施予以消除，对所增设的连接件应设法加以隐蔽。

(3) 对本应拆换的梁枋、柱，当其文物价值较高而必须保留时，可用现代材料予以补强或另加支柱支顶，但另加的支柱应能易于识别。

(4) 对任何整体加固措施，木构架中原有的连接件，包括椽、檩和构架间的连接件，应全部保留。若有短缺，应重新补齐。

(5) 加固所用的材料，其强度应与原结构材料的强度相近，其耐久性不应低于原结构材料的耐久性。

在扬州盐商住宅的修缮工程中，对传统建筑的构架形式和受力特征都进行了详细的勘查、分析与记录，作为维修加固方案设计的依据。但对于一些晚清时期引进的西式建筑结构，在注重保留其结构、基本形制和受力特征的同时，完善其构造措施，提高结构的整体稳定性能。如汪氏小苑的花厅、客厅的木构架由人字木屋架和木柱组合而成，受当时仿制技术的限制，在构造措施上存在缺陷：一是人字木屋架的下弦与支承木柱为铰接，未设置锚固螺栓；二是相邻木屋架之间无支撑连接，屋盖的整体刚度较弱。修缮工程中，对人字木屋架的变形节点采用铁 (木) 夹板进行加固，在屋架的支座部位设置锚固螺栓加固 (图 4-3)。此外，为防止人字木屋架修缮后再发生倾斜，在各开间增设了水平支撑或剪刀撑 (图 4-4)。

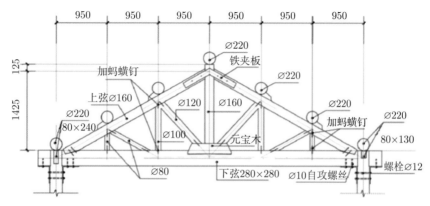

图 4-3　人字木屋架加固详图

图 4-4　木屋架设置剪刀撑

第三节　扬州盐商住宅的修缮工艺

1. 墙体、砖细修缮工艺

1) 原墙拆砌

扬州盐商住宅的墙体厚度以 360 毫米为主，也有少量 400 毫米。对倾斜小于 150 毫米的墙体一般进行修补，保持原状不变；对倾斜大于 150 毫米的墙体须进行拆砌。

墙体拆卸前应量取原墙上的门窗位置尺寸和砖细构件位置尺寸，并做好详细记录，作为恢复墙体时门窗位置和砖细构件的依据。墙体拆卸应自上而下依次进行，不允许将整片墙推倒；拆卸下的砖块应保持其原有的完整性，拆卸后铲除其表面砌筑灰浆，并码放整齐备用。

对于山墙、檐墙出现倾斜、鼓肚或扭曲变形，且木构架在发平、牮正后，柱与墙体出现分离的情况，需对墙体进行局部拆砌。拆除墙体时，最大限度地保留底部较完好的墙体，由上而下画定拆除线，并对原墙尺寸及砌筑手法进行记录。对予以保留的接槎段，应仔细剔灰、抽出砖块、拆除墙身。拆除下的旧砖，如可继用者，进行剔灰备用。墙体砌筑时，其砖块组合方式、灰缝大小、墙体的厚度和墙的外形、尺寸均应与原墙一致 (图 4-5)。

新拆砌墙体

原保留墙体

图 4-5　墙体拆砌

墙体采用青灰砌筑，砌筑形式为 1 皮满顺、1 皮 2 顺 1 丁间隔进行。拆砌的墙体应利用原有旧砖，当砖有损耗数量不足时，应将旧砖砌筑在墙体的外侧面 (看面)，新砖砌筑在墙体的内侧面。新增的青砖规格应与旧青砖规格基本一致；砖墙灰缝厚度和灰缝形式亦应与原墙一致。砌筑的青灰浆采用熟石灰、草木灰和其他掺合物用传统方法调制而成。

2) 墙顶修补

因年久失修，屏风墙、无屋盖墙体顶部和残存房屋墙体顶部的砖易松动，并滋生出许多草木；少数滋生出的树木生长在墙顶，其根系延伸至墙体的下部，对墙体有较大的破坏。修缮时应清除滋生的草木和其根系，同时将砖块松动部分的墙全部重新砌筑 (图 4-6)。

新拆砌墙体

原保留墙体

图 4-6　屏风墙修复

3) 门窗洞修复

填补后开的门窗洞时，先拆除其门窗内扇和外框，再拆除松动和破坏的墙体，然后按原有形制补砌。补砌墙和原墙的色差应基本接近，避免色差太大。原有门窗洞已封闭的，一律按原状修复。凡酥碱和腐蚀严重的墙面需进行挖补。被粉刷的外墙应清除其粉刷层，恢复清水墙面。

4) 砖细修缮

对于檐口部位、山墙顶部缺损的砖细挂枋和砖细线条，缺少的部分按原状制作后进行安装，新补装的砖细应与原有砖细外形一致。对于恢复建筑的博缝线条，根据复建房屋的进深尺寸和屋面坡度放实样，按照屋面坡度曲线制作样板，依据样板分块制作安装。对于窗砖细镶边，修缮时按其规格形制复制，砖细镶框面为平面，镶框内侧起木角线一道，安装后与砖墙面平齐，镶框转角呈 45° 接缝。

扬州盐商住宅的门楼大多采用了干架砖细门垛。对于干架砖细门垛因砖块风化腐蚀，外观立面上出现凹陷状的状况，修复前先量取修复处各皮砖块的精确厚度及顺砖和丁砖的看面尺寸，并做好记录，按照修补量加工砖块；然后，将风化部位的砖块，用锋利的平口合金錾子将修补处的砖块逐层剔至深约 30 毫米的平面，将加工好的砖块进行试装，使砖块的水平、垂直缝与原状保持一致，接缝严丝密封，如有误差再进行精细打磨；试装无误后，将基层的浮土清理干净，浇水湿润，采用 1:1 的水泥砂浆填充，将修补砖块固定，并使砖块平面与砖垛保持平直 (图 4-7)。对于干架砖细门垛风化面出现多皮集中的情况，应自下而上逐皮修复。

(a) 未修复砖细门垛　　　　　　　(b) 已修复砖细门垛

图 4-7　砖细门垛修复

2. 木构架修缮工艺

1) 拆除工程

首先按照文物保护的要求，瓦件拆卸之前应先切断电源并做好内、外檐装修及室内顶棚的保护工作。为了安全起见，考虑到卸荷均匀，应前后同时拆除，在坡上纵向放置大板并钉好踏步条，操作时将大板随工作进程移动，拆卸瓦件时应先拆揭勾滴 (或花边瓦)，并送到指定地点妥善保管，然后拆揭瓦屋面，最后拆除大脊。

在拆卸中特别注意保护瓦件和木构件不受损失，并分类进行存放，然后做一个统计。统计的范围：木构件、脊的分件、盖瓦、底瓦及勾滴必须补换的数目、名称，要查明规格，以便收旧和补充订货。可以利用的瓦件应将灰浆铲掉扫净，瓦件拆卸干净后应将原有的苦背垫层全部铲掉。木构件应将灰、钉清掉扫净，并保护好榫卯。

2) 歪闪木构架的打牮拨正

传统的打牮拨正通常包含两项基本工艺 (图 4-8)：其一是 "打牮"，是用 "牮杆"(杠杆或千斤顶) 抬起下沉的构件或支顶倾斜的构件，使其复位；其二是 "拨正"，是用 "拉索"(手动起重葫芦或花篮螺栓拉索) 牵引倾斜、脱榫的构件，使其复位。对变形木构架进行整体纠偏加固时，"打牮" 和 "拨正" 两项工艺可综合运用，按照完整的工艺进行设计。

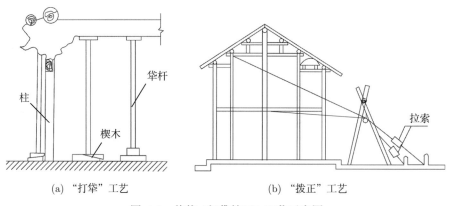

(a) "打牮" 工艺　　　　　　　　　(b) "拨正" 工艺

图 4-8　传统 "打牮拨正" 工艺示意图

打牮拨正的基本程序如下：①采用施工支架对木构架进行加固，以保证木构架在纠偏复位过程中的安全。②拆除屋面瓦、望板和椽子，以减轻木构架上的荷重。③局部拆除木构架周边的墙体，避免影响柱架的拨正。④拆除木构架已有的连接铁件，松开榫卯节点，清理榫卯缝隙，使构件易于复位。⑤采用 "牮杆" 和 "拉索" 支顶、牵引变形木构架，使其恢复到预定位置。⑥用木楔塞紧榫卯节点，以增加木构架复位后的稳定性。⑦修整和铺设椽子、望板和屋面瓦，砌筑墙体，增加建筑整体性。⑧拆除木构架上的施工支架。

在打牮拨正施工中，应根据木构架的具体损伤状况、场地条件，加强安全和质量的检查，注意以下几个方面的工作：①施工前应检查木构架榫卯部位的蛀蚀、糟朽等缺陷，必要时应加固后才能施工。②必须在木构架倾斜的正反两个方向上设置保护木支撑或金属拉杆。③木构架复位顺序必须合理安排，要分方向、分构架逐步复位，避免产生过大的构件牵连损伤。④木构架的变形恢复量应根据实际情况分次调整，每次调整量不宜过大。⑤施工过程中，加力要均匀，若发现木构架出现异常情况，应立即停止；待查明原因，清除故障后，方可继续施工。⑥木构架复位后，应采取措施增加建筑的空间刚度，加固墙体，防止木构架反向回弹。

木构架古建筑的"打牮拨正"，可根据构架的类型、场地条件和纠偏复位力系的布置，分别选用"水平顶推复位"、"水平张拉复位"和"顶推-张拉复位"等工艺方法，以取得较好的复位效果；各工艺方法的具体要求和详细措施，可参见《打牮拨正 —— 木构架古建筑纠偏工艺的传承与发展》(袁建力和杨韵，2017)一书。

3) 梁枋劈裂处理

对于构件轻微的裂缝，可直接用铁箍加固。铁箍的数量与大小可根据具体情况酌定，铁箍可用圈形，接头处用螺栓或特制大帽钉连接牢固，使裂缝闭合 (图 4-9)。对于断面较大的矩形构件可用 U 形铁兜绊，上部用长脚螺栓拧牢。

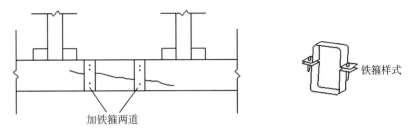

加铁箍两道

铁箍样式

图 4-9　木构件劈裂铁箍加固工艺示意图

如果裂缝较宽，可用木条嵌补严实，用胶粘牢。断面较小的构件也可采用铅丝或铁条扎绑。如果裂缝较长，糟朽不很严重的梁、枋、檩等构件，可在裂缝内浇注环氧树脂，裂缝两头或其他漏隙处可用环氧树脂腻子勾缝补漏，按裂缝长度预留浇注孔，待树脂固化后，用铁箍夹牢。劈裂处理时，顺纹裂缝的深度和宽度不得大于构件直径的 1/4，裂缝的长度不得大于构件长度的 1/2，斜纹裂缝在矩形构件中不得裂过两个相邻的表面，在圆形构件中裂缝长度不得大于周长的 1/3，超过上述限度，应考虑更换构件。

4) 糟朽梁头处理

(1) 上皮糟朽和局部糟朽：仅是上皮糟朽 2~5 毫米，只需剔除糟朽部分，或按原尺寸钉补完整即可。局部糟朽经过计算断面不足承重时，应更换新料。

(2) 梁、枋、糟朽与更换，根据糟朽后所剩余完好木料的断面尺寸，进行力学计算，如仍能完全荷重时，应进行修补，将糟朽部分剔除干净，边缘稍加规整，然后依照糟朽部位的形状用旧料钉补完整，胶粘牢固，钉补面积较大时外加 1~2 道铁箍。

(3) 糟朽严重，经过力学计算不能承担荷载时，可以更换新料。更换的梁头应严格按照原来式样尺寸制作，最好选用与旧构件相同树种的干燥木材。对于柱子外侧部位糟朽的耍头，可将糟朽部位削去，并将铲削后的面整理平整，采用纹理顺直、平轮紧密的干燥杉木板材对其镶补，无误后采用胶进行粘合，并用铁钉固定；铁钉帽需拍扁，并将铁钉送入木材表面，修补后的耍头应表面平整，端头方正齐平。对于支承上部荷载的抬梁，如发现与柱结合处的腮口部位腐烂、糟朽严重时，应对抬梁进行原样更换，排除安全隐患。

5) 梁枋弯垂处理

梁枋构件因受屋面荷载的重压和自重的负担，一般都微有弯垂现象，这是允许挠度。如一般松木梁，垂度与跨度的比值＞1/120 时就应采取加固措施，可在梁底弯垂部位支顶柱的方式加固。但有的房屋因受使用的限制不允许采用上述办法时，可用加附梁的办法来处理（图 4-10），即在靠前后檐柱的里侧，再立 2 根辅柱，托上 1 根梁，顶住梁底。

(a) 附梁　　　　　　　　　　　　　　　(b) 辅柱

图 4-10　增加附梁、辅柱

6) 柱的挖补、包镶

柱表皮局部糟朽，柱心尚完好，不影响柱子受力，可采取挖补和包镶两种方法。

柱皮小局部的糟朽深度不超过柱直径 1/2 时，采取挖补方法，先将糟朽部分用凿子或扁铲剔成容易嵌补的几何形状（三角形、方形、多边形、半圆、圆形），剔挖的面积以最大限度地保留柱身没有糟朽的部分为宜。为便于嵌补，把所剔的洞边铲直，洞壁稍微向里倾斜（即洞里要比洞口稍大，容易补严），洞底要平实。然后用和柱同样的木料或其他容易制作、木料本身的颜色接近柱木料颜色的干燥木料，制作成与补洞形状相同的木块，将补洞的木块楔紧严实，用胶黏结，胶干后，用刨子或扁铲做成随柱身的弧形；对于较大的补块，需用钉子钉牢将钉帽嵌入柱皮以便补腻补油饰。图 4-11 为挖补后的柱子。

如果柱糟朽部分较大，在沿柱身周圈一半以上深度不超过柱直径的 1/4 时，可采取包镶的方法。包镶的做法和挖补的做法相同，只是将糟朽部分沿柱周先截一锯口，再用凿铲剔挖成周圈半补或周圈统补的槽口；补块可分段制作，然后楔入槽口就位拼粘成随柱身形。补块高度较短的用钉子钉牢；补块高度较长的需加铁箍 1~2 道，铁箍搭接处用钉子钉牢，如柱过于粗大，铁钉可特制加工，铁箍要嵌入柱内，箍外皮与柱身外皮取齐，以便油饰。

原木柱

挖补部分

图 4-11　柱挖补工艺

7) 柱的劈裂处理

柱由于当初制作时选料的干湿程度不同,年久后由于木料收缩而产生劈裂 (柱身纵裂)。对于 5 毫米以内裂缝 (包括天然小裂缝),可用环氧树脂腻子堵抹严实;裂缝宽度超过 5 毫米,可用木条粘牢补严,如果裂缝不规则,可用凿铲制作成规则槽缝,以便容易嵌补。裂缝宽度在 3 厘米以上 (应在构件直径的 1/4 以内),深达柱心粘补木条后,还要根据裂缝的长度加铁箍 1~4 道 (图 4-12),嵌补的木条顺纹通长。对有较大的斜裂缝且影响柱的承载力时,需进行更换。

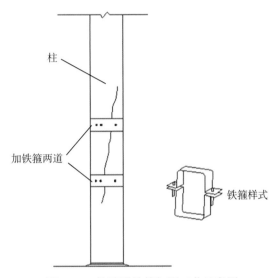

图 4-12　柱劈裂铁箍加固工艺示意图

8) 柱的化学材料加固

柱子由于生物性破坏,或者因为原建时选料不慎有外皮完好柱心糟空的现象,若柱表层完好厚度不小于 50 毫米时,可用不饱和聚酯树脂浇注加固。其浇注材料的配合比 (质量比)为:304 号不饱和聚酯树脂 100 克;1 号固化剂,过氧化环己酮浆 4 克;1 号促进剂,萘酸钴苯乙烯液 2~3 克;石英粉 100 克。

先将固化剂搅拌均匀,再加促进剂搅拌均匀,在上述浇注液中再加适量的石英粉。先把所要浇注加固的柱加上扶柱,解除柱的荷载;然后在柱的一面,由下而上分段开宽 10~15 厘米的浇注槽,每段不超过 50 厘米,将柱内的糟朽部分全部剔掉,把柱身上有可能漏浆的洞、缝用环氧树脂腻子堵严,最后由下往上逐段浇注,每段浇注后要等树脂固化后再浇注上段。浇注或涂腻子时不断用丙酮或香蕉水擦去浇注污迹。浇注完毕后,补配好浇注槽口木,用胶粘牢,做成随柱原形。

3. 小木作修缮工艺

1) 窗户修缮

木质窗户常因年久失修而出现变形的情况,修缮时要先把窗户卸下来,按窗户原来的尺寸进行补齐,并重新拼合窗户。要剔除出现在窗户边框位置的糟朽木材,并将其钉补完整,尽可能地保持窗户原来的结构。图 4-13 为修补后的窗户。

2) 板门修缮

板门通常是由几块木条拼合成的，随着时间的推移，会有裂缝出现在木条上。对于比较大的裂缝需要使用木条对裂缝进行补齐，重新对板门进行拼合。对于比较小的裂缝，可以使用小木丝进行镶缝。图 4-14 为修补后的板门。

图 4-13　修补后的窗户　　　　　　　　　　图 4-14　修补后的板门

3) 天花修缮

对于塌陷的天花，可以对天花的底部木板进行支撑，并使用千斤顶把天花顶平，然后使用上面的部分进行吊装，让天花板处在构架的梁枋位置。如果井口天花板的支条有断裂的情况出现，可以在支条交接的位置钉入铁拉板；如果井口天花板出现了裂缝，要使用钉子把裂缝补齐，尽可能地保证天花板原来的结构，对天花板原尺寸残裂的位置进行补齐。

对于天花板支条结构不稳固的情况，可以使用厚度为 3 毫米、宽度为 5~7 毫米的铁板安装在支条的底部位置。对于天花板顶部帽儿梁长度偏短，无法将帽儿梁的两端搭在天花板梁架上的情况，可以在附近的大梁上进行帽儿梁的吊装。图 4-15 为修缮后的天花。

(a) 油漆前　　　　　　　　　　　　　　(b) 油漆后

图 4-15　修缮后的天花

4) 木材油饰

木材表面油饰通常采用传统的桐油擦拭方法。具体操作过程为：用麻丝做成团，以手抓大小为适宜，蘸上熟桐油后在木材表面来回擦拭，使桐油渗入木质内；每次擦拭的桐油层很薄，待桐油干燥后再进行第二次擦拭，一般要擦拭 5 遍桐油。用这种工艺处理的木材面层厚度均匀，表面光滑鲜亮，特别是雕刻件凹凸不平的表面更能体现出经擦拭处理的效果。

4. 屋面修缮工艺

1) 木桁条

修缮过程中对腐朽和虫蚁危害失去承载能力的木桁条，可选择优质杉木进行更换。恢复建筑中的木桁条应根据图纸开间尺寸，选择材质较密、无明显缺陷、含水率较低的杉圆木制作，桁条按开间轴线长度加榫和齐头长度之和作为配料长度，桁条两端分别做成榫和卯，两桁之间采用榫卯连接，桁与柱和枋之间亦用榫卯连接。

2) 瓦屋面

(1) 铺清水望：望砖铺设前应将破损、缺角和有较长裂纹的望砖剔除；旧望砖表面清理浮尘后，按原色调刷上蓝浆；新、旧望砖用石灰水刷上牙线，刷牙线时应保持其宽度一致，晾干后进行铺设。望砖应从檐口处开始向屋脊方向铺设，当望砖铺设到桁条位置时，应安装好勒望条，防止望砖向下滑移打崩。

(2) 铺轩望：轩望应细加工制作，根据轩椽实样，计算出每行轩望的块数，以确定各种轩望的宽度尺寸；轩望须刨切底面和两侧面，铺设在轩椽弧形段上的望砖，根据弧度略带点凹，轩望铺设后应紧贴轩椽上表面，制作好轩望后应刷上牙线待用。铺设好的轩望，其牙线应对齐成一直线，为防止打扫卫生时扰动轩望，在轩望上表面满抹 2 厘米厚麻刀灰浆一层。

(3) 铺糙望：有天棚的房屋铺设糙望，糙望不刷牙线，铺设方法同清水望。

(4) 屋面做脊：做脊前，根据房屋总面阔加屋面在两山处挑出的长度，计算出盖瓦的行数，瓦行宽度不大于 7 厘米；确定后用尺量取明间中心线，画出中心线上的盖瓦的标志，并依次沿居中的盖瓦，标志出各行盖瓦的中心线。做脊时，按照确定行距摆放好脑上的底、盖瓦，全部摆放好后，按照进深中心线带线砌筑脊胎；砌筑脊胎时应将脑上的底盖瓦窝牢窝实，嵌入脊底盖瓦坡度和高度应准确，脊胎完成后在脊胎上带线砌筑瓦条，并用鸭嘴抹子将脊胎两侧用灰抹平、压实抹光。在瓦条上用小青瓦站立筑脊，用于筑脊的小青瓦应经人工筛选出长度、宽度尺寸一致的瓦片；筑脊时从屋脊的中心线开始，中心处两侧的瓦片应弧面相对而筑，两弧面之间空腹部分用灰和瓦片填实压平压光。次间在尽间外侧处安装砖细脊件，脊件稍高于屋脊，两侧立面刻上回纹 (九弯十八转)，此类脊件又称"万全书"。墙头瓦顶之脊砌筑方法同屋顶之脊。

(5) 屋面铺瓦：现存房屋利用原瓦进行铺盖，复建的房屋采用旧老式小青瓦铺盖，不采用窑厂新瓦或陈旧新式小瓦铺盖屋面。铺瓦前应根据嵌入脊内瓦的行数和行距，在檐口处画出瓦行的标志，无误后方可铺瓦。铺瓦时底瓦两侧用碎瓦片和纸筋灰浆窝牢窝实，底瓦搭接长度不小于瓦长的 2/3；盖瓦排列必须疏密有致，外露长度 1~2 指；瓦行间距保持一致，盖瓦的侧面须顺直，顶面曲线须圆滑。铺瓦结束后，在檐口带线安装花边、滴水瓦，花边滴水小瓦安装必须水平整齐。厢房和正房正交处，从檐口交点至厢房屋脊呈 45° 交线处设立斜沟，供正房和厢房屋面排水之用。斜沟底采用大号小青瓦，斜沟宽约 7~8 厘米，斜沟处的瓦头应做 45° 斜面，并用纸筋白灰浆将盖瓦头粉成扇面状，铺盖好后应成一条直线。

5. 楼地面修缮工艺

1) 木楼面

木楼面板的搁置形式与一般民居不同，一般民居楼板搁置在较密楼栅上，因此板的厚度尺寸不大；盐商住宅的木楼板单跨长度都较大，因此楼板厚度尺寸也较大，楼板采用 70～75 毫米厚松木制作铺设。

2) 木地板

砌筑地垄墙，地板楞木搁置在地垄墙上，地板铺设在地板楞木上。地板楞木及地板背面均须防腐处理。地板楞木搁置应稳固，地板安装应牢固，表面应看不见钉帽，接缝严密，整体应平整，表面平滑光洁。

3) 木楼梯

将楼梯梁柱牮正发平，换去腐朽、闷烂和受虫蚁危害的构件，楼梯梁柱结合必须牢固。同时换去破损的踏步板和踢脚板。楼梯栏杆、扶手需加固，必要时采用铁件加固；损坏和缺少的栏杆按原式样配换，恢复的楼梯采用杉木制作；楼梯斜梁和平台木柱全部采用榫卯结合，休息平台的骨架设置暗剪刀撑，防止平台受力后晃动。踏步板和踢脚板用钉固定，但构件表面应看不见钉帽。踏步板的宽度和踢脚板的高度应一致，踏步板安装应平整，踢脚板安装应垂直。楼梯栏杆安装应牢固，木栏杆按现存栏杆式样车削加工。

4) 室内地面

通常将室内地面土挖至 −0.420 米处，平整夯实后满铺 100 毫米厚、直径为 10～30 毫米碎石，浇筑 60 毫米厚 C15 混凝土垫层。在混凝土垫层上砌筑地垄墙，地垄墙宽 240 毫米，高 190 毫米，间距 510 毫米，采用 M5 水泥砂浆砌筑。加工后的方砖铺设在地垄墙上，铺方砖的结合层采用 M7.5 水泥砂浆，方砖采用油灰对缝。铺方砖时起点应从明间中心线处开始，向两侧延伸，方砖找零应放在靠墙处，方砖接缝宽度为 1 毫米以内，方砖表面应平整，相邻方砖的上表面无高低不平的现象。方砖铺好后自然养护 7～10 天，严禁人员走动，养护前后同时做好成品保护工作，防止硬物接触地面和污染地面。方砖地面采用 510 毫米 ×510 毫米×55 毫米方砖砖架空铺成。

5) 阶沿石与天井

凡天井屋面出檐处的地面均铺阶沿石，作为室内地面与天井地面的分界线，阶沿石平出应小于出檐尺寸，阶沿石铺筑在挡土墙上。阶沿石由老青石制作而成，阶沿铺筑应平整，其上表面标高同室内地面一致，铺筑时应用砂浆窝牢窝实，当结合层较厚时应用砖块垫实、砂浆灌实，阶沿石上表面应向天井方向略带泛水，以便将雨水泛向天井。

大天井一般采用青石板地面，青石板又称铜板石，其长宽规格约为 1400 毫米 ×700 毫米，沿正房面阔错缝铺设。

小天井地面通常采用侧铺砖地，铺砖应平整牢固，砖地两侧应设路筋。

6. 防蛀、防腐及消防措施

1) 白蚁防治

白蚁防治应由具有特种行业专项资质的单位实施，实施前应提交灭杀虫蚁的专项方案。

白蚁防治一般分三个阶段进行。一是地面挖土后,对现场进行勘查,查找有无白蚁巢、蚁道,发现后及时进行灭杀和清理,同时对地面喷洒干粉或水剂药物,进行白蚁防治;二是在木构架、木基层整修完毕后,对各类木构件表面喷洒药液进行白蚁防治;三是在主体工程完成后,油漆工程进行前,对裸墙面、地面及各类木构件、木装修表面全面喷洒药液进行白蚁防治。

工程竣工后,每年定期进行一次检查,发现新产生的白蚁及时灭杀,确保房屋的安全使用。

2) 木材防腐

木构件中柱、梁、枋、桁等构件面或端头原本与墙体接触或隐蔽在墙内,在修缮过程中,这些构件裸露;除对各类构件进行正常修补外,还需对这些构件隐蔽的面涂刷防腐剂进行防腐处理。防腐剂采用环保型产品,涂刷二至三遍。

3) 消防措施

根据文物建筑的类型和电气火灾风险等级制定相应的消防措施。文物建筑的类型有六类:参观游览类,居住类,经营类,办公、教学类,生产、加工类,其他类型。风险等级有五级:整体高风险,局部高风险,整体中风险,局部中风险和低风险。

消防的防控措施要求:①在文物建筑中宜优先选择具有防火性能的用电设备;②参观游览类文物建筑内部,除展示照明和监测报警等必须使用的设备用电外,不宜进行其他用电行为;③生产、加工文物建筑内部,不宜使用大功率动力设备;④居住类,经营类,办公、教学类及其他文物建筑内部,除为满足生活、经营、办公、教学等活动必需的用电设备和监测报警等用电设备外,不宜进行其他用电行为;⑤正在修缮中的文物建筑,应做好临时用电线路、设备的防护及管理;除必须长期使用的用电设备外,文物建筑中不宜使用需长期通电运行的用电设备,用电设备使用结束后,应切断设备供电电源;⑥文物建筑内部不应设置电动车辆充电桩,若设置电动车辆充电桩,应与文物建筑本体保持一定的安全距离。

扬州盐商住宅大部分分布在老城区的深巷内,现代消防车无法进入现场灭火,一般采用设立消防栓和配备足够的消防器材来预防施工阶段和房屋使用阶段的火灾发生。消防栓一般设置在文保建筑的临街 (巷) 处和院落内;灭火器材安放在房屋的玻璃龛或玻璃橱柜内,火灾发生时,击碎玻璃即可取出灭火器材进行灭火。在修缮过程中,按照消防要求建立起防控措施和消防员值班制度,做好用电线路、设备的防护及管理,严禁现场电气加温或焊接施工,杜绝火灾隐患。

第五章

卢氏盐商住宅的修缮保护

第一节　卢氏盐商住宅的建筑概况

1. 地理位置

卢氏盐商住宅 (以下简称 "卢宅") 别称意园，坐落在扬州明清老城区东南部，位于东关街道徐凝门社区康山街 22 号门内，东临古运河，四周为城区传统的老建筑民居群。

卢宅保护范围 (图 5-1)：东至曾公祠西围墙，南至康山街以南 10 米，西至旧顾姓住宅，北至羊胡巷以北 10 米。

2. 建筑概述

宅主卢绍绪 (1843~1905 年)，字星垣，江西上饶人，曾在扬州两淮盐运司下的富安盐场担任盐课大使，后弃官经营盐业致富，到 1903 年达到经营顶峰，拥有资产合白银四十余万两。

卢宅营造于光绪二十年 (1894 年) 至光绪二十三年 (1897 年)，历时三年有余，耗纹银七万余两，是晚清盐商豪华住宅的代表。卢宅占地约 6000 平方米，楼、厢、廊、亭计 200 余间，主要建筑和园林有百宴厅、藏书楼、意园等，是一座规模恢宏、集园林与住宅为一体的传统民居建筑群。卢宅坐北朝南，可分为南、北、中三部分，南部房屋是卢绍绪及其家人生活起居的场所，中部为花园，北部为藏书楼和子女读书的地方。

建筑前后共九进 (图 5-2)，是扬州市区现存最大的盐商住宅；大门南向，为水磨砖雕门楼，门对面原有八字形照壁 (已毁)。入门为倒座楼房，仪门高大，甚为考究；面南三间墙面皆施磨砖，磨砖对缝门垛砖雕雀替，上置磨砖匾墙，墙面砖缀浮雕，匾墙上为三叠砖飞檐。进仪门过对厅有大厅、二厅，皆为面阔七间，以当中三间为主厅，两旁为会客、读书之用。其后为女厅，再后为宅楼两进，皆为面阔七间、进深七檩房屋，是为内宅。宅后有 "意园"，园东北有池，池东临水原筑有船厅，今不存。池北建书斋和藏经楼两进，园南有六角盝顶亭一座。整个建筑高敞宏大，大厅装修皆用楠木，雕刻精细。西北角遗存百余年老干紫藤，枝繁叶茂，遮天数十平方米。

图 5-1　卢氏盐商住宅保护范围

3. 历史沿革及维修情况

卢宅 20 世纪 50 年代初属军管营房，苏北军区服装厂就设在这里。1958 年大办工业时，曾先后被扬州火柴厂、制药厂、五一食品厂使用。1981 年遭火灾，烧毁照厅、楠木大厅、二厅、女厅四进房屋。现仍存门厅、住宅楼、内宅、意园、藏书楼、凉亭等建筑。

卢宅占地面积 6157 平方米；火灾前建筑面积 4284 平方米，火毁面积 1270 平方米，拆掉面积 528 平方米，现存面积 2486 平方米。

卢宅于 2004 年启动修缮方案，2005 年 10 月 18 日开工，2006 年 4 月 18 日竣工，修缮重点是门厅、前后住宅楼、藏书楼，复建对厅、大厅、二厅、女厅。竣工后作为扬州淮扬菜博物馆正式对外开放。

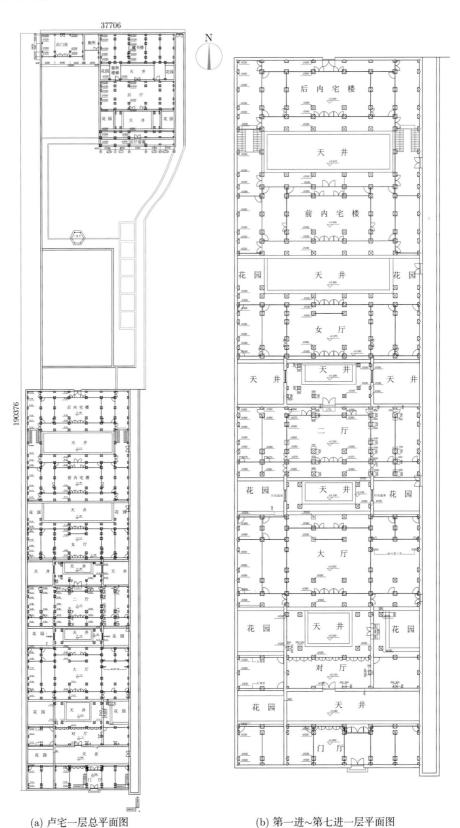

(a) 卢宅一层总平面图　　　　(b) 第一进~第七进一层平面图

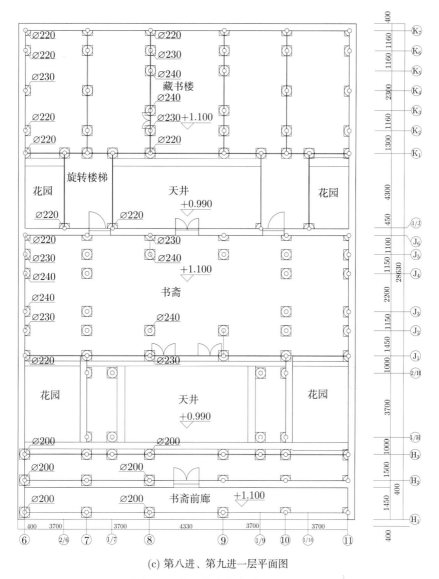

(c) 第八进、第九进一层平面图

图 5-2　卢氏盐商住宅建筑平面图

　　卢宅建筑高敞宏大，大厅装修为楠木，木雕、砖雕雕琢精湛，具有很高的历史、艺术价值，是晚清盐商豪华住宅的代表。1962 年公布为扬州市文物保护单位，2002 年公布为江苏省文物保护单位，2013 年公布为全国重点文物保护单位。2014 年 6 月 22 日中国大运河申遗成功，作为中国大运河遗产点的卢氏盐商住宅也晋级为世界遗产。

第二节　典型建筑的形制与构造

1. 第一进房屋

　　第一进房屋是门厅，为二层砖木结构 (图 5-3～ 图 5-6)，通面阔 27.18 米，进深 5.48 米；

底层高 4.05 米，二层高 2.50 米，总檐高 6.55 米；其构架为四柱落地抬梁式，上承七檩木基层及瓦望，柱下有礅石，无鼓磴，用材为优质杉木。

南檐墙青砖到顶，封檐砖细包檐，两头封山；门堂设置在东次间，是进入住宅的主入口，采用砖雕门楼，有门枕抱鼓石，金刚腿做法。

北檐出檐，正身椽平出 0.75 米，飞椽平出 0.35 米，总平出 1.10 米，设檐沟两端下水；门过道两侧有板壁，分别设有门窗；楼下装修明间八开长格，其他次边、梢间均为支摘窗；楼上北檐内设走廊，檐柱位置装古式木栏杆，背有活动移板，栏杆之上装平开短格窗。

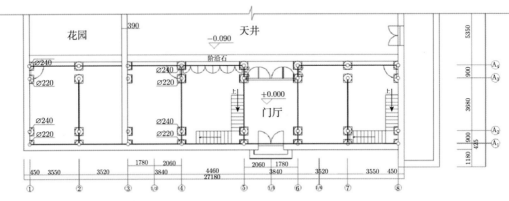

图 5-3　第一进门厅一层平面图

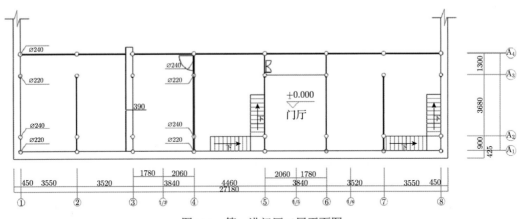

图 5-4　第一进门厅二层平面图

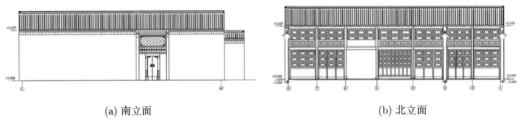

(a) 南立面　　　　　　　　　　　(b) 北立面

图 5-5　第一进门厅南、北立面

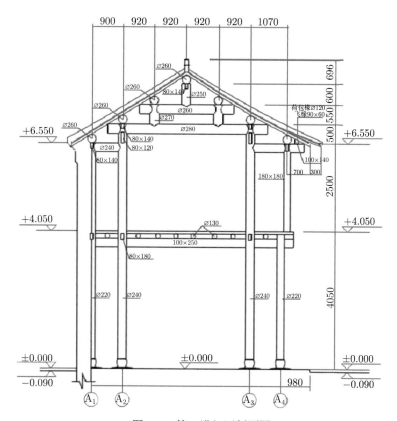

图 5-6　第一进门厅剖面图

第一进之北为天井，天井阔七开间，西侧增加一围墙，将天井分成五间和两间两个大小天井；由大天井经仪门进入主建筑的内部，天井向东经竹丝门进入火巷；火巷是南北走向的巷道，各进房屋均设侧门与火巷相通，灾难发生时，火巷也成为逃生通道。

2. 第二、三进房屋

第二进房屋为对厅，其平、立、剖面分别见图 5-7～图 5-9。

第三进房屋为大厅，其平、立、剖面分别见图 5-10～图 5-12。

第二、三进房屋为明三暗七做法，即中部的明、次间露明，两侧各两间为暗，南进的对厅与北进的大厅之间用天井相隔，相对而立。

对厅为砖木结构，七开间，通面阔 27.18 米，进深 4.46 米；明、次间二柱抬梁五檩作，边梢间中柱落地五檩作；北檐出檐总平出 1.17 米，其中出椽平出 0.79 米，飞椽平出 0.38 米；北檐高度 4.43 米，南檐封檐草架式檐高 5.70 米；北檐两边次间纵向各砌山墙延伸至大厅前檐，大封头砖细包檐，墙高 5.70 米；内两侧次间及东边间靠次间均设抄手廊。

大厅为砖木结构，七开间，通面阔 27.18 米，通进深 12.46 米，檐高 4.33 米，封山出檐。采用抬梁式构架，明间五架梁、六柱落地；次间三架梁、里双金柱八柱落地；上承九檩木基层及瓦望。南北均为出檐，总平出 1.10 米，阶沿出 0.85 米。南北檐步架横向均设乌蓬轩，南檐的步柱至外金柱之间，横向增设乌蓬轩一道。

大厅是卢宅诸厅中最大的厅，其进深九檩，且步距较大，可容纳"百席"，是宅内举行祭祀活动、婚丧典庆、宴请宾客的场所。图 5-13 为大厅内景照片。

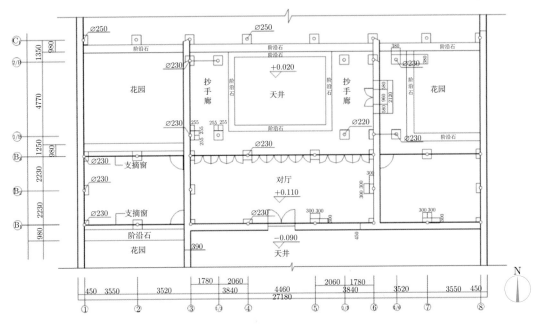

图 5-7　第二进对厅平面图

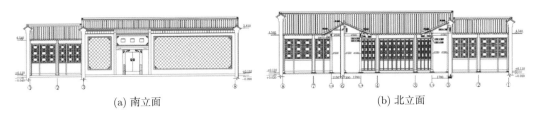

(a) 南立面　　　　　　　　　　　　　　　(b) 北立面

图 5-8　对厅南、北立面图

3. 第四进房屋

第四进房屋为二厅，七开间，通面阔 27.18 米，通进深 9.35 米，砖木结构，两头封山砖细包檐。二厅的平、立、剖面分别见图 5-14～图 5-16。

二厅平面布局与大厅相近，但其进深尺寸稍小一些；二厅的功能与前厅相近，两侧的暗间分别为账房和小客厅。天井两侧设串廊与前后进廊架相通。

二厅木构架为抬梁式；明间六柱落地，次间八柱落地，上承九檩 (南出檐)；边间七柱落地，梢间六柱落地，上承八檩 (北封檐)。南檐檐高 4.40 米，封檐檐高 5.48 米，南檐走廊廊架横向七间，设乌蓬轩。北檐明、次间三间向北延伸一步廊架，设乌蓬轩。明间正中设砖细门垛、串门，有门枕石，门头墙上端镶一砖雕福字。两次间进深设抄手廊，两廊脊脑处南北方向顺桁，背向梢间范围分别砌大封头墙，高 5.48 米，均砖细包檐。

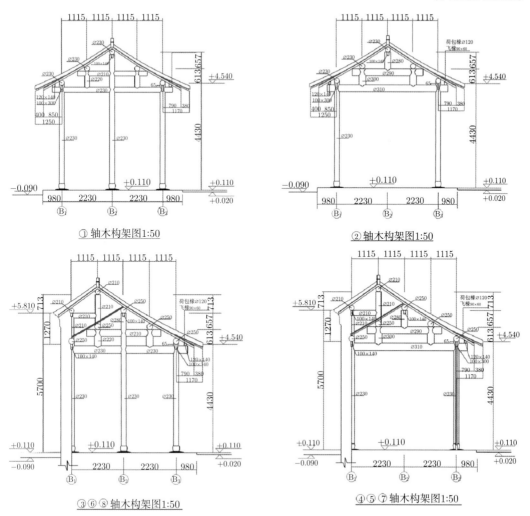

①轴木构架图1:50　　　　②轴木构架图1:50

③⑥⑧轴木构架图1:50　　　　④⑤⑦轴木构架图1:50

图 5-9　对厅轴剖面图

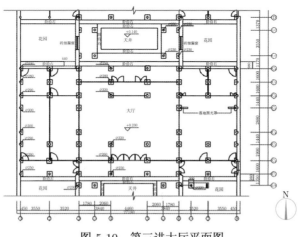

图 5-10　第三进大厅平面图

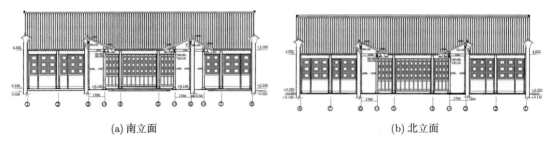

(a) 南立面   (b) 北立面

图 5-11   大厅南、北立面图

图 5-12   大厅剖面图

图 5-13   大厅内景照片

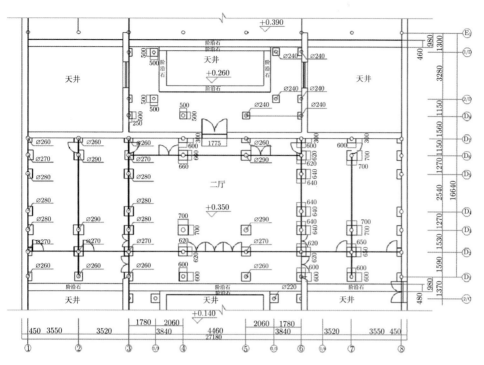

图 5-14　第四进二厅平面图

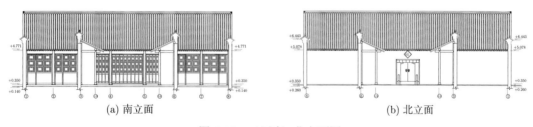

(a) 南立面　　　　　　　　　　　　　　　(b) 北立面

图 5-15　二厅南、北立面图

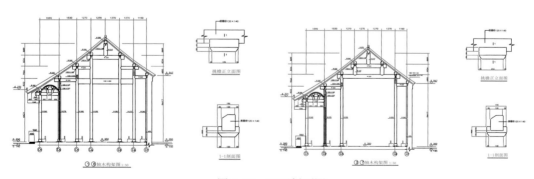

图 5-16　二厅剖面图

4. 第五进房屋

第五进房屋为女厅，七开间，通面阔 27.18 米，通进深 9.02 米；砖木结构，两头封山砖细包檐，前后出檐，檐高 4.50 米，出檐平出 1.05 米，柱下装石磉。女厅的平、立、剖面分别见图 5-17～图 5-19。

女厅平面布局同前厅相近，明三暗七做法，中三间为女厅，其余为内账房和女客房；大天井两侧设串廊，与前后进房相连。女厅为内厅，是宅内女眷聚会、活动的场所，外来宾客的女眷应邀后可入女厅。

女厅木构架为抬梁式，明、次间五柱落地，边梢间七柱落地，上承八檩；南北两檐柱为常规做法，但其北檐横向增跨架蓬轩，加一同檐高的檐柱，即纵向进深有三根檐柱 (前一根后两根)；采用草架做法，将正脊向北推一步架并增高一举架，即剖面看呈八檩形式。

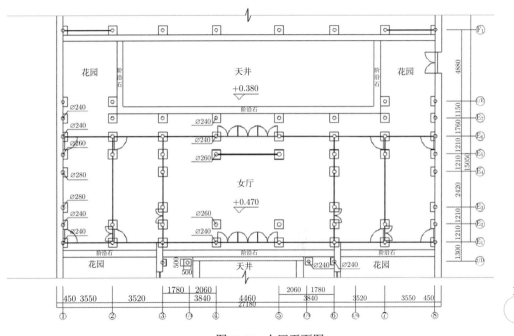

图 5-17　女厅平面图

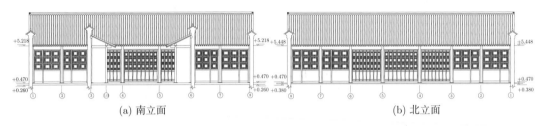

(a) 南立面　　　　　　　　　(b) 北立面

图 5-18　女厅南、北立面图

5. 第六、七进房屋

第六、七进房屋分别为前、后内宅楼，两楼均为七开间二层砖木结构，楼两端梢间设二

层厢房与天井交会，屋面设斜沟，使前后楼之间回串。一层高 4.50 米，二层高 3.12 米，通高
7.62 米。前、后内宅楼的平面图见图 5-20，后内宅楼的立面、剖面见图 5-21、图 5-22，前内
宅楼的立面、剖面见图 5-23、图 5-24。

前内宅楼通面阔 27.18 米，通进深 11.16 米，前后檐均出檐，总平出 1.10 米，阶沿石出
0.85 米，两山墙封山均砖细包檐，地坪铺方砖地面。

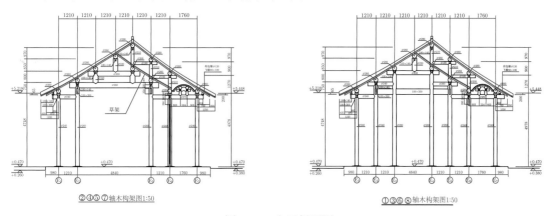

②④⑤⑦轴木构架图1:50   ①③⑥⑧轴木构架图1:50

图 5-19　女厅剖面图

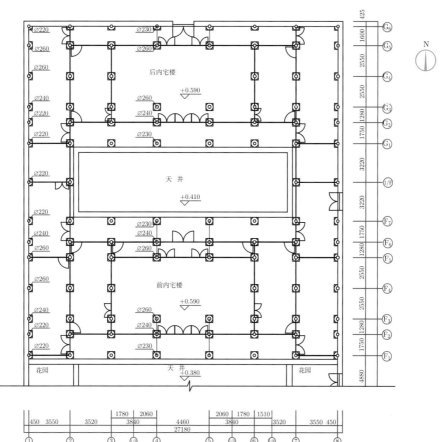

图 5-20　前、后内宅楼平面图

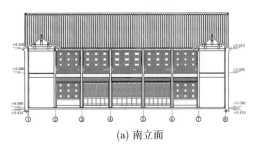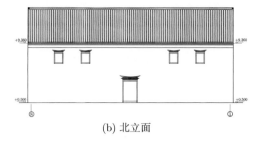

(a) 南立面 (b) 北立面

图 5-21 后内宅楼南、北立面图

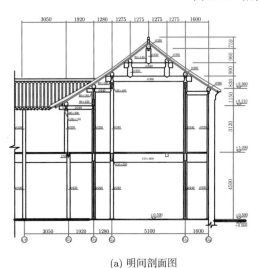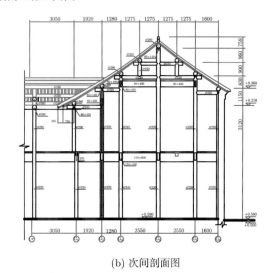

(a) 明间剖面图 (b) 次间剖面图

图 5-22 后内宅楼明、次间剖面图

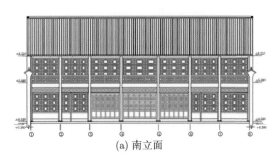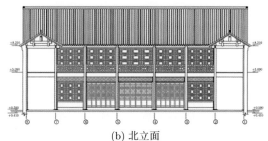

(a) 南立面 (b) 北立面

图 5-23 前内宅楼南、北立面图

后内宅楼通面阔 27.18 米，通进深 9.73 米，一层高 4.50 米，二层高 3.12 米，通高 7.62 米。楼南檐 (天井内) 出檐，总平出 1.10 米，阶沿石出 0.85 米，后檐封檐砖细包檐高 8.78 米。

第六、七进房屋为二层 "回" 字形楼房，明七做法；两进楼房之间的东西两侧设厢房相连，每侧厢房各阔两间，深同梢间阔相等，厢房内设木楼梯，上至二层。东厢设门洞通往火巷。内宅楼是主人及其眷属生活起居的地方。

前内宅楼木构架明、次间六柱落地抬梁式，边、梢间七柱落地中柱式，二层前后檐柱因外挑 0.15 米，在二层楼板处分段，其他木柱全通高用材。楼上二层南北檐设内走廊，廊外侧分别装古式栏杆背装板，栏杆上装短格窗扇，前檐两梢间在檐柱位置分别装木板隔墙，并各开小对开门一樘。二层楼面楼板挑出处及梁头挑出部分均用砖细包贴，挑梁头下装雕花撑牙。楼下南北内走廊楼板下分别有鸟蓬轩各一道。

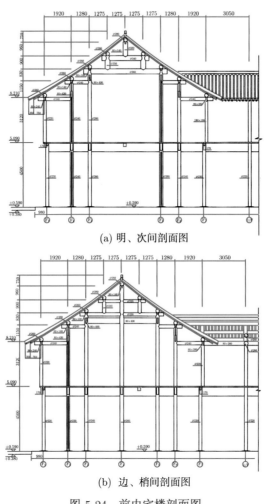

(a) 明、次间剖面图

(b) 边、梢间剖面图

图 5-24　前内宅楼剖面图

后内宅楼木构架明、次间五柱落地抬梁式、边梢间六柱落地中柱式，南檐增跨一步廊架，楼下廊设蓬轩，楼上南檐柱体外挑 17 厘米，上下层分段做法，其他楼柱通高做法。

6. 中部园林

中部园林又称为"意园"，意园在其南部依附围墙筑六角盝顶亭，并设廊房相连，延伸至北部建筑，意园东北侧凿一池塘，池塘北侧用青砖筑壁，为拱券式，砖壁顶部即为上部建筑的外廊。池东侧筑一船厅，船头临水面，并设平板式三曲桥与池南岸相通。园内广植树木，施曲径，与建筑相通。

7. 书斋与藏书楼

书斋与藏书楼位于意园之北，平面图见图 5-25。书斋前廊的南立面、剖面见图 5-26、图 5-27；书斋的南立面、剖面见图 5-28、图 5-29；藏书楼的南、北立面，明、次间剖面见图 5-30、图 5-31。

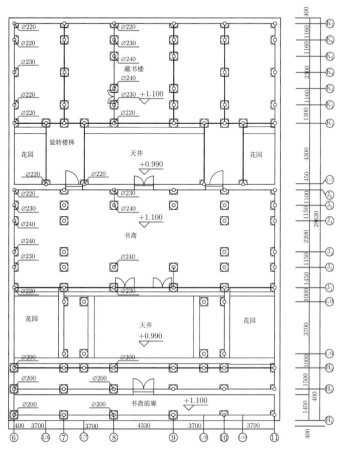

图 5-25　书斋与藏书楼平面图

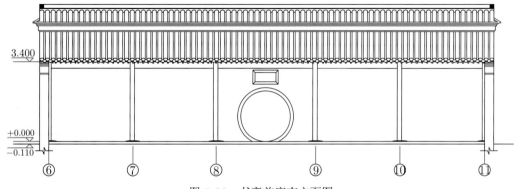

图 5-26　书斋前廊南立面图

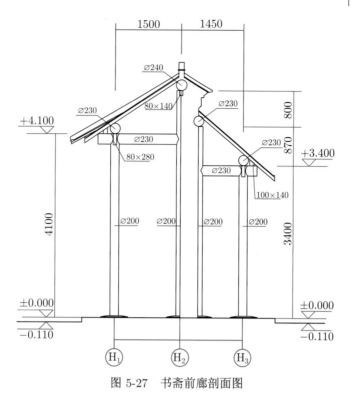

图 5-27 书斋前廊剖面图

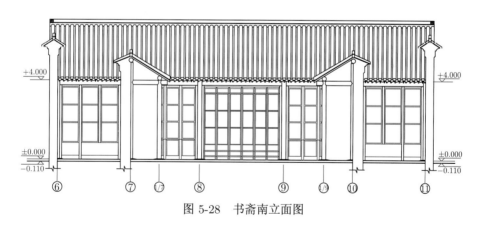

图 5-28 书斋南立面图

　　书斋与藏书楼共三进，一、二进为平房 (书斋)，第三进为二层楼房 (藏书楼)。首进房设廊临水塘；二进房明三暗五形式，天井两侧设厢房；第三进房为五间二厢，均设二层，旋转式楼梯设置在西厢房内。该处房为宅主藏书、读书、子女学习的场所。

　　书斋与藏书楼皆五开间，通面阔 19.93 米，连体通进深 28.63 米，含天井及东西横向内外廊。东山墙留有火巷，巷北端尽头与楼相平，墙体装串闪门砖细门垛、砖细雨搭。

　　书斋前廊为横向双坡顶廊子。北檐高 4.10 米，南檐高 3.40 米，廊分南北下水；中间有砖墙高出屋面做大封头墙砖细包，正中明间有圆光券门并边镶砖细线条，券门洞背面装栅栏门 (已失存)，在券门上端正中一砖细门额。

(a) 明间剖面图　　　　　　　　　　(b) 次间剖面图

图 5-29　书斋明、次间剖面图

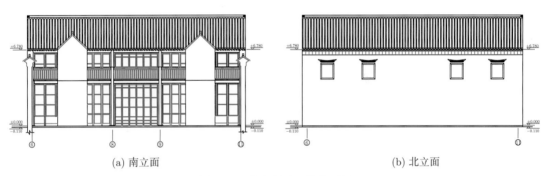

(a) 南立面　　　　　　　　　　(b) 北立面

图 5-30　藏书楼南、北立面图

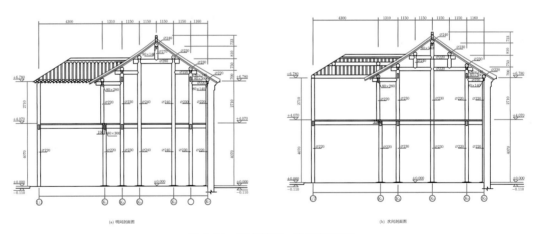

(a) 明间剖面图　　　　　　　　　　(b) 次间剖面图

图 5-31　藏书楼明、次间剖面图

8. 建筑与构造特征

卢宅内建筑均为砖木结构，传统民居形式；各进建筑衔接有序，合理地利用地面高差和结合构造，组成一个平面布局规矩、严谨，高墙深院的大宅院。

1) 平面布局与室内地面高差

卢宅中的住宅部分房面阔虽有五间和七间之分，但各进房屋均处于同一的中轴线上，布局传统、规矩。

在传统建筑中，室内地面设置高度需后进房高于前进房，意为步步高升，卢宅中的住宅部分也遵守这一做法，在具体做法中，相连接的各进房屋的前檐地面设置两级台阶，后檐设置一级台阶，这样就形成后进房地面高于前进房地面，达到步步高的要求。

2) 檐口高度与屋面平出尺寸之间的关系

在传统民居中，同一轴线上往往建有多进房屋，习惯上后进房的室内地面高度和檐口柱高均略高于前进房；而且相邻的正、厢房屋面檐口滴水均处于同一水平的标高上，在建筑构造上称 "交圈"，在民俗上称为 "步步高"；因此智慧的工匠们创造出 "寄裁" 和 "脱找" 做法，解决了地面标高不同、檐口柱高不同之间的矛盾。

(1) 寄裁做法

寄裁做法 (图 5-32) 是在正房、厢房正交时，室内地面标高、檐柱高、出檐平出尺寸一致的条件下采用。

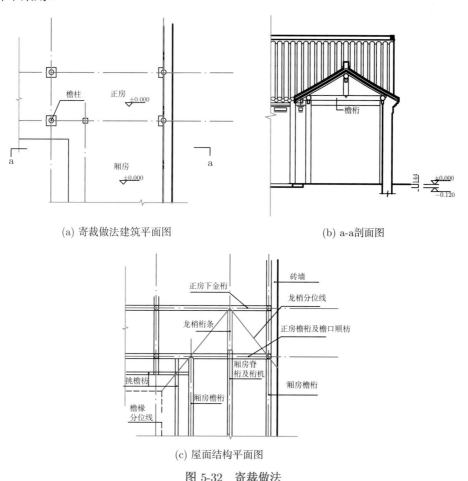

(a) 寄裁做法建筑平面图   (b) a-a剖面图

(c) 屋面结构平面图

图 5-32　寄裁做法

在厢房与正房交接处，厢房桁条的端部留榫、留眉与正房檐桁结合；并在厢房前后檐桁间的尺寸内，按厢房屋面构造形式，在正房檐桁上设童柱或三架梁，组成屋面结构构造体系；在交接处，厢房檐桁端部无长柱结合，又在正房檐桁上寄生屋面承重构件，故称为"寄栽做法"。

(2) 脱找做法

脱找做法 (图 5-33) 是指厢房与正房相交时，木构架各自独立，又相互配合，共同完成地面、檐桁人为设置产生高差后的一种技术性处理方法。

在室内地面的标高上，厢房比正房低一个台阶的高度，使后进房地面高于前进房地面，达到"步步高"的要求。在檐口做法上，正房出檐椽大于厢房出檐椽的平出尺寸，在椽头标高等高的条件下，正房的檐桁就高于厢房的檐桁，也就达到后进房高于前进房的目的。

在构造上，厢房木构架随正房出檐椽平出尺寸而设，与正房木构架脱开；厢房檐柱顶支撑的抬梁，朝正房一面加工成一个垂直平面，正房出檐椽头与梁垂直面相撞，无结构和铁件相连，所以称为"脱找做法"。

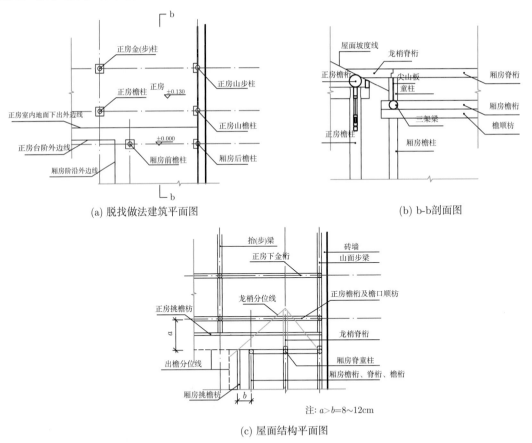

(a) 脱找做法建筑平面图　　　　　　　　　　(b) b-b剖面图

注：$a > b = 8\sim12\text{cm}$

(c) 屋面结构平面图

图 5-33　脱找做法

3) 大门楼及照壁的砖雕艺术

大门楼 (图 5-34) 位于第一进房的南立面，高大巍峨，与门房檐墙连为一体，显示出大户人家的气派。门楼由砖细构件组成，门洞两侧为干架砖垛，砖块之间严丝密缝、表面平整、棱角方整，工艺水平较高；砖垛外侧为附墙砖柱，工艺同砖垛如出一辙，砖柱下接石地栿，上至檐口，其顶部饰雕刻的垛头。门洞内侧施门枕石，供大门扇启闭之用，也起到装饰作用，门洞内上角饰砖细雕刻的雀替。

门洞上方设砖枋两层，两枋间夹一束腰，长至两壁柱内侧，均为砖细构件构成；砖枋与束腰均为有序排列的雕刻件，其体裁以历史典故、戏文人物为主；砖雕采用剔地起突的手法，人物、树木造型生动，栩栩如生，雕刻技艺娴熟，线条流畅，表现出匠人的技艺和构思能力。

砖柱之上饰砖细六角景匾樘，其四角饰雕刻角花，四周边砖细镶框围之，单块正六边形砖块内暗刻几何图案。匾樘顶部为屋面部分，瓦屋面下方设仿木结构的砖细三层挑檐。

由于大门洞高度尺寸较大，进了门堂后，为减少压抑感，增加门堂内的空间高度，故门堂楼面比其相邻间次楼面高度提升了许多。

照壁位于南大门外侧路道的对面，与大门相对，其平面呈"八"字形，故称为八字照壁；照壁体量较大，通长近 19 米，高与门楼相近。照壁由正身正向和两侧的斜向部分构成，正身部分高于两侧部分，均施双坡瓦顶。照壁由下碱、砖柱、上枋和壁樘组成，砌体部分均为砖细干架构成，壁樘四周饰砖细镶框围之，正身壁樘为方砖斜角景，两侧斜向为砖细六角景，景樘四角饰雕刻角花。

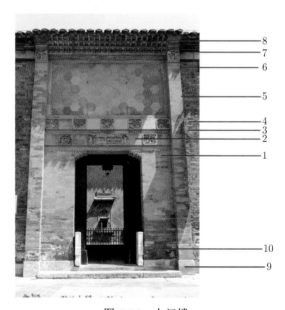

图 5-34　大门楼

1. 门头角牙浅浮雕"双龙戏珠"，翘飞龙尾变幻为卷草，珠内浅刻圆寿图案；2. 门头枋中雕人物"三逸图"：弹琴、下棋、读书；3. 夹樘板浅浮雕四枚如意式卷草图，有"事事如意"寓意；4. 额枋中深浮雕"刘海戏金蟾"及"桃、荷、菊、梅"四季花卉，其中砖雕"梅"是历史原物，余为后之作；5. 再上匾墙框景内磨砖镶嵌线刻六角锦，有"六六大顺"寓意；

6. 四角浅浮雕暗八仙器物：荷花、葫芦、云板、渔鼓、扇子、花篮、宝剑、笛子，暗指道教中称之的八仙各显神通；7. 门墙磨砖砖蹬冲天柱顶端墀头深浮雕"郭子仪带子上朝"；8. 檐口磨砖三层飞檐深挑致远，以凸显门楼峻峭；9. 门侧墙脚勒脚全为白矾石镶贴；10. 白矾石石雕门枕石为后配，原来门枕石厚实精致，惜在"文革"年代被毁

4) 仪门与福祠的砖雕艺术

仪门是设置在大门以内，进入住宅房内部的主门，卢宅的仪门设置在住宅第二进的明间，仪门外侧是较大的石板铺设的天井。天井北侧的檐墙上，以及仪门两侧天井东、西的围墙上，均施体量较大的砖细照壁，仪门东侧的照壁墙内嵌入砖细福祠，福祠的中心线对应于大门堂面阔的中心线 (图 5-35)。

图 5-35　仪门与福祠

仪门由砖细构件组成，为立线垛门楼形式，主要构件有砖细干架立线垛、门额、匾樘、仔柱和挑檐，在左右两侧的照壁烘托下，凸显出门楼的高雅和庄重。

宽敞高大的门洞内侧，下设矩形门枕石，上饰雕刻的雀替；门洞外侧为干架立线门垛，垛与门洞等高；垛外侧设砖细仔柱，仔柱看面起凹弧线，下设石质靴头，高至檐下。门洞上方为枋、匾，其长、阔与两垛外包相等。门洞顶部的砖细额枋表面素平，两端饰雕的牡丹花卉，门额之上的砖细下枋，稍突出于额枋；枋中段分别嵌入三组砖雕件，均为以历史故事为体裁的戏文人物，采用剔地突起的雕刻手法，线条流利通畅，人物自然生动；其余部分均为素平。下枋之上为矩形匾，其周边为砖细镶框；匾樘由单块正六边形砖细构件组合而成，并暗刻几何图案；匾樘四角饰雕刻石榴、桃、柿和李图案的角花，匾樘中心饰以历史戏文为体裁的雕刻件。匾之上为素平上方，最顶部为三层仿木椽砖细挑檐。

福祠位于仪门东侧，祠内设壁龛，可焚香。福祠立面形式为单间传统建筑造型，由屋面、额枋、装修、台面板等砖细件构成，屋脊、额枋、楣、窗均为雕饰。

5) 蓬轩的构造艺术

蓬轩在卢宅的建筑中得到广泛的应用，大厅分别在前、后檐架及前金架内各设一列蓬轩 (图 5-36、图 5-37)，是卢宅中单进房屋设置蓬轩数量最多的建筑，也是在扬州传统建筑中，在进深房屋内设置三列蓬轩的孤例。在二厅中，前后檐架内各设置蓬轩一列。女厅于后檐架内设置蓬轩一列。在住宅楼中，蓬轩设置在面对天井正房的檐架中，厢房不设蓬轩。蓬轩设置在楼面下，而不是在屋面下。各进房屋设置蓬轩数列的多少，与房屋重要等级有关。

图 5-36　大厅南 (左)、北 (右) 廊架蓬轩　　　　　图 5-37　大厅前金架内蓬轩

蓬轩由轩梁 (又称四架梁)、轩童柱、月梁构成。轩梁外端伸出檐柱外侧成耍头，耍头上搁置挑檐桁 (或台口枋)，内端与金柱榫卯相连，其梁上承两童柱；轩童柱上支承月梁和轩桁，桁下方于支座处饰雀替；月梁上部于两轩桁间向上呈弓状，其弧度于轩椽相近，梁下呈水平状。

蓬轩上的轩椽为矩形截面，呈单弯鹤颈式，轩椽两端留有水平小脚，中部的轩椽为弓形状。每路轩椽为三段，内外段椽长和形状一致，外端椽下端搁置在椽桁上留置的椽窝内，内端搁置在附于金顺枋的椽椀板内，中段轩椽为弧形，搁置在轩桁上，三轩椽组成一个近似半圆弧形状。轩椽顶部铺设做细望砖，并做纸筋灰苫背。

6) 草架的构造

卢宅的对厅、女厅均设置草架。对厅为前后不对称木构架形式，屋面南坡为一架椽，北坡均为三架椽，施以草架后，使室内屋面结构变为前后对称的形式，增强了内部环境的舒适感。女厅进深尺寸较深，北檐设廊架，装修设置在内檐，设置草架后，降低了北坡屋面的可见空间，变构架不对称为对称，增强了室内空间的美感，同时也增强了屋面北坡的保温隔热性能。

(1) 对厅草架

第二进对厅为二柱单坡抬梁式木构架，其构架形式是为抬高南檐檐口高度，满足南立面仪门内高度构造要求；为使室内木构架目测观感舒适，故在构架的南半部设置草架 (图 5-38)，使室内露明部分为完整对称的五架梁形式。

(2) 女厅草架

女厅为四柱抬梁式木构架与北侧加设一个廊架的组合形式，北侧装修安装在内檐，廊架内设蓬轩，大木构前后不对称。在北外金柱至五架梁脊童柱间加设草架 (图 5-39)，使女厅内部大木构架露明部分前后对称，增强内部的美感和舒适感。

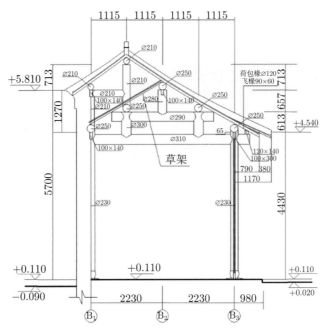

图 5-38　对厅草架构造

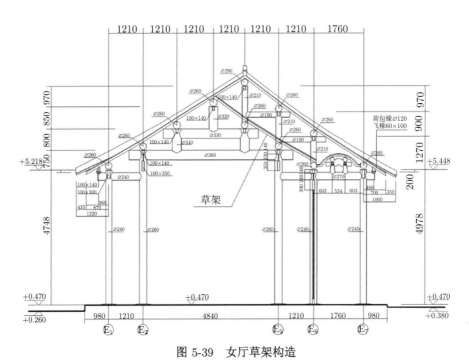

图 5-39　女厅草架构造

7) 螺旋楼梯

螺旋式木楼梯 (图 5-40) 安装于藏书楼的西厢房内，螺旋楼梯在扬州传统建筑中应用较少。

图 5-40　螺旋式木楼梯

第三节　损坏状况及病因分析

卢宅在建筑总平面上，仍保持原有的占地面积和形状，无扩大和缩小现象。中华人民共和国成立以后，先后为苏北火柴厂和五一食品厂所用，在五一食品厂使用期间，部分房屋被拆除改建成厂房，1981 年发生火灾，烧毁了大厅等房屋，部分建筑自然坍塌。

卢宅修缮前平面布局的总体状况如下：

(1) 住宅部分：共有九进房屋，1981 年发生火灾将对厅、大厅、二厅和女厅烧毁，后改建成简易厂房。住宅中第八、九进房屋拆除后改建成冷库和生产车间。住宅群北端的六角盝顶亭因年久失修自然坍塌。

(2) 中部园林：园林廊房和绿化全部被毁，被改建成生产车间。

(3) 北部建筑：北部的藏书楼及书斋、门房的建筑均在位，建筑平面未发生变化。

1. 现存房屋的查勘

1) 墙体

起围护作用的山墙、檐墙基本在位；墙体轻度变形，局部变形较大；外墙面的中、底部普遍出现酥碱，局部较重。受人为破坏，墙上多处被后开窗洞，并造成窗顶上部墙体出现变形。砖细门楼、照壁、挑檐挂枋、博缝和镶框大部分自然损坏，局部残损。短窗下的槛墙，因上部装修失落而破坏，也随之失落。在南部住宅以及连接前后厅串廊的隔墙内，留置大型砖细漏窗，漏窗由砖细镶框和砖细窗芯构成，局部损坏。

(1) 门厅墙体

① 前檐砖墙体楼下拆开窗户 5 樘 (950 毫米 ×1500 毫米)，后拆开门樘 2 樘 (900 毫米 ×2100 毫米)，楼上拆开窗户 7 樘 (1100 毫米 ×1500 毫米 ×5 樘 +1100 毫米 ×900 毫米 ×2 樘)。东山墙被后拆开门樘 1 樘 (200 毫米 ×900 毫米)。墙体现状照片见图 5-41。

② 砖雕门楼及砖细包檐 (门楼三飞檐、包檐七层) 现状照片见图 5-42。因楼上拆开窗户，损坏包檐砖细 1.5 米 ×3 道 (4.5 米)、门额浅刻六角景砖细 1.4 平方米，镶边线条损坏 1.5 米，上额方损失砖雕 (人物深雕)350 毫米 ×320 毫米 4 块，下额方损失砖雕 (人物深雕)1000 毫米 ×320 毫米 1 块、350 毫米 ×320 毫米 1 块，部分雕件被石灰粉糊，檐墙墙体部分砖风化。

图 5-41　门厅南立面墙体现状　　　　　　图 5-42　门厅门楼墙体现状

(2) 前后内宅楼墙体

门及窗户镶框砖细贴脸、砖细雨搭大部分被损，铁皮檐沟全朽。

(3) 藏书楼及书斋墙体

藏书楼墙体基本尚好。后厅后檐墙的石门已失存，门洞已封闭。南北向火巷东侧围墙只剩北端藏书楼处 11.37 米及南端约 10 米未拆，余皆全被拆除。书斋西立面墙体现状见图 5-43。

图 5-43　书斋西立面墙体现状

2) 木构架

(1) 门厅木构架

北、南檐柱和步柱上面的照面枋 (80 毫米 ×250 毫米)、实垫枋 (80 毫米 ×120 毫米)

均被锯掉，夹樘板全部丢失，楼上明间在步柱开间方向的护栏前后两块被锯掉 (80 毫米×380 毫米)。

北檐柱部分磉基下沉 20~60 毫米，部分檐柱顶端向北倾斜 20~50 毫米，檐沟也朽坏。

(2) 前后内宅楼木构架

① 底层前檐明、次间长格及边梢间支摘窗全损，后檐、明次间长格及梢间支摘窗全损；明间屏门全损，只剩东边间纵向一道木隔断及一樘对开房门尚存，其余隔断房门全损；另因楼楞受损，明间还增撑龙门架式木柱加固。

② 上层前后檐古式栏杆尚好，仍需整修；栏杆上短格窗只有几扇残件，步柱照面枋被拆掉，内走廊的横向隔断全无。

③ 东西两山墙原窗户各二樘被封闭，后又开启三樘；墙体及构架前檐-后檐范围，整幢向西倾斜 6~18 厘米 (脊顶至地坪)。西梢间后檐龙梢处桁条因长年漏雨，桁条、椽子已朽，欲坍塌，檐沟损坏，地坪方砖已不存在。

(3) 藏书楼及书斋木构架

① 藏书楼：木构架基本完整，稍微向北倾斜。木楼面行走变形偏大，并产生共振，楼西台口腐烂糟朽。前西厢房内旋转木楼梯失落。房屋屋面瓦含量不足，屋脊老化、残破，尚待修理。出檐部位的铁皮檐沟均腐烂，仅有锈蚀铁件和檐沟底板。各进房屋原装修大的失落，仅存的门窗结构松散，不能正常开启。楼面围护木栏基本在位，但构件木质老化严重，安全隐患较大。

② 书斋：明间前檐长格尚有；两次边间支摘窗大部分已损失，只有少部分残件；东边间支摘窗下栏杆尚存；后檐墙休串栓门已失存，墙已闭；屋面瓦望及大封头围墙均需翻修。

3) 地面

(1) 方砖地面及台阶

门厅、前后内宅楼原室内方砖地面全部失落，被改成水泥地面，藏书楼及书斋方砖地面大部已损。地面均被抬高 6~10 厘米，柱下的石磉被抬高的地面掩埋，下出处的阶沿石残缺不全。

(2) 天井石板地面

天井青石板地面部分被改为水泥地面，保留的石板地面 80% 破碎，而且凹凸不平。从前门堂天井到藏书楼天井共查勘了八个天井，石板地面总面积 292.55 平方米，只有书斋前天井尚存残缺石板，其他天井石板全部失存。

(3) 火巷地面

火巷青砖加石板地面基本在位，不平整，部分残缺，砖细沿沟 50% 以上破坏。

4) 屋面

小青瓦屋面失修，翘曲不平整；屋面生长杂草，脑瓦下滑，檐口不整齐、不完整；屋面渗漏点多，渗漏严重，部分漏点的木椽腐烂，形成屋面局部坍塌 (图 5-44)。大部分屋脊倒塌后仅存脊胎。

图 5-44　屋面局部坍塌

5) 装修

木装修破坏程度较严重，内外檐长、短窗和支摘窗均被拆除，改成砖墙和现代门窗，通间楣窗大部分失落，仅局部少量保存。

自然间分隔装修全部被毁，住宅围护木栏杆基本在位，但部分糟朽，结构松弛。大门、二门框扇不完整或被改成现代门。

2. 火毁建筑调查

对厅、大厅、二厅和女厅内遭火毁后搭建简易厂房，厂房拆除清理后进行现场勘查、测量。调查方法和程序如下：① 参照陈从周《扬州园林》中平、剖图，了解火毁房屋的位置、平面分布和木构架基本形式。② 依据各进房屋两山墙遗留的柱口、柱下石磉和边帖出檐位置，确定各柱水平间距尺寸、柱径、出檐平出尺寸、檐口高度和举折高度。③ 根据现场残留的石磉，确定轴线大致的位置，按进深方向逐层破土，找出原柱下基础，确定各间次的面阔和各间房屋横向柱子的数量及各柱间的水平间距尺寸。④ 根据残留的石磉，复核各进房屋室内地面的高度。⑤ 根据残留的阶沿石，确定各进房屋室内地面下出的水平尺寸和天井大小。⑥ 依据各进房屋测得室内地面标高和柱网分布状况，确定厢房与正房相交处采用的是"寄裁做法"，还是"脱找做法"。⑦ 根据残留石磉镜面的直径尺寸，推算出相应柱子的柱底直径和柱头直径，进一步推算出各两柱之间水平构件的直径或截面尺寸，绘制出复原图纸。

1) 对厅

(1) 查勘情况

① 北檐明间设内开长格门，两次间设固定长格门，均为六扇，边梢间设支摘窗，并伴有单开门，东梢间纵向下有板壁隔间，西边梢间两间；南檐出檐总平出 1.10 米，边梢间也设支摘窗，靠西山墙单开门。

② 砖雕门楼 (三飞檐) 五开间，墙体平面呈 "Π" 形，三面全部砖细，吊角砖樘子 (350 毫米 ×350 毫米 ×52 毫米)，每方樘子上端两角均设花卉角花 (图 5-45)。

(2) 损坏情况

① 构架部分：对厅七间构架及装修整房，全部火毁，仅存两梢间镶入墙体内残存的构架及两次间镶入墙体内构架的构造痕迹。

② 墙体部分：墙体尚有四道进深砖墙残存高度 5 米，东边间原有六角栅栏门也烧毁，尚有迹象辨认。

③ 砖细：呈 "II" 字形的南檐砖细墙及门楼尚在，有所损坏。西次间进深隔墙吊角砖堂子上被开门洞一个 (1550 毫米 ×2100 毫米)，损坏 350 毫米 ×350 毫米吊角砖。东间进深隔墙南端吊角砖堂子上角损失一个，砖细垛边损失 500 毫米 ×450 毫米 (砖规格 272 毫米×100 毫米 ×64 毫米)；明次间下面砖细墙，两次间各开门洞一个 (2200 毫米 ×900 毫米)，吊角堂子被损 (2500 厘米 ×2500 厘米)；门楼砖额上方缺失砖细两块 (340 毫米 ×280 毫米 ×48 毫米)，砖雕均被石灰粉糊。

④ 装修：串栓门、门框、门扇均损失，金刚腿、门枕抱鼓石失存。

⑤ 石磉阶沿：磉石阶沿尚有靠墙残柱之下的石磉及石鼓、石磴 12 副，阶沿尚未见到。

对厅北立面的厂房遗址见图 5-46。

图 5-45　对厅仪门砖细结构　　　　图 5-46　对厅北立面的厂房遗址

2) 大厅

(1) 查勘情况

① 封山出檐。

② 构架：抬梁式构架，明间五架梁、六柱落地及次间三架梁里双金柱八柱落地，上承九檩木基层及瓦望。

③ 装修：前檐明次间在步柱位置装长格扇，明间六扇内平开，两次间固定；两端边、梢间分别装支摘窗；各间开单开门一扇；后檐步柱位置，明间装长格六扇外开，外金柱位置装固定屏门六扇。两侧边梢间在檐柱位置装支摘窗，设内单开门每间各一扇；两边、梢间在外金柱轴线横向板隔间各一道，东边梢间里金柱位置设落地罩一樘，两次间前檐柱-后檐柱进深设屏门式隔间 (可拆卸、前廊处可开启)，西头梢间进深增设板壁隔间一道 (前步柱-后檐柱)。

④ 地面：铺设方砖，尺寸为 510 毫米 ×510 毫米 ×55 毫米。

(2) 损坏情况

① 大厅被火毁,仅存东、西两山墙 (图 5-47),高度至包檐下约 5 米;砌镶在墙体内的木构架残柱可见,柱下剩下石礅含鼓磴 16 副、石礅 12 块。

② 方砖地坪不存在,阶沿石未见。

③ 厅北两边间进深抄手廊也损毁。

大厅室内及北天井现状见图 5-48、图 5-49。

图 5-47 大厅西山墙

图 5-48 大厅室内现状

图 5-49 大厅北天井现状

3) 二厅

(1) 查勘情况

① 砖木结构两头封山砖细包檐。

② 木构架:抬梁式木构架,明间六柱落地,次间八柱落地,边间五柱落地,梢间六柱落地,即明、次间柱上承九檩 (南出檐),边梢间上承八檩 (北封檐)。南檐出檐 (750 毫米 +350 毫米),出檐檐高 4.40 米,封檐檐高 5.48 米。南檐:走廊廊架横向七间设乌蓬轩。北檐:步柱位置柱中向外横向砌墙一道 (长 27.2 米、厚 0.42 米、高 5.48 米),明、次间三间向北延伸一

步廊架 (出檐)，设乌蓬轩；明间正中设砖细门垛，串闩门，有门枕石，门头墙上端镶一砖雕福字。两次间进深设抄手廊，两廊脊脑处南北方向顺桁，背向梢间范围分别砌大封头墙，高5.48 米，均砖细包檐。

③ 装修：前檐步柱位置，明、次间三间设长格门，均为六扇，明间内开、两次间固定；两端边梢间均设支摘窗，分别开门各 1 扇；后檐明、次间外金柱位置设长屏门各 6 扇，只两次间中档各 2 扇可开启，其余皆固定。明间墙体正中门框上装串闩门一副，厚 7 厘米。进深位置，两次间进深用格扇式隔断，可装卸 (前步柱–外金柱) 分 2~4 扇；次间前檐单步档分别对开房门，后檐靠墙单步档单开房门；边间两侧进深分别装板壁，厚 2.70 厘米。

④ 地坪、石磉：铺设方砖地坪，磉石上装鼓磴，石阶沿平出 85 厘米。

(2) 损坏情况

① 整房全部被毁，只剩东、西两山墙 (图 5-50)，砖细包檐下高约 5 米，及北檐横向一道墙，高约 5 米，木构架只剩镶入墙体的残柱。

②方砖地坪改为水泥地坪。

③磉石尚存 12 副，其他全部失存；阶沿石未见。

④进深次间两抄手廊已损毁。

二厅修缮前现状见图 5-50~ 图 5-53。

图 5-50　二厅西山墙现状

图 5-51　二厅室内现状

4) 女厅

(1) 查勘情况

① 两头封山，砖细包檐。

② 木构架：抬梁式木构架，明、次间五柱落地，边、梢间七柱落地。

③ 装修：南檐柱位置，横向设装修，明、次间长格扇各 6 扇，明间内开，两次间固定；边、梢间支摘窗分别单开门各 1 扇。北步柱位置，横向设装修，明、次间长格扇各 6 扇，明间 6 扇外开，次间固定；边、梢间支摘窗，分别有单开门各 1 扇。北檐明间金柱位置，横向设固定屏门 6 扇。进深两次间轴线屏门隔间，并有对开房门，边、梢间进深轴线用板壁隔间

(厚 27 毫米)。

图 5-52 二厅北檐廊房木桁条头   图 5-53 二厅北檐福字

④ 地坪: 方砖铺设地坪, 尺寸为 510 毫米 ×510 毫米 ×55 毫米。

(2) 损坏情况

建筑整幢损毁, 只剩两山墙墙体, 约高 5.0 米; 镶入墙体的木构架尚有残存, 柱下石磉尚存 14 块; 方砖地坪已改为水泥地坪, 阶沿石未见。

厅北侧两梢间设有厢房各一间 (前内宅楼前), 东侧有地面阶沿清晰尚见, 南内宅楼两梢间楼上原装门樘尚在。

女厅修缮前现状见图 5-54~ 图 5-56。

图 5-54 女厅西山墙现状   图 5-55 女厅室内现状

3. 被毁建筑调查

住宅部分的第八、九进房被毁, 改建成砖混结构的冷库; 冷库被拆除后, 仅存西端原来的山墙和厢房檐墙, 以及北部天井的围墙。通过调查, 确定被毁建筑的主要尺寸, 作为复原设计的依据。

(1) 参照陈从周《扬州园林》卢宅平、剖面图中的平面分布及剖面图中的木构架形式，以此复核建筑的总平面尺寸。

(2) 测量西侧保存原墙的柱口及柱口之间的水平距离尺寸，复核对合房和主房及厢房的柱距水平尺寸。

(3) 根据山墙上留下的相邻柱口尺寸，确定主房的通进深和相邻柱间的水平距离及厢房的面阔尺寸。

(4) 按照记载和收集的信息，绘制出复原图纸。

图 5-56　女厅轩架、木构架痕迹

第四节　修缮工艺及技术要求

1. 修缮方案及工艺质量要求

对现存房屋，根据损伤状况，分别采取揭瓦笕正大修或局部整修的方法；对火毁的建筑，按原面阔、进深、檐高，参照现存房屋形制和装修及原先的使用功能进行复建。各分部工程的修缮内容见表 5-1，主要项目的修缮方案和工艺质量要求如下。

表 5-1　卢氏盐商住宅修缮表

分部工程	分项工程	修缮内容	备注
门厅	屋面	瓦望落地翻盖、做脊	
	墙体	补砌后开门窗洞、修补墙面	
	木构架	换部分柱、桁、枋、椽	
	木装修	配制古式门窗、屏门、隔板	添配
	石作	整修天井石板地、阶沿石	添配
	砖细	整修大门砖雕、檐口砖细抛枋、方砖地	添配
	其他	排水处理、白蚁防治、油漆	
对厅	屋面	铺望砖、盖瓦、做脊	恢复
	墙体	山墙整理加高、补砌后开门窗洞	整修
	木构架	恢复原木构架、木基层	恢复
	木装修	恢复所有古式装修、板壁、地板	恢复

续表

分部工程	分项工程	修缮内容	备注
对厅	石作	整理天井石板地、阶沿石	添配
	砖细	恢复檐口、两山砖细抛枋、博缝、方砖地坪	恢复
	其他	排水处理、白蚁防治、油漆、廊房恢复	
大厅	屋面	铺望砖、盖瓦、做脊	恢复
	墙体	山墙、补砌后开门窗洞	整修
	木构架	恢复原木构架、木基层	恢复
	木装修	恢复所有古式装修、板壁、地板，楠木装修	恢复
	石作	整理天井石板地、阶沿石	添配
	砖细	恢复檐口、两山砖细抛枋、博缝、方砖地坪	恢复
	其他	排水处理、白蚁防治、油漆、廊房恢复	
二厅	屋面	铺望砖、盖瓦、做脊	恢复
	墙体	山墙整理加高、补砌后开门窗洞	整修
	木构架	恢复原木构架、木基层	恢复
	木装修	恢复所有古式装修、板壁、地板	恢复
	石作	整理天井石板地、阶沿石	添配
	砖细	恢复檐口、两山砖细抛枋、博缝、方砖地坪	恢复
	其他	排水处理、白蚁防治、油漆、廊房恢复	
女厅	屋面	铺望砖、盖瓦、做脊	恢复
	墙体	山墙整理加高、补砌后开门窗洞	整修
	木构架	恢复原木构架、木基层	恢复
	木装修	恢复所有古式装修、板壁、地板	恢复
	石作	整理天井石板地、阶沿石	添配
	砖细	恢复檐口、两山砖细抛枋、博缝、方砖地坪	恢复
	其他	排水处理、白蚁防治、油漆、廊房恢复	
内宅楼	屋面	瓦望落地翻盖、做脊	翻做
	墙体	拆砌部分西山墙、补砌后开门窗洞	
	木构架	构架牮正、换部分柱、梁、桁、枋、椽、楼搁	添换
	木装修	配制古式门窗、整修楼梯、栏杆、木楼板	添配
	石作	整修天井石板地、阶沿石	添配
	砖细	配制砖细挂枋、博缝、砖细窗雨棚、方砖地	配制
	其他	排水处理、白蚁防治、油漆	
书斋	屋面	瓦望落地翻盖、做脊	翻做
	墙体	恢复部分拆除的墙面、补砌后开的门洞	整修
	木构架	换部分柱、梁、枋、桁、椽	换制
	木装修	恢复原有的古式长格扇和支撑窗、窗	配制
	石作	整修天井石板地及阶沿石	添配
	砖细	恢复圈门砖细门套、抛枋、方砖地坪	配制
	其他	恢复廊房、处理好排水、白蚁防治、油漆	
藏书楼	屋面	瓦望落地翻盖、做脊	
	墙体	墙体部分补砌加高、补砌后开的门洞	整修
	木构架	换部分柱、梁、桁、椽、楼搁	换制
	木装修	恢复古式格扇、栏杆、楼梯整修	配制
	石作	整理天井石板地坪及阶沿石	添配
	砖细	恢复楼下方砖地坪、整修砖细抛枋	配制
	其他	处理好排水、白蚁防治、油漆	

1) 拆除工程

拆除后建的建筑物、构筑物和改做的装修及墙体水泥、粉层、瓷砖地面等；清除滋生的杂草和杂树、扫清障碍物，使修缮工作顺利进行。

按照修缮程序依次拆卸屋面瓦、望及椽桁和装修。要求做到：① 瓦望拆卸传至地面时应码放整齐备用；② 桁条拆卸前应按其所在位置进行编号，以便归安时对号入座；③ 椽桁拆卸后应拔除铁钉，按类码放整齐，同时检查剔除糟糠、腐朽、受虫蚁侵害和挠度过大失去承载能力的椽桁；④ 统计出各类完好构件的规格、数量和损坏构件的规格、数量，作为备料的依据。

2) 木构架牮正、制作与安装

(1) 木构架牮正

① 牮正前的准备工作：先用钢管搭设牮正脚手架，并准备足够的花篮螺栓、液压千斤顶和木枋、木板。根据测量出的室内地面水平线，找出沉降的基础，量取沉降尺寸，做好记录。基础沉降在 20 毫米以内时，可保持其原状；沉降大于 20 毫米时，基础以上的柱顶石须增高至原有高度。嵌入檐墙和山墙内的木柱升平时，应先将柱口两侧的墙面划开，使木柱整体向上移动时无阻力。

② 构件的整修加固：换去糟朽、腐烂、虫蚁危害严重而失去承载能力的木柱；仅柱子下部腐朽、糟糠的木柱，应将腐朽、糟糠部分截去，采用纹理紧密的杉木墩接；墩接的木柱采用榫卯结合，当墩接木柱长度大于柱高 1/3 时采用铁件锚固，墩接上的木柱直径和形状应与原柱一致。对于损坏的梁枋，如被重物压断的楼楞，采用新换或加固的方法使其恢复承载能力；失去的额枋，采用杉木制作，其截面尺寸与原额枋一致，枋与柱的连接采用榫卯结合。

③ 木构架牮正的措施：牮正时采用花篮螺栓牵引，使木构架的每根柱达到垂直状态；柱子拨正后用木制水平支撑和斜撑固定木构架；铺盖瓦望时每天应有专人检查木柱的垂直度直至屋面铺瓦工程结束，检查时发现柱如有位移和倾斜，应立即复位和扶正，并增加支撑进行加固。屋面工程结束后，将牮正时划开的柱口补实补齐，按照顺序缓缓松开花篮螺栓和各种临时支撑。

(2) 木构架的制作与安装

① 木构架的制作：依据火灾现场遗留的原建筑信息，参照现存房屋的结构、形制、用料、工艺等综合数据绘制图纸，按照图纸进行放线、配料、制作木构架。

② 木构架的安装：安装前先检查各柱顶石所处的位置是否正确，若有偏差应纠正，同时检查各柱顶石的水平度，若有误差应纠正。

3) 墙体及砖细修缮

(1) 原墙拆砌：对倾斜小于 15 厘米的墙体进行修补，保持原状不变；倾斜大于 15 厘米的墙体须进行拆砌。墙体拆卸应按顺序依次进行，不允许将整片墙推倒，拆卸下的砖块应保持其原有的完整性，砖块拆卸后铲除其表面砌筑灰浆，并码放整齐备用。墙体拆卸前应量取原墙上的门窗位置尺寸和砖细构件位置尺寸，并做好详细记录，作为恢复墙体时门窗位置和砖细构件的依据。拆卸的墙体应利用原有旧砖砌筑，当砖有损耗时，应将旧砖砌筑在墙体的外侧面，新砖砌筑在墙体的内侧面。新增的青砖规格应与旧青砖规格基本一致，砖墙灰缝厚度和灰缝形式亦应与原墙一致。砌筑的青灰浆采用熟石灰、草木灰等按传统方法调制。

(2) 门窗洞修复：对于后开的门窗洞，应拆除其门窗内扇和外框，拆除松动和破坏的墙体按原有形制补砌，补砌墙和原墙的色差应基本接近。对于原有门窗洞已封闭的，一律按原状修复。

(3) 墙顶修补：清除墙顶滋生的草木及其根系，拆除松动部分的砖块，然后按原有形制砌筑墙体。对于檐墙顶部的砖细挂枋和山墙顶部的砖细博缝线条，缺少的按原形制制作后进行安装，新补装的砖细应与原砖细外形一致。

(4) 窗砖细镶边：砖细窗镶框残破、不完整之处较多，修缮时按其规格形制复制；砖细镶框面为平面，镶框内侧起木角线一道，安装后与砖墙面平齐，镶框转角呈 45° 接缝。

4) 门楼修复

(1) 大门水磨砖雕门楼：门楼中酥碱的墙体采取挖补的方法进行修补。腰枋、束腰按原形制配齐，其中的雕刻按残存的构件复原仿制，其工艺的精度、细度亦应与原雕件一致。六角景的砖细按原样恢复。砖细挑檐在修缮中檐口应达到平直。汉白玉门鼓石的形状、规格和图案在施工时设计专项方案。

(2) 仪门砖雕细门楼及影壁：门楼及影壁大部分完好，少数构件脱落丢失，西山影壁因用户开门洞，破坏程度较严重，其修缮方法同大门楼。照壁是卢绍绪住宅重要组成部分之一，应予以修复。修复前应进行考古发掘和社会调查，破土找出照壁基础遗迹，确定其具体位置、平面尺寸和造型特点，设计出复原图纸。

2. 典型建筑的修缮

1) 大厅的复建

根据卢宅房屋现状、建筑残存遗迹和查勘获得的资料、数据，对火毁的大厅在原有的位置上按照原样进行复建，保持原来的平面布局和建筑法式。复建大厅的建筑形制、结构构造及尺寸详见本章第二节；复建工艺的主要工序方法如下。

(1) 清除障碍

清除不属于原房的建筑物、构筑物和室内装修、地面，并将现场垃圾清运干净，为文明施工创造条件。

(2) 大木构架制作和安装

① 基础整修。按测量绘制的基础施工图，对柱下的砖砌基础、石磉进行补全。砌筑砖基础应符合砖基施工规范要求。石磉与砖基础结合必牢固，各石磉应处于同一的水平面，石磉面的十字中心线应对应柱子的轴线。石磉安装后，专人养护一周。

② 木构架制作。选用含水率低、年轮紧密的杉木作为结构用材。柱的截面为圆截面，长柱按柱头直径每米放大 1/100，童柱收分为 7/100。枋类构件均为矩形截面。

木构架采用传统工艺、技术制作，其节点全部采用榫卯结合。木构架榫卯制作完成后，需进行试组合，其柱距尺寸、举折尺寸应符合设计要求，节点组合应严密。

③ 木构架安装。木构架安装先从边帖 (梢间) 开始，通过退盘、竖柱、拼合抬梁、步梁将第一榀木构架组装完成并安装。第一榀构架安装就位后，再依次安装第二榀 (次间) 构架和开间内的枋、机构件；安装后须将各长柱的中心线对应于石磉镜面上的十字中心线，并将各柱挂线吊正，完全垂直后，在相邻柱的柱底设立水平撑，进深、面阔方向的柱间设立剪刀撑，以此来稳固已安装木构架的垂直度。然后，依次安装各榀木构架。

木构架安装的同时，需将木桁条同时安装，凡木桁条下设置机枋时，木桁条与机枋间需暗榫连接，单根桁、机间设置两处榫卯连接。木桁条与木桁条间采用燕尾榫连接。

全部构架安装完毕后，逐根检查柱的垂直度，并检查支撑的可靠程度，发现偏差及时修正和加固。木构架安装结束后，在屋面工程施工阶段，每天派专人不少于两次检查木构架的垂直度，发现跑偏，及时纠正加固。

(3) 木椽制作和安装

① 正身木椽。脑架、花架和檐架正身木椽均为半圆荷包形截面 (称之为荷包椽)。花架椽与脑架椽或檐椽之间采用坡面搭接，坡面与屋面相对。相邻椽之间中到中的距离为 22 厘米。正身椽安装后，椽口安装里口进行撩檐。

② 飞椽。飞椽为矩形截面，椽的宽度小于出檐椽 1 厘米。飞椽压入长度是露明长度的两倍，其椽头安装里口木撩檐，飞椽上铺设清水望板。

③ 小脚椽。龙梢部位斜沟三角木内侧，木椽下端加工成双向斜面，与三角木相连。

④ 轩椽。轩椽为矩形截面，间距同正身椽。蓬轩为单弯形式，即每路轩椽的两端呈水平状，中部呈圆弧状，水平段净长度为一块轩望的宽度。每路椽分为三段，内外侧的轩椽外形、长度应一致，中段轩椽为弧形状，上、下椽分位在轩桁圆心与轩椽切线的交点处，外侧轩椽端部搁置在桁条留出的椽窝内，内侧轩椽由椽椀板固定。

⑤ 椽椀板 (椽花)。檐、下金和脊桁下设置椽椀板，需在对应位置，于椽的两侧开出潜口，供安装椽椀板时插入。

⑥ 阴戗木。阴戗木为矩形截面，上表面加工成凹槽，安装后的阴戗木其凹槽坡面应水平。阴戗木由正身椽、飞椽中的小脚椽固定。

(4) 墙体修复

对尚存的山墙残体进行整修、加高，对局部倾斜和扭曲变形的墙体进行拆除、重砌，对后开窗洞进行补砌、修整洞口镶框及雨搭。

① 拆砌墙体时应最大限度地保留墙体完好部分，留下初建时的建筑信息。被拆砌的墙体，利用原来砖块和原来的砌筑方式恢复青砖、青灰、清水墙。山墙顶部的砖细博缝线条和顶部砖细挂枋、挑檐均按原状恢复。

② 补砌后开窗洞时，挑选砖块规格与原墙砖块规格相接近的老旧青砖补砌，其砖块皮数高度、砖块排列方式、灰缝宽窄和灰浆色泽应与原墙保持一致。

③ 轻度风化和腐蚀的墙面可不进行修理，按原样保存；严重风化、腐蚀的墙面采用局部单面挖补的方法进行修理。

④ 对外立面被砂浆或灰浆粉刷的墙体，采用切割机将粉刷层浅切割成小块，剔除粉刷层后，用手提磨光机将粉刷残迹清理干净，恢复清水砖表面。

(5) 屋面铺设

在木构架、木基层和墙体修复工程结束后，进入瓦屋面铺设施工阶段。瓦屋面工程按传统做法和工艺恢复。

① 铺设望砖。按 "砌上明照" 做法，采用清水铺望。望砖从檐口向屋脊方向逐层铺设；望砖铺至下、中、上金桁位置时，需安装勒罩条，防止上部望砖向下滑移。

② 筑脊。以脊桁中心线为标准，引出正脊的边线，砌筑脊胎；脊胎采用灰浆和青砖砌

筑，立面采用青灰粉刷。在脊胎顶面安装瓦条，并在瓦条上铺设小青瓦脊；小青瓦脊应从明间中心点开始，将小青瓦凸面相对向两端铺设，站立的小青瓦保持垂直状态，小青瓦排列需紧密，脊端安装砖细"万全书"脊件。

③ 铺设防水层。采用 SBS 卷材防水层，防水卷材应按房屋面阔方向，自檐口逐层向屋脊方向铺设，卷材上下搭接长度不小于 5 厘米，并用顺水条将卷材固定在木椽上。

④ 铺瓦。屋面铺瓦由结合层、底瓦和盖瓦组成，铺瓦采用纸筋灰泥底、挑灰盖瓦的传统工艺铺设，禁止使用水泥砂浆铺设。

（6）地面修复

① 室内地面。室内方砖地面采用正向架空式铺设方式铺设，由基层、地垄墙、结合层和方砖面层组成。

地面土降至设计构造深度后，经平整夯实，浇筑 8 厘米厚 C15 混凝土防潮隔离垫层，在混凝土垫层上砌筑厚 240 毫米、高 200 毫米、间距为 500 毫米的标准砖地垄墙，地垄墙按房屋进深走向砌筑，以房屋明间中心为定心方砖设置地垄墙。方砖平面尺寸为 500 毫米 ×500 毫米，铺设时应以中心部的方砖为起点，向进深、面阔方面扩展铺设，铺设时应将补找放在不显眼的后檐墙内侧位置。

② 阶沿。室内地面下出处的阶沿用青石制作，除底面为毛面外，其余各面均加工成平面。阶沿石安装须水平、平整，接缝严合，上表面需向天井方向略带泛水。

③ 天井地面。天井地面保持卵石曲径和湖石围筑花圃的布局，适度修整，保持原来的特色。

（7）恢复楠木装修

大厅南、北内外檐木装修原为楠木制作，故称为"楠木厅"，复建后，内外檐的长窗、支摘窗、楣窗均按原样恢复，并采用楠木材料制作、安装。

2）前、后内宅楼修缮

根据卢宅房屋损坏现状和查勘资料、数据，对前、后内宅楼采用揭顶发平牮正的大修手法进行全面修缮，使房屋结构安全、外形规矩完整、内部装修齐全。两楼均为七开间二层砖木结构，其建筑形制、构造及尺寸详见本章第二节；修缮工艺的主要工序方法及要求如下。

（1）木构架发平牮正

木构架发平与牮正前，应将屋面瓦望卸下，并将嵌入墙内柱、梁、枋两侧的砖墙划开，使柱、梁、枋完全脱离与墙体的接触，同时松开柱与墙体连接铁件（墙扒），松开柱与墙胆（顺墙木）的连接。

采用钢管搭设排架，排架设施需满足木构架发平和牮正需求，并留出牮正时采用花篮螺栓牵引拨正木构架的工作面。

木构架发平时，用水准仪逐一测量各柱下的礩面标高，根据修缮设计要求调整各礩面标高，标高误差在 ±10 毫米以内时，可视为水平，不作调整。

木构架牮正前，应在每根长柱顶部垂直中心处悬挂垂线，作为长柱拨正的标准线。对于总倾斜量超过 15 厘米的木构架，应设置花篮螺栓，对其牵引拨正。牮正时，各花篮螺栓应同步缓缓收紧，抛撑保持初受力状态，将各柱在纵横两个方向逐步拨正。拨正后，采用剪刀撑对各柱进行连接，起到抵抗木构架变形的作用。

木构架牮正施工过程中，每天由专人检查木构架的垂直度，发现木构架跑偏，即时进行纠正；施工结束后，对原来划开的柱口，用砖块补砌实。屋面修缮工程结束后，依次松开、拆卸花篮螺栓、抛撑和剪刀撑。

(2) 木装修添配

根据现状查勘资料、数据和留存的木装修样式，添配古式门窗、整修楼梯、栏杆。

(3) 屋面翻做

瓦屋面为小青瓦屋面，底盖瓦铺设在望砖上。为了解决小青瓦屋面抗渗不耐久问题，在望砖上表面铺设质量较好的 SBS 防水卷材一层，在卷材上铺钢丝网和 3 厘米厚防水砂浆一层，砂浆养护结束后铺盖瓦屋面。

第五节　典型建筑修缮前后对比照片

卢宅修缮工程自 2005 年 10 月 18 日开始，至 2006 年 4 月 18 日结束。工程严格按照修缮方案实施，保质保量地完成了任务。图 5-57～图 5-69 为主要工程项目修缮前后的对比照片。

(a) 修缮前　　　　　　　　　　(b) 修缮后

图 5-57　门厅南立面

(a) 修缮前　　　　　　　　　(b) 修缮后

图 5-58　卢宅东立面

(a) 修缮前   (b) 修缮后

图 5-59 卢宅西立面

(a) 修缮前   (b) 修缮后

图 5-60 对厅北立面

(a) 修缮前   (b) 修缮后

图 5-61 大厅木构架

(a) 修缮前　　　　　　　　　　(b) 修缮后

图 5-62　后内宅楼二层南立面

(a) 修缮前　　　　　　　　　　(b) 修缮后

图 5-63　书斋前廊

(a) 修缮前　　　　　　　　　　(b) 修缮后

图 5-64　书斋前廊天棚

(a) 修缮前　　　　　　　　　　　　(b) 修缮后

图 5-65　书斋南立面

(a) 修缮前　　　　　　　　　　　　(b) 修缮后

图 5-66　砖细圈门

(a) 修缮前　　　　　　　　　　　　(b) 修缮后

图 5-67　砖细八角门

(a) 修缮前　　　　　　　　　　　　　　(b) 修缮后

图 5-68　砖细雨棚

(a) 修缮前　　　　　　　　　　　　　　(b) 修缮后

图 5-69　支摘窗

第六章

小盘谷的修缮保护

第一节　小盘谷的建筑概况

1. 地理位置及保护范围

　　小盘谷位于扬州市丁家湾大树巷 42 号内，坐北朝南，保护范围如图 6-1 红线所示：南临大树巷，北至丁家湾，东西与民居相连。

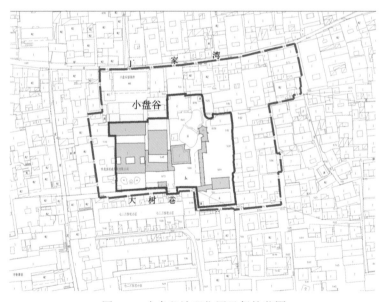

图 6-1　小盘谷地理位置及保护范围

2. 历史沿革及建筑概述

　　小盘谷系晚清两江、两广总督周馥于清光绪三十年 (1904 年) 购之徐姓宅园，加以修葺而成，现存格局由住宅、园林两大部分组成。住宅部分由火巷分隔为中、西两轴组合，前后房屋原各五进 (第四进和第五进在 20 世纪 70 年代拆除)，由厅、廊、楼、室等组成。园林在住宅之东隅，由复廊、花墙相隔成东、西两园；园林紧凑，危峰耸翠，苍岩临流，水石交融，浑然一色，为扬州诸园中上选作品；建筑专家陈从周教授高度评价小盘谷的筑园艺术："足与苏州环秀山庄抗衡，显然出于名匠师之手"。

　　住宅建筑分布在中轴和西轴线上。中轴线偏东南端建有门堂，门堂对面筑有一书影壁；中轴线上建有面阔三开间的对厅、大厅和后楼，各进房屋之间有廊相连。西轴线南首为小花园，其后依次为面阔五开间住宅二进、六开间房屋一进。西轴与中轴房屋、中轴房屋与东花园之间用火巷分隔。花园西侧沿火巷之墙建有小方厅、凉亭和厅房，园中部自南向北筑有高墙，墙两侧设廊房，通往假山顶处设爬山廊与六角亭相连，廊心墙上设漏窗借景，园的东侧南部建一花厅 (图 6-2)。

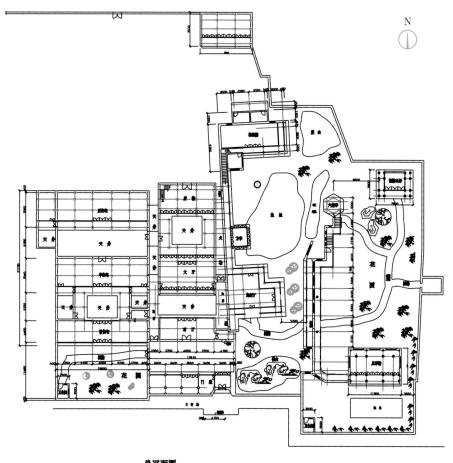

总平面图

图 6-2　小盘谷平面图

小盘谷占地面积 5504 平方米，现存古建筑面积为 1140 平方米，后建房屋建筑面积为 1680 平方米，其他房屋计 373 平方米。

小盘谷于 1990 年被公布为江苏省文物保护单位，2006 年被公布为全国重点文物保护单位。

3. 历次维修情况

扬州市房管局于 2001 年对小盘谷西园的曲折厅、方亭和六角亭进行了修缮，于 2003 年对小盘谷的花厅和园内复廊进行了修缮。小盘谷公布为全国重点文物保护单位之后，扬州市房管局会同市文物局等有关部门，于 2008 年 5 月至 2009 年 11 月对小盘谷的住宅和花园进行了全面修缮。

第二节　典型建筑的形制与构造

1. 中轴线建筑

中轴线建筑自南向北依次为对厅、大厅和后楼，建筑平面见图 6-3。

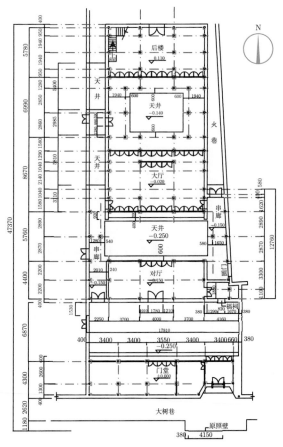

图 6-3　中轴线建筑平面图

1) 对厅

对厅位于东轴线南首，为第一进房屋 (图 6-3)，五开间 (正房三间、西侧廊房一间、东侧偏房一间) 通面阔 17.81 米，进深 4.40 米。房屋南檐高 5.095 米，北檐高 3.83 米；采用不对称立帖式木构架，明间 2 柱落地，梢间 3 柱落地；构架上承五檩，南坡施一架椽，北坡施三架椽，小青瓦屋面，天井内檐平出 0.75 米 (图 6-4～图 6-6)。

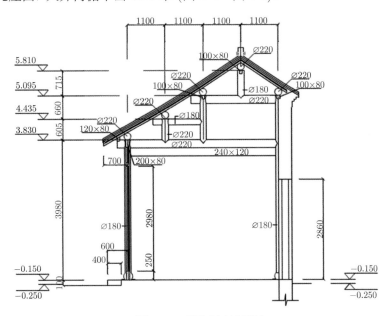

图 6-4　对厅明间剖面图

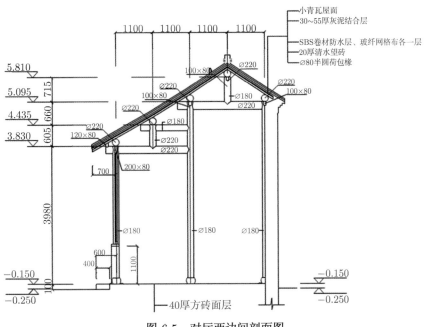

图 6-5　对厅西边间剖面图

南立面 (图 6-7) 墙体为清水乱砖墙；明间设砖细门楼，实拼大门两侧为砖细门垛，门垛上内角安装砖细雕刻雀替，两侧芝麻杆立线，下至地面，上至檐口，底部饰汉白玉靴头；门之上为两道砖细束腰、两道砖细腰枋，并局部施花卉雕刻，再之上为砖细六角景，单体六角景内暗刻六角形图案 (图 6-8)。

北立面 (图 6-9) 明间为 6 扇长玻璃格门，上部为楣窗；次间下为清水槛墙，槛墙上为支摘窗扇 3 樘，中档窗扇可支撑开启，其余均为固定，顶部为固定楣窗。

内部装修沿木构架施分板隔墙，并设对开房门，室内为方砖地面。

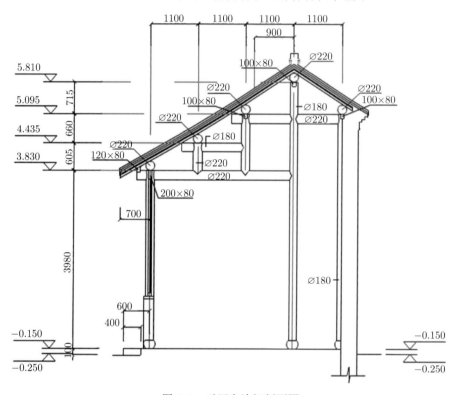

图 6-6　对厅东边间剖面图

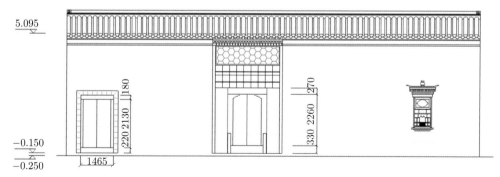

图 6-7　对厅南立面图

图 6-8 南立面砖细门楼照片

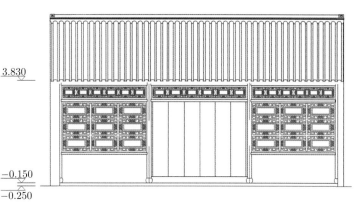

图 6-9 对厅北立面图

2) 大厅

大厅位于对厅之北 (图 6-3),面阔 3 间,通面阔 11.40 米,通进深 8.67 米。房屋南檐高 4.74 米,北檐高 4.16 米。采用不完全对称大木构架 (北设 3 间通廊,廊宽 1.58 米),明间为抬梁式,5 柱落地 (图 6-10);次间为立帖式,7 柱落地 (图 6-11);木构架上承八檩屋面,南坡承三架椽,北坡承四架椽;木构架南单步梁、月梁、轩桁、额枋和随梁枋采用楠木制作,其余构件为杉木;小青瓦屋面,二瓦条筑脊,屋面檐出 1.10 米,回水 0.90 米。

室内施方砖地面。两山墙为清水砖墙,墙厚 0.40 米,屋面以上为 5 架山屏风墙垛 (图 6-11)。南立面 (图 6-12) 明间及两次间为 6 扇长格窗,长窗上为楣窗,两山墙外侧廊房与照厅相连,厅之北天井两侧单坡落水厢房与后楼相连。

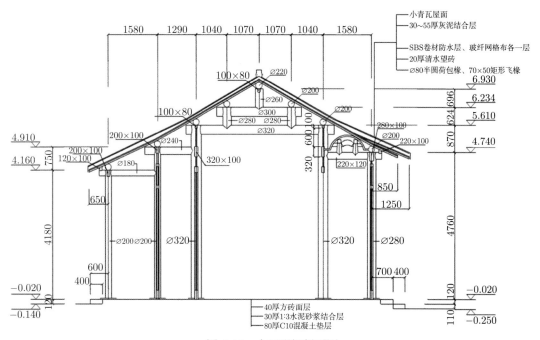

图 6-10 大厅明间剖面图

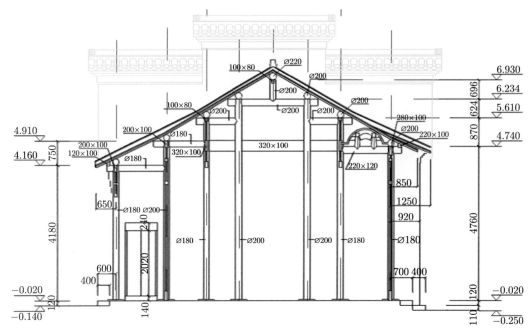

图 6-11 大厅次间剖面图

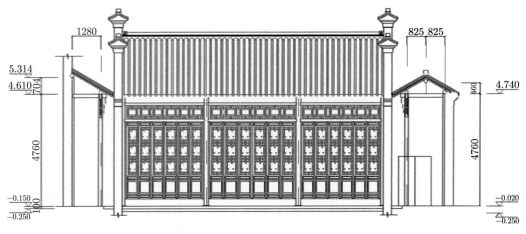

图 6-12 大厅南立面图

3) 后楼

后楼位于大厅之北 (图 6-3)，面阔 3 间，通面阔 11.40 米，通进深 5.78 米。房屋底层南檐廊深 1.30 米，下层檐高 4.13 米，上层檐高 6.65 米。采用 5 柱对称立帖式构架 (图 6-13、图 6-14)，构架上承七檩；上檐出 0.82 米，下檐出 0.65 米，回水 0.60 米；施小青瓦屋面，二瓦条筑脊。方砖地面，木楼面，两山墙及后檐墙为清水乱砖墙，山墙顶部为砖细博缝、线条、后檐顶部为砖细抛枋线条。南立面 (图 6-15) 底层明间及次间为 6 扇长格窗，上施楣窗，二层为格扇窗，可开启。

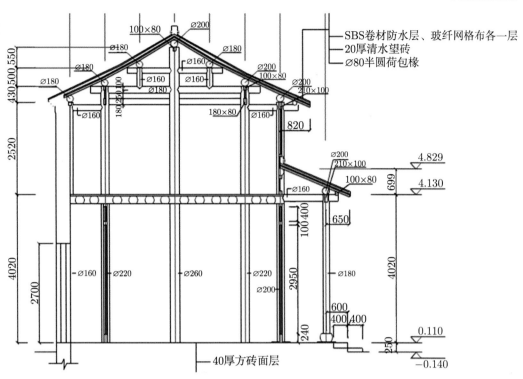

SBS卷材防水层、玻纤网格布各一层
20厚清水望砖
∅80半圆荷包橡

40厚方砖面层

图 6-13　后楼明间剖面图

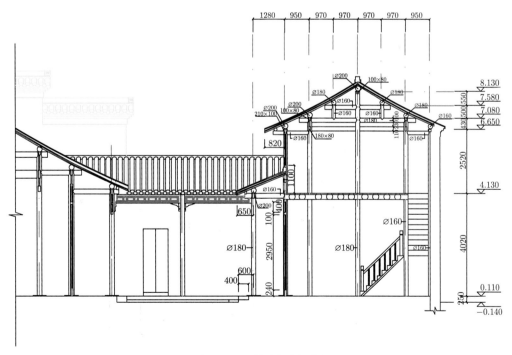

图 6-14　后楼次间剖面图

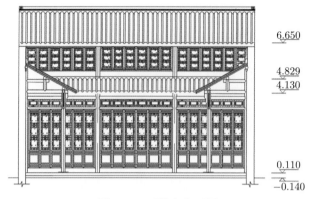

图 6-15　后楼南立面图

2. 西轴线建筑

西轴线上共有面阔五开间三进房屋 (图 6-16),前进住宅南为小花园。

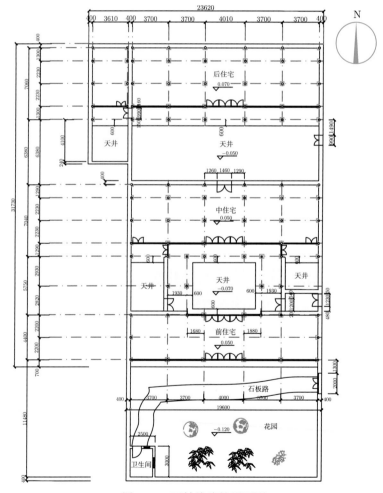

图 6-16　西轴线建筑平面图

1) 前住宅

前住宅面阔五间，通面阔 18.80 米，进深 4.40 米 (图 6-16)。房屋檐高 4.05 米；明、次间均为抬梁式木构架 (图 6-17、图 6-18)，梢间为 3 柱立帖式木构架 (图 6-19)；上承五檩，前后均出檐；屋面举架分别为 0.50 举和 0.60 举，小青瓦屋面二瓦条筑脊。

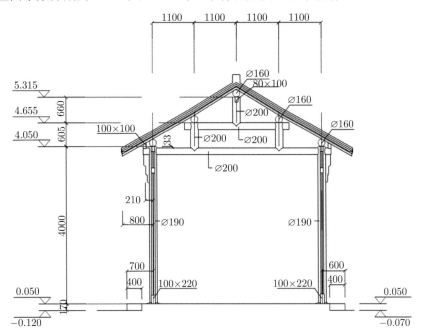

图 6-17　前住宅明间剖面图

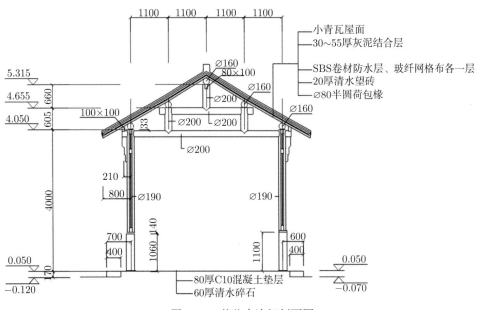

图 6-18　前住宅次间剖面图

室内为方砖地面，两山墙为清水乱砖墙。南立面 (图 6-20) 明、梢间设对开半玻古式门，其余为支摘窗，窗下施半砖槛墙。

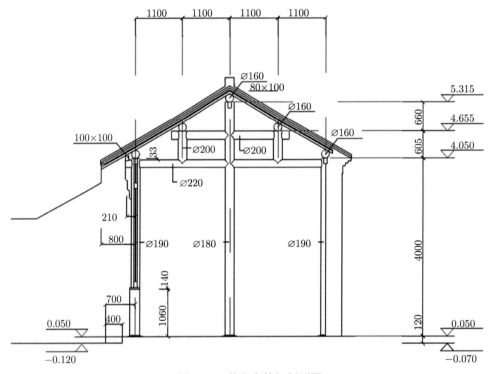

图 6-19　前住宅梢间剖面图

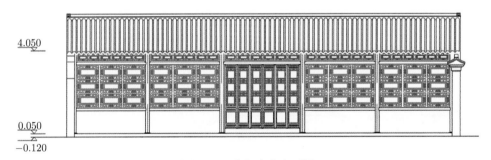

图 6-20　前住宅南立面图

2) 中住宅

中住宅五开间通面阔 18.80 米，通进深 7.04 米 (图 6-16)。房屋檐高 4.06 米；明间为四柱抬梁式木构架 (图 6-21)，次、梢间为 5 柱立帖式木构架 (图 6-22、图 6-23)；上承七檩，举架分别为 0.50 举、0.60 举和 0.65 举；南出檐、北封檐，小青瓦屋面，二瓦条筑脊。两山墙为清水乱砖墙，室内方砖地面。南立面 (图 6-24) 木装修形式与前厅木装修基本相似。

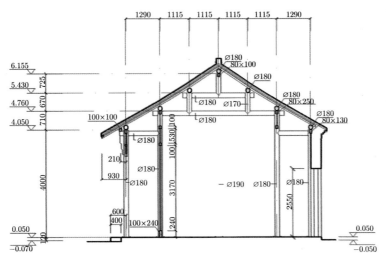

图 6-21　中住宅明间剖面图

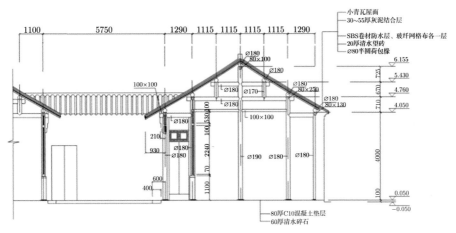

图 6-22　中住宅次间剖面图

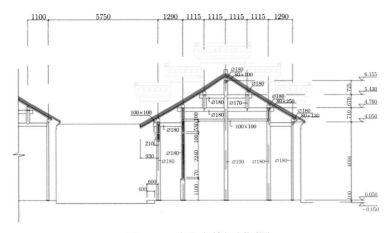

图 6-23　中住宅梢间剖面图

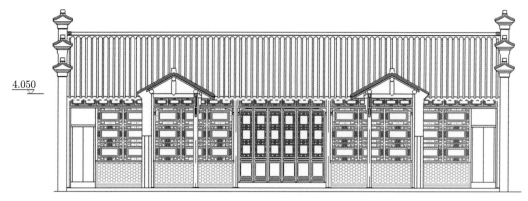

图 6-24　中住宅南立面图

3) 后住宅

后进住宅五开间通面阔 18.90 米，通进深 7.06 米 (图 6-16)。房屋檐高 4.07 米；明、次和梢间均为 5 柱立帖式木构架 (图 6-25、图 6-26、图 6-27)；南檐设通廊，北檐砖墙围护；木构架上承七檩，举架分别为 0.50 举、0.60 举和 0.65 举，小青瓦屋面，二瓦条筑脊。室内架空地板，通廊方砖地面。南立面 (图 6-28) 木装修形式与前住宅相似。

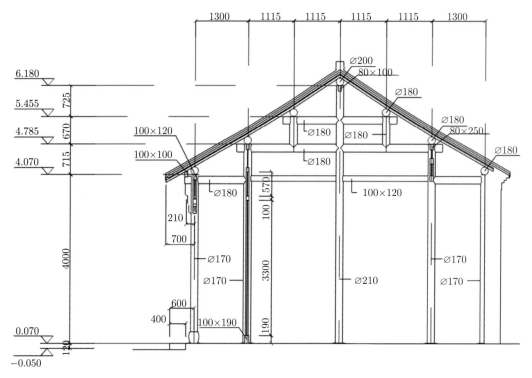

图 6-25　后住宅明间剖面图

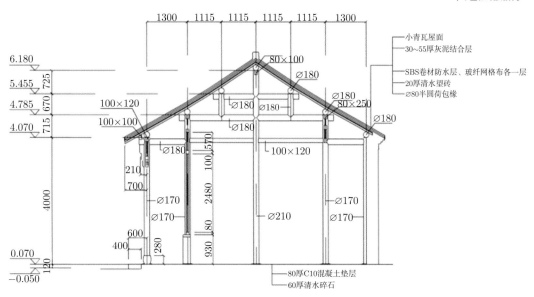

图 6-26 后住宅次间剖面图

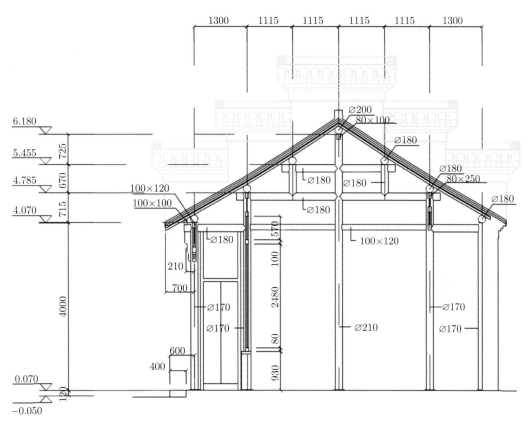

图 6-27 后住宅梢间剖面图

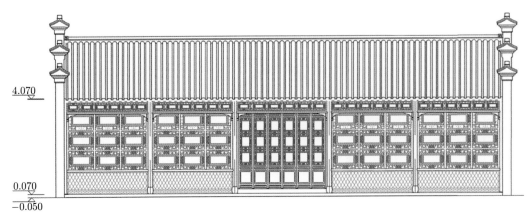

图 6-28　后住宅南立面图

3. 东轴线花园内建筑

1) 东园内花厅

花厅又名丛翠馆 (图 6-29)，面阔 3 间，通面阔 10.47 米，通进深 6.36 米；檐高 3.94 米，抬梁式木构架 (图 6-30)，歇山式小青瓦屋顶 (图 6-31)；三面围护墙。花厅为翻建后的仿古建筑。

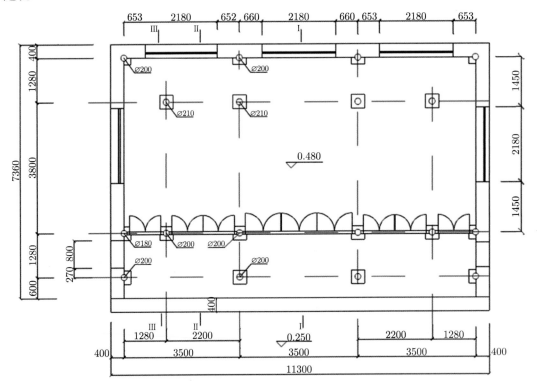

图 6-29　丛翠馆平面图

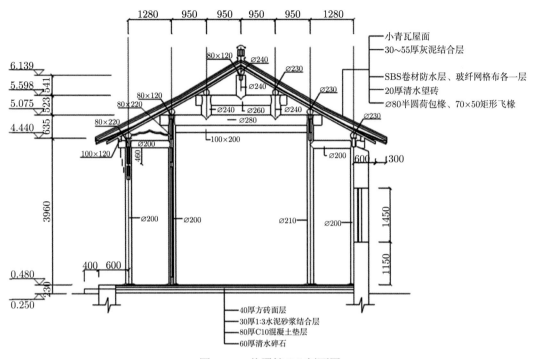

图 6-30　丛翠馆 I-I 剖面图

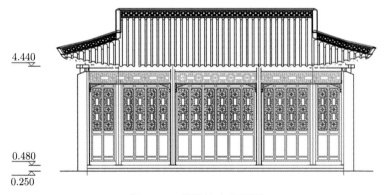

图 6-31　丛翠馆南立面图

2) 西园内曲折厅

曲折厅又名船厅，位于花园西侧南端，为水榭式厅房 (图 6-32)，平面呈 L 形，通面阔 10.99 米，通进深 8.24 米。该厅西傍围墙，其余三面设外廊，廊宽 1.18 米，廊北临水；采用 抬梁式木构架 (图 6-33)，翼角处设斜扒梁；外廊设蓬轩，屋面檐口高度为 3.50 米；组合式歇 山小青瓦屋顶 (图 6-34)，施叠瓦花脊、戗脊，歇山墙外侧面施砖雕山花。廊外侧沿檐柱设古 式木栏杆，檐下设古式楣窗，楣窗两端下部饰以雕刻花牙子，耍头下饰撑芽。廊内侧沿木柱 设古式对开门或木槛墙和支摘窗。

东立面歇山墙的砖雕图案精美、寓意丰富：山尖端头雕展翅蝙蝠，口衔镂空雕饰 "圆寿"，寿字下面结绶带，带串双钱、双鱼，钱上浅刻 "太平" 二字，钱下垂双丝结须；圆寿旁雕饰对称麒麟生动有趣，昂首观圆寿，四足与尾化为蔓草如意，其寓意是"麒麟欢庆，福寿双全，太平有钱，年年有鱼，年年如意"（图 6-35）。

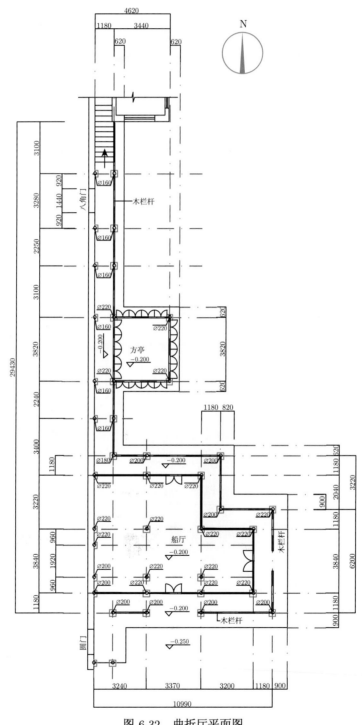

图 6-32 曲折厅平面图

图 6-33　曲折厅明间剖面图

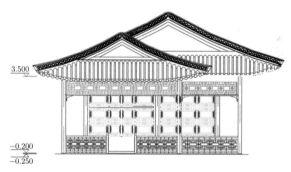

图 6-34　曲折厅东立面图

图 6-35　曲折厅东立面歇山砖雕图

3) 西园内方亭

方亭又称"四角凉亭"，位于船厅之北 (图 6-32)。方亭与船厅之间以两间廊房相接，方亭西与廊相连，余三面临水。方亭面阔南北为 3.81 米，东西为 3.41 米，抬梁式木构架，屋面面向池塘伸出两翘角。亭檐口高度为 3.70 米，四坡小青瓦屋面，屋面檐出 1.05 米，回水0.63 米；亭的四面柱间上施楣窗，下施玻璃格扇；额枋外伸端部下方饰镂空雕刻撑芽。室内地面铺 0.41 米 ×0.41 米方砖面层，阶沿均为方正青石。

4) 六角亭

六角亭建在园中部偏北的假山顶上 (图 6-36)，平面呈正六边形，檐高 2.48 米，抬梁式木构架。亭的南北两面为通道口，其余面设坐凳，坐凳以下为清水砖花墙。亭内施方砖地面，额枋耍头下饰镂空木雕撑芽。六角亭屋面南坡与爬廊层面相连，结合精致。

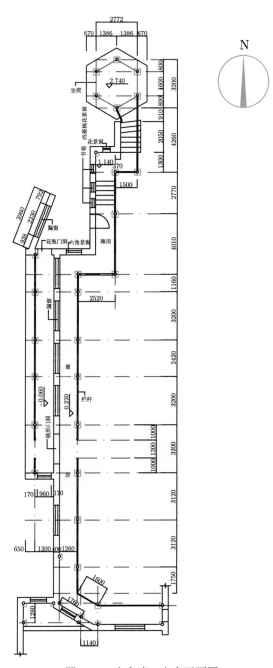

图 6-36　六角亭、廊房平面图

5) 廊房

廊房共两处。在西园西围墙东侧依墙设廊房 6 间 (图 6-32、图 6-37),贯通曲折厅与方亭,并向北延伸通往园北部。另一廊房为复廊布置在园中部 (图 6-36、图 6-38),将花园分隔成东、西两园;廊墙西 5 间廊通往假山洞内,廊墙东廊 15 间,爬廊 4 间,南与北厅相连,北通山顶六角亭。廊房檐口高 3.86 米,檐出 1.05 米,回水 0.64 米;单坡立帖式木构架,廊外侧沿檐柱安装古式木栏杆。围墙南端设一桃形门 (图 6-39) 贯通两侧廊房。每间廊房均有一樘漏窗透视。

图 6-37　西园西围墙东侧廊房　　　　　　　图 6-38　园中部复式廊房

图 6-39　复廊南端桃形门

第三节　损坏状况及病因分析

1. 中轴线房屋及构筑物

1) 照壁

照壁 (图 6-40) 面阔 4.89 米,正身高 3.00 米,墙厚 0.40 米;砖细垛柱,旗瓦顶,内樘为砖细方砖吊角景。照壁上部已毁,残存部分用灰浆粉刷,照壁内方砖吊角景与墙体剥落分离、部分脱落。

图 6-40　照壁

2) 门堂

原门堂已毁，现建有无屋顶门垛，门垛内侧安装铁栅大门，大门西侧建有 2 间仿古房作为传达室 (图 6-41)。

图 6-41　门堂

图 6-42　对厅南立面墙体

3) 对厅

对厅 (图 6-42) 南檐墙体向外倾斜，明间南倾 0.175 米，次间南倾 0.10 米；明间檐柱南倾 0.255 米，次间南倾 0.235 米；北檐柱明间向南位移 0.18 米，次间位移 0.15 米。南檐墙门楼砖细构件基本完好，但砖细下枋局部被压迫，产生水平裂缝，门枕鼓石在 "文革" 期间拆卸后又重新安装，安装时位置不准确；门槛两端金刚腿失落，现改为混凝土金刚腿。南檐墙后开木窗 2 樘，清水墙面改为灰浆墙面。

方砖地面已改为水泥或釉面砖地面。外檐木装修上部楣窗尚在，但下部古式窗已改为现代窗，窗下原青砖槛墙已改为标准砖槛墙。

4) 大厅

大厅 (图 6-43) 瓦屋面凌乱, 屋脊坍塌; 檐口变形, 高低错落, 屋面缺乏养护, 长期渗漏; 北檐架的木结构、木基层因屋面渗漏, 造成木结构腐烂, 屋面坍塌; 东西两侧厢房完全坍塌, 并拉坏墙体, 造成墙体内皮分厢坍塌。南立面两山出水垛已用灰浆粉刷。大厅内部被改为餐厅, 原装修全部丢失, 并按餐厅格调将内部分隔成若干包厢; 室内方砖地面被改为釉面砖地面。

 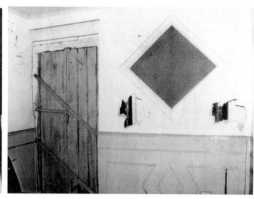

(a) 外部　　　　　　　　　　　　　　　　　　(b) 内部

图 6-43　大厅现状

木结构除北檐架腐烂坍塌外, 其余全部尚在; 因长期养护不到位, 木构件表面枯萎破旧, 南立面的构架和装修尤其严重。大厅木构架中的楠木构件有: 南檐桁下的额枋 3 件, 南下金桁下的额枋 6 件, 次间随梁枋 2 件, 檐架上的月梁和单步枋各 4 件, 轩桁 6 件。南立面古式木门窗全部在位, 但养护极差, 木材严重朽坏, 部分门窗发生位移, 门窗扇榫卯松动; 短窗下槛墙被改为标准砖墙; 北檐因檐架坍塌, 木装修尽失。北天井两侧 4 间厢房全部坍塌 (图 6-44、图 6-45)。

图 6-44　大厅北天井东厢房坍塌　　　　　　图 6-45　大厅北天井西厢房坍塌

5) 后楼

后楼因年久失修, 屋脊坍塌、屋面凌乱, 上檐瓦屋面在南檐东首处局部坍塌 (图 6-46); 木结构大部分完好, 但下檐廊架南倾并与檐柱脱离 0.10 米, 木构架失稳。山墙发生扭曲变形，顶部砖细博缝、线条大部脱落；屋面木桁条和半圆木椽截面偏小，南立面底层木门窗全部换成现代木门窗，楼上短窗尚在，但缺乏正常养护，榫卯松动开启不灵活。

原木楼梯改为现代楼梯，现楼梯不在原楼梯的位置。室内木装修全部丢失 (图 6-47)。地面面层改为釉面砖。

图 6-46　后楼南檐局部坍塌

图 6-47　后楼室内改变后状况

2. 西轴线房屋

1) 前住宅和中住宅

前住宅和中住宅于 2001 年进行过整修，整修后将木构架间的板隔墙拆除全部增砌砖墙，分隔成单间办公之用；室内地面全部改为釉面砖地面，走廊地面改为水泥地面；瓦屋面基本平整。南立面门窗自楣窗下改为现代窗，窗下槛墙改为标准砖墙 (图 6-48)。

图 6-48　中住宅改变后装饰

图 6-49　后住宅天棚

2) 后住宅

后住宅年久失修，屋面变形，屋脊坍塌，屋面凌乱；山墙扭曲，屏风墙墙体部分松动脱落。木构架、木桁条、半圆木椽用料截面偏小。室内木地板基本完好，部分腐朽松动。走廊天棚脱落 (图 6-49)，地面改为釉面砖，廊沿阶沿石外移。天井地面改为水泥地面，南立面木门窗全部改为现代木门窗，窗下槛墙改为标准砖墙。

3. 东园建筑

东园建筑在 2001 年和 2003 年进行了局部整修，但 2008 年现状勘查时，各建筑的油漆已陈旧，地仗剥离现象严重，包括房屋主体结构存在一定的安全隐患。

第四节　修缮工艺及技术要求

2008 年修缮工程实施之前，市房管局会同市规划局、市文物局等部门，依据小盘谷的现状和相关历史资料，按照相关法律法规，制订了具有可操作性的"不改变文物原状"的修缮方案。修缮方案包括七项重点工程：① 住宅建筑的全面修缮；② 假山修复；③ 庭院水池整修；④ 恢复"桐韵山房"；⑤ 修复"丛翠馆"；⑥ 原仿古"桂花楼"改造；⑦ 西北角新建四层楼的改造。

1. 住宅建筑的修缮

住宅修缮的重点建筑为中轴线门厅、对厅、大厅和后楼，西轴线前进、中进和后进住宅。修缮原则为：针对构架和墙体倾斜、屋面长期渗漏、结构和装修损坏的状况，采用合理的修缮方法，以排除险情，保证房屋安全使用，并通过整体装修工艺，提高建筑的美观性、延长使用寿命。

在制订修缮方案时，根据残破程度不同，分别采用构架牮正、揭瓦大修、一般保养、恢复原状等方法进行修缮。对构架、墙体发生较大歪闪和变形的房屋，必须采用瓦望落地、构架牮正的手法。对屋面长期渗漏，椽子、桁条发生腐烂、朽坏的房屋，采用揭瓦大修的方法。对砖细构件基本完好的倾斜门楼，施工时则保留该门楼，并采用整体校正法进行拨正。对近几年内已经整修过的亭、榭、厅、房屋等，采用一般保养的修缮方法，对屋面进行清扫拾漏、修补屋脊，更换损坏的木装修，保持门窗的开启灵活、地面完整。对内部装修利用现代材料、现代做法的部分，采用原材料和传统工艺，使其恢复到原有的状况。

住宅建筑各分部工程的修缮内容见表 6-1。

表 6-1　住宅建筑分部工程修缮表

分部工程	分项工程	修缮内容	备注
照壁	墙顶	恢复双落水瓦顶及大封头砖细	恢复
	墙体	凿除砂浆面层、补贴吊角砖细	添配
	其他	墙面局部挖补	
对厅	屋面	瓦望落地、恢复瓦望	
	墙体	开划柱口、补柱口	
	木构架	牮正木构架、拆换部分构件	整修
	木装修	恢复板壁、恢复短格、装修	添配
	石作	恢复门枕、抱鼓石	恢复
	砖细	砖细仪门牮正，补换残缺部分	添配
	其他	恢复檐沟、构架白蚁防治及油漆	
大厅	屋面	瓦望落地、恢复屋面瓦望	恢复
	墙体	修补墙体	修补

续表

分部工程	分项工程	修缮内容	备注
大厅	木构架	恢复坍塌部分及添配损坏部分	添配
	木装修	恢复所有古式装修	恢复
	砖细	添配博缝及方砖地面、恢复天井石板地及阶沿石	恢复
	其他	白蚁防治、恢复檐沟及构架、油漆	
后楼	屋面	瓦望落地恢复	添配
	墙体	修补墙体	修补
	木构架	木基层及构架整修、恢复厢房	添配
	木装修	楼下恢复、楼上添配、恢复全部隔间	恢复
	楼地板	恢复地板、楼上修配楼板	恢复
	石作	恢复阶沿石及天井石板地	恢复
	其他	恢复檐沟、防治白蚁及全部油漆	
方厅、曲折厅	屋面	屋面拾漏	
	其他	廊柱做地仗、油漆前装修整修	恢复
双坡廊	屋面	瓦望落地、恢复	添配
	墙体	拆除中断部分及开补柱口	拆砌
	木构架	牮正整修	整修
	木装修	油漆前维修	整修
	地坪	恢复方砖地坪	恢复
花厅	屋面	拾漏	添配
	装修	整修	添配
	地坪	恢复方砖地坪	恢复
	其他	白蚁防治及木材面油漆	
前中住宅	屋面	屋面拾漏	整修
	墙体	修补、粉刷	整修
	木构架	整修	整修
	木装修	恢复	恢复
	石作	恢复天井石板地	恢复
	地面	恢复木板地	恢复
	天棚	恢复木板天棚	恢复
	其他	白蚁防治、排水处理、油漆	
后住宅	屋面	瓦望落地、恢复	添配
	墙体	补挖、整修	修补
	木构架	拆换、整修	添配
	木装修	恢复	恢复
	石作	恢复天井石板地	恢复
	地坪	恢复木板地	恢复
	天棚	整修木板天棚	恢复
	其他	排水处理、白蚁防治、油漆	

1) 门堂复建方案的确定

门堂房屋已毁多年，现在门堂原址上装了欧式铁栅门，门旁建了一座仿古歇山顶房屋，房屋现状与小盘谷总体格局很不和谐 (图 6-41)。根据总体修缮方案，需要拆除铁栅门和仿古房屋，根据毁前的形制、形状恢复门堂及门房。

因原有门堂、门房拆毁时间较长，缺乏原状数据；需在施工期间拆除后砌墙体，找出原墙体残存痕迹，以确定门堂的基本尺寸。施工中，在原门堂位置进行发掘，找出原房的基础，据此确定门堂的平面布置及开间、进深尺寸，绘制原有门堂的平面图；此外，通过听取周边见过原门堂立面样式的老年人叙述，再根据小盘谷同时期古建门堂立面做法，绘制南立面方案图；最后，请专家讨论修改后绘制门堂恢复的施工图，制订专项施工方案实施。

2) 大木构架发平牮正

(1) 对厅木构架牮正

对厅木构架 (图 6-50) 最大南倾 0.255 米，倾斜度 5%；檐墙最大外倾 0.175 米，倾斜度 3.4%；因结构变形过大，采用瓦望落地、构架牮正的方法，拆除小瓦屋面、木装修及四周墙体后，对倾斜木构架进行牮正。

图 6-50　对厅木构架修整、牮正

因原有木桁条、木椽及柱腐朽严重，牮正时需要临时加设剪刀撑、斜撑固定，防止构架倒塌。

对厅木构架牮正的准备工作如下：① 根据柱网的分布，用钢管搭设牮正脚手架。② 在每榀木构架上设置 3 组花篮螺栓，牵引拉正木构架；花篮螺栓一端固定中柱或下金桁下的柱头，另一端固定在地面的桩锚上。③ 在每根柱顶部挂上纵横两个方向的垂线，并将柱的中心线对准磉面十字中心线。

准备工作完成后开始牮正木构架。牮正的程序如下：① 首先将每组花篮螺栓一一收紧，使之同时处于初受力状态；同步缓缓将每根柱拉正，避免一次将一根拉正后，再拉第二根柱。② 每根柱均扶正后，用准备好的斜撑、水平撑、抛撑和剪刀撑固定木构架，防止木构架回弹变形。③ 木柱拨正后，需用铁锅碎片将柱底的空隙填满刹紧。④ 在屋面工程结束之前，派专人检查柱的垂直度，如发现跑偏应及时修正。⑤ 屋面工程结束后再卸去牮正螺栓、抛撑。

(2) 大厅木构架牮正

大厅木构架牮正方法与对厅木构架牮正方法相同。

3) 砖墙与砖细修缮

砖墙拆卸时应最大限度地保留下半部基本垂直或倾斜量不大的墙体。一般砖墙采用局部拆砌、挖补、镶补等方法进行修理，危险或与原形制不符的墙体应重新砌筑。砖墙砌筑采用青灰浆，灰浆的色泽应接近于原灰浆。因中轴线对厅南墙、西墙及后楼北墙损坏较严重，进行了重新拆砌 (图 6-51)。

(1) 墙体拆砌

对于山墙、檐墙出现倾斜、鼓肚或扭曲变形，且木构架在发平、牮正后，柱与墙体出现分离的情况，需对墙体进行局部拆砌。拆除墙体时，最大限度地保留底部较完好的墙体，由上而下画定拆除线，并对原墙尺寸及砌筑手法进行记录。对予以保留的接槎段，应仔细剔灰、抽出砖块、拆除墙身。拆除下的旧砖，如可继续使用，应进行剔灰备用。墙体砌筑时，其砖块组合方式、灰缝大小、墙体的厚度和墙的外形、尺寸均应与原墙一致 (图 6-52)。

图 6-51　中轴线后楼北墙拆砌

图 6-52　中轴线后楼西侧木柱牮正与墙体拆砌

(2) 腐蚀风化墙面处理

墙面严重腐蚀、风化，其深度在 20 毫米以上时，采用局部外皮挖补的方法进行修补。

(3) 屏风墙修理

屏风墙出现垂直裂缝，可沿裂缝两侧各 30 厘米墙外皮砖拆、重新砌筑。砌筑时，外皮砖内侧填芯砌体可采用 M10 混合砂浆砌筑，外皮的砖块厚度、灰缝色泽和大小应与原墙一致。修补的墙面应与原墙面接槎平整。

(4) 檐口做法

檐口拆砌后，檐口的砖细挑檐和挂枋按原样恢复。

(5) 对厅的砖细仪门牮正

对厅的砖细仪门向南最大倾斜 0.175 米，拆除仪门两侧和顶部的墙体、砖细雨搭后，对倾斜仪门进行牮正 (图 6-53)。工艺方法如下：① 沿门楼墙体内侧开挖宽 400 毫米深与墙基相近的沟槽，并注水引发墙基内侧地基产生缓慢沉降，达到扶正门楼的目的。② 在仪门两侧墙垛南北两面用通长木板、木枋和粗铁丝将之固定。③ 在墙垛北面左右两侧各设置一组花篮螺栓，牵引拉正仪门；花篮螺栓的上端固定在墙垛中上部的铁丝上，下端固定在地面的桩锚上。④ 仪门牮正时，首先将两组花篮螺栓逐步收紧，使之同时处于受力状态；然后，同步缓缓将两侧墙垛拉正。⑤ 两侧墙垛均扶正后，用斜撑固定住墙垛，防止仪门回弹。⑥ 仪门拨正后，用铁锅碎片将墙底的空隙填满刹紧，并用青灰做缝。

图 6-53　中轴线对厅仪门牮正

对厅木构架牮正结束后砌筑墙体，待仪门两侧墙体达到规定强度后，松开花篮螺栓并拆除斜撑。因仪门倾斜度大、倾斜时间久，若强行全部拨正到位会导致墙体损毁，故修复后的仪门墙体仍然保留了约 20 毫米的倾斜量。

在拆除对厅南墙时，发现在正对门厅大门位置处有福祠残留痕迹，根据残留的三块福祠砖雕，确定福祠尺寸及样式。在南墙重砌过程中，将福祠按原样恢复 (图 6-54)。

4) 木桁条、木椽修理

(1) 木桁条修理与归安

在木构架牮正的过程中，同时对木桁条进行修理和归安。因腐朽和受虫蚁侵害失去承载能力的桁条，均应按原构件的长度、截面尺寸和形状、结合方式进行配换、归安。挠度过大、截面偏小的桁条也应更换，更换时可适当增加截面尺寸，提高构件的承载能力。原有的木桁条归安时其搁置点应恢复在原位，必要时，节点采用铁件加固。

(2) 木椽整修与归安

① 正身木椽。正身木椽包括檐架椽、花架椽和脑架椽，均应撬起后重新安装。木椽安装，其间距尺寸应与原设置一致 (即每间木椽行数保持不变)，同时剔除腐烂和变形过大、失去承载能力的木椽。木椽安装时要钉好里口木和勒望条，有廊房与正房连接时，还要重新安装阴戗木和龙梢骨架。

② 飞椽及望板。有飞椽的房屋，其飞椽已基本糟朽的应全部更换，同时更新清水望板和里口木。飞椽的间距应与正身椽一致。

③ 翼角 (图 6-55)。曲折厅走廊连接转角处和方厅等多处设翼角，翼角处的摔网椽已基本糟朽，修理时全部更换。安装时，注意与原间距保持一致。

图 6-54　对厅南立面东侧福祠

图 6-55　修缮后的曲折厅东南角翼角

5) 瓦屋面修缮

(1) 铺设望砖

本次抢修范围内设置天棚的房屋，望砖为糙望。望砖从檐口椽头里口木的内侧向屋脊方向逐行铺设，当望砖铺设至上部桁条位置时，应安装勒望条防止望砖下滑后挤压打崩。

望砖铺设后，在望砖上表面铺抹 30~70 厘米厚纸筋灰泥浆一层，需拍平压实成型；灰泥浆表面应平整，曲线应一致且圆滑。

(2) 筑脊

本工程中轴线和西轴线建筑小青瓦屋面均为二瓦条脊。东、西花园内建筑屋面大多为叠瓦花脊。

① 正脊。二瓦条脊筑脊时，先找出屋脊中轴线；根据脊的宽度，引出脊边线；带线砌筑脊胎，并将每行 3 片盖瓦的脑瓦嵌入脊胎内；脑瓦的间距均匀，坡度与屋面坡度保持一致，符合实际铺瓦的行数和行距。然后，在脊胎上砌筑头层瓦条，在头层瓦条之上砌筑二层瓦条，在二层瓦条上站立小青瓦：站立小青瓦时，先从屋脊中心开始，凸弧面相对向两侧架设，在脊的端头安装砖细脊件。

叠瓦花脊 (图 6-56) 筑脊时，砌筑瓦条以下部分做法与一瓦条脊筑脊相同，砌筑瓦条后，在瓦条上用小青瓦叠出瓦花；叠瓦花时，先从屋脊中心开始，凸弧面相对向两侧叠设，叠花顶部做压顶，在脊的端头安装砖细脊件。

在盐商住宅中，大厅、花厅或廊房的屋脊常采用花脊，花脊有脊胎、瓦条、镶框、压顶或花档构成，花档常采用小青瓦或筒瓦架设，其形式有砂锅套、轱辘钱、银锭、搭链等。门厅和中路对厅、东园花厅正脊的两端饰八边形脊件，其余屋面饰 "万全书" 脊件。

图 6-56　曲折厅的叠瓦花脊

② 戗脊、博脊。翼角屋面施小青瓦戗脊，与山墙结合处施博脊。戗脊为实砌脊，博脊采用花砖构筑。

(3) 铺瓦

屋面采用小青瓦铺设，底瓦采用大号小青瓦，盖瓦采用原房拆卸下的旧小青瓦铺设。铺瓦前先在檐口处，根据脑瓦的行数和距离画出相应的盖瓦标志，根据标志，从房屋的一端逐行铺设底瓦和盖瓦。

铺瓦采用传统工艺，用灰泥抹基层，挑灰盖瓦；安装底瓦时，还需用碎瓦片将底瓦窝牢窝实。底瓦安装必须端正，上下搭外露长度不大于瓦长的 1/3，盖瓦排列应紧密、端正，其外露长度以 1~2 指宽为宜，相邻瓦行间距宜在 5~7 厘米。

屋面瓦铺盖后，其盖瓦一侧的边缘应整齐顺直，盖瓦的顶部曲线应圆滑无起伏感。

(4) 安装花边滴水

在屋面的檐口处，带线铺设檐口花边滴水，花边瓦安装应水平、整齐，且成一条直线。

(5) 铺小青瓦斜沟

在厢房与正房屋面相交处，设置龙梢；龙梢与正房屋面相交处采用斜沟排水，斜沟底采用大号小青瓦铺设，沟的宽度宜在 8~12 厘米，斜沟两侧瓦头应加工成 45°，铺盖后瓦头呈一直线，瓦头用麻刀白灰浆粉成扇面状。

6) 地面整修

(1) 室内方砖地面

拆除现存的水泥地面，将基层降到合适的高度；原土夯实，铺筑一步三七灰土，底泥为 3:7 的白灰黄土；然后铺设方砖面层，砖块之间的侧缝采用油灰嵌镶，缝口宽度宜在 0.5 毫米左右。

铺设方砖面层时，应按原地面正铺形式进行铺设。铺设后，方砖须稳固，表面应平整、清洁，接缝宽度应一致。铺设结束后，自然养护 7 天，禁止人员走动或堆放货物，避免划伤和污染地面。

(2) 石阶沿

在铺设室内方砖地面前，对所有青石阶沿进行修整，使阶沿水平、整齐，阶沿的表面应向户外略带泛水。

7) 木装修修缮

木构架牮正后，木柱已垂直，原木装修时按倾斜柱设置的抱柱已不适用，故需重新安装。抱柱看面宽度的设置，应符合通间装修宽度的要求，要充分利用原有装修。

本次修缮中，对现存木装修进行全面整修，使其坚固完整、五金齐全、开启灵活。对受损严重的木装修按房屋的形制、布局和功能进行恢复，同时参照现存木装修的用料、形式、工艺和艺术进行制作安装。

8) 粉饰

内墙面抹灰应平整光洁，粉刷层无空鼓、开裂爆灰等现象。油漆的品种、规格、颜色必须符合设计要求和现行材料标准的规定，混色油漆工程严禁脱皮、漏刷、反锈、倒光等现象的发生。

(1) 内墙面粉刷

铲除原有粉刷，凿除水泥砂浆墙裙，采用 1:1:4 底纸筋灰面粉刷，干燥后刷明矾石灰水三遍。

(2) 油饰

木构件、木装修和木材面均以做旧和刷熟油为主。新、旧木材表面通过作色做旧，使新、旧木材表面的色泽达到基本一致。做旧时，其色泽由浅渐深，便于调整，不可一次将色泽做到位。色泽处理后待底油干燥后再涂刷下一道油。

9) 防虫与防腐

(1) 虫蚁防治

虫蚁防治由具有白蚁防治特种行业专项资质的单位实施，实施前由该单位提交灭杀虫蚁的专项治理方案。

(2) 木材面防腐

嵌入墙内的柱、梁、枋和桁，在拆砌墙体时，均应对其进行防腐处理，木材面防腐剂宜选用环保型环氧树脂防腐剂。

2. 其他重点工程的修缮

1) 假山修复

(1) 九狮图山

九狮图山位于小盘谷西园的东北角，主峰至今仍保持原貌。在设计时本着恢复九狮图山外观为主的原则，通过清疏、加固山体内的洞及洞口外步石，使九狮图山展现玲珑天骄的风貌。修复时，在山尽头的磴道东侧的墙壁及墙体转角处，增加贴壁假山及转角假山，使之与九狮图山相互呼应；此外，补栽爬山虎、凌霄等植物，绿化环境，衬托出"九狮图山"之神韵 (图 6-57)。

(2) 群仙拜寿

假山群仙拜寿现状保持比较完整，利用有形态的中小太湖石对现有假山加固点缀，使用的部分造型石头应像猴脸，再现旧时群仙拜寿的景观 (图 6-58)。

图 6-57　修复后的九狮图山

图 6-58　修复后的群仙拜寿

2) 庭院水池整修

小盘谷院内苍岩临水，溪谷幽深，碧水映景，如入仙境。对水池进行清淤，加固水岸的石基，恢复池边点石青藤，补植睡莲，置放锦鲤，使谷口呈现出"水流云在"、曲水悠长的感觉。同时，恢复石板鱼梁，设置水池暗出水口，形成一种自然循环的活水景象 (图 6-59)。

3) 恢复"桐韵山房"

对园内花木进行调整补植，拆除东园北侧的简易披屋花房，恢复"桐韵山房"；加固贴壁盘山磴道，重现旧时青藤绕石、翠竹丛丛、桂花飘香的仙境之感 (图 6-60)。

图 6-59　庭院水池

图 6-60　恢复后的桐韵山房

4) 修复"丛翠馆"

依据现场查勘的情况，拆除原红砖墙体，恢复青灰墙，增设观景长廊及蓬轩，拆除同质砖地，恢复方砖地。丛翠馆前的水池改换青石栏板，并种植紫竹、杜鹃、广玉兰等花草树木 (图 6-61)。

5) 原仿古"桂花楼"改造

根据小盘谷的总体风貌，对原二层仿古桂花楼进行改造 (图 6-62)。通过改换木质楼梯踏步板及木栏杆等构件，门窗隔扇进行仿古式制作，对混凝土柱子用木质板包装，使之改造成一楼餐厅，二楼会议室。

6) 西北角新建四层楼的改造

该四层楼建于 20 世纪 70 年代末，其风格与小盘谷总体格局极不协调。根据总体修缮方案，结合专家意见，将其改建成一幢二层仿古式"四合院"，称为"四改二工程"。改建方案见图 6-63，该方案由清华大学建筑设计院设计，经扬州市规划委员会批复后进行施工。

图 6-61　修复后的丛翠馆

图 6-62　改造后的桂花楼

图 6-63　"四改二工程"方案

第五节　典型建筑修缮前后对比照片

小盘谷修缮工程自 2008 年 5 月 4 日开始，至 2009 年 11 月 20 日结束。工程严格按照修缮方案实施，保质保量地完成了任务。图 6-64～图 6-76 为主要工程项目修缮前后的对比照片。

(a) 修缮前

(b) 修缮后

图 6-64　照壁

(a) 修缮前   (b) 修缮后

图 6-65　门堂北立面

(a) 修缮前   (b) 修缮后

图 6-66　照厅南立面砖细门楼

(a) 修缮前   (b) 修缮后

图 6-67　中轴线后楼南立面

(a) 修缮前 (b) 修缮后

图 6-68　西轴线中住宅南立面

(a) 修缮前 (b) 修缮后

图 6-69　巷道门樘

(a) 修缮前 (b) 修缮后

图 6-70　透视景窗

(a) 修缮前   (b) 修缮后

图 6-71 花瓶式门洞

(a) 修缮前   (b) 修缮后

图 6-72 仿古桂花楼

(a) 修缮前   (b) 修缮后

图 6-73 船厅窗、栏杆

(a) 修缮前   (b) 修缮后

图 6-74　船亭正立面

(a) 修缮前   (b) 修缮后

图 6-75　东廊房东侧廊亭

(a) 修缮前的四层楼   (b) 修缮后的二层楼

图 6-76　"四改二工程"

第七章

汪氏小苑的修缮保护

第一节　汪氏小苑的建筑概况

1. 地理位置及保护范围

　　汪氏小苑坐落在扬州广陵区地官第 14 号，宅院南临地官第巷，西傍马家巷，东与马氏住宅毗邻，北近扬州制花厂分部。

　　汪氏小苑保护范围如图 7-1 红线所示：东至围墙以东 20 米，南至地官第巷以南 10 米，西至马家巷以西 15 米，北至制花厂生产用房三层北墙以北 15 米。

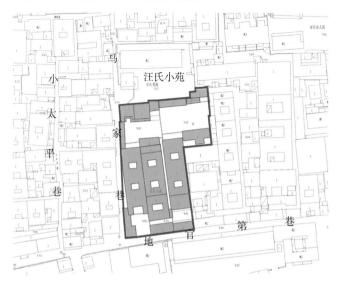

图 7-1　汪氏小苑地理位置及保护范围

2. 历史沿革

汪氏祖籍安徽旌德，以制造销售皮货为业，嘉庆年间在旌德地区颇有声望。咸丰年间兵燹，汪氏产业付之一炬，汪氏先祖来扬州投入盐号；发展到第二代盐商汪竹铭时，在盐业经营上卓有成就，并于扬州城内置办房屋产业。

汪氏小苑的房屋分两期建造，中路部分和西路部分为汪竹铭在清末时所购，东路部分由汪竹铭的四个儿子在民国初期扩建。宅院以住宅为主要部分，四角以花园相辅，由于园门额"小苑春深"而被称为"汪氏小苑"。

汪竹铭生于咸丰十年 (1860 年)，卒于中华民国十七年 (1928 年)，享年 68 岁；30 岁时任"乙和祥"盐号经理，取得外江口岸江宁、浦口、六合的食盐专销权，并在仪征十二圩设有"乙和祥"分号。抗日战争时期，汪氏家族离开扬州逃难到上海。

中华人民共和国成立后，汪氏小苑由国家接管，并租赁给扬州制花厂使用，2000 年制花厂迁出，移交扬州市公房直管处保护管理。

汪氏小苑于 2002 年被公布为江苏省文物保护单位，2013 年被公布为全国重点文物保护单位。

3. 建筑概况

汪氏小苑是一座传统住宅与园林相结合的大型宅院 (图 7-2)，占地面积 3000 余平方米，遗存房屋近百间，建筑面积 1580 余平方米。宅院临街而建，坐北朝南。住宅由东、中、西三路建筑组成，中、东两路建筑之间设火巷分隔，中、西两路建筑共用山墙毗连。在宅院南部设门厅、东路照厅；进入门厅后，为一方天井，由天井东转即为南北走向的狭长火巷，也可通过竹丝门进入东路建筑的前天井。经门厅略左转，经过仪门即为中路建筑的首进照厅，西路建筑各进的厢房与中路建筑贯通。

火巷北尽头为东、西后花园，西后花园设书斋、花厅、轿厅，院落西侧存有宅主构建的防空洞。西园东侧设围墙，墙内中部开设满月汉白玉石细门洞，门洞两侧饰砖细漏窗。过汉白玉门洞即为东后花园；园西北侧设洗浴间，瓷质浴缸；园东南侧为厨房，园东北侧设仓储用房。园内筑有水井，堆叠山石，植石榴、蜡梅。

西路建筑首进房屋天井南侧为南花园，以围墙与住宅相隔，墙上设满月门洞和漏窗。园西南角建一歇山式独角船厅，通过西路首进房屋厢房的门洞，进入西侧船厅；船厅因地形而设，呈南宽北窄之状；经门洞，过船厅南行，过花梨木透雕的落地罩入船厅内。

汪氏小苑的住宅布局规整有序、园林设置因地制宜，建筑风格较好地体现了中国传统的以人为本价值观，为研究清末时期扬州的人文风俗、经济发展和营造工艺提供了宝贵的依据。

4. 历次维修情况

1949 年后，汪氏小苑一直由扬州制花厂租赁。制花厂是一家手工制作妇女头饰的作坊，因无中、大型机械设备，对汪氏小苑的平面布局、建筑构造、门窗装修、地面做法等基本原样保留，使得汪氏小苑成为扬州老城区内保存最完整的传统建筑之一。

2000 年对汪氏小苑进行了瓦望整修和木装修、油漆保养，但并未对房屋的构架、墙体进行加固。2002 年布置汪氏商工史陈列，对外开放。

汪氏小苑的东、中、西三路建筑大部分保存较好，建筑结构基本稳定。但由于结构构造、雨水、风力等多种因素的影响，门厅、东路对厅以及西后花园内花厅、书斋、客厅、轿厅出现了不同程度的损坏，主要险情为木构架和墙体倾斜，已影响到建筑的正常使用和结构安全，急需进行抢险修缮。扬州市公房直管处于 2017 年对汪氏小苑进行了保护性抢修，抢修的房屋共有三处，一是大门厅四间房屋，二是东路建筑的三间对厅，三是西后花园的花厅、客厅、书斋、轿厅，见图 7-2(a) 中阴影部分。

(a) 总平面图

(b) 建筑剖面图

图 7-2　汪氏小苑平、剖面图

第二节　典型建筑的形制与构造

在汪氏小苑抢修工程实施之前，对拟修缮的典型建筑进行了形制与构造的查勘，为"原状保护"提供了依据。

1. 建筑平面尺寸及檐口、地面高度

1) 门厅

门厅坐南朝北，面阔四间，通面阔 12.47 米，进深 3.66 米；东首一间阔 2.12 米，其余三间各阔 3.45 米。

大门位于东起第二间，采用不对称木构架，北檐口高 3.70 米，南檐口高 4.30 米。室内地面比南侧路面低 0.03 米，天井地面负于室内地面 0.13 米。

2) 东路对厅

对厅沿街而筑，位于门厅东侧。对厅坐南朝北，面阔三间，通面阔 10.06 米，进深 3.66 米；其中明间阔 3.70 米，两次间各阔 3.18 米。

对厅也采用不对称木构架，北檐口高 3.70 米，南檐口高 4.30 米。室内地面与天井高差 0.11 米，东路对厅的室内地面比大门厅高 0.27 米。

门厅、东路对厅的平面图、立面图分别参见图 7-3、图 7-4，檐口高度分别参见图 7-8、图 7-9。

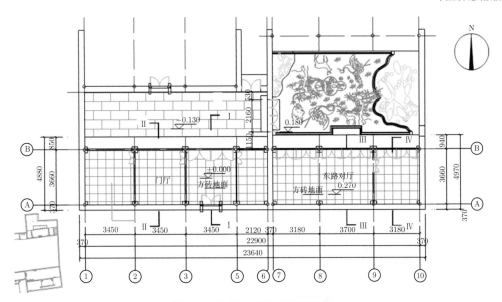

图 7-3　门厅、东路对厅平面图

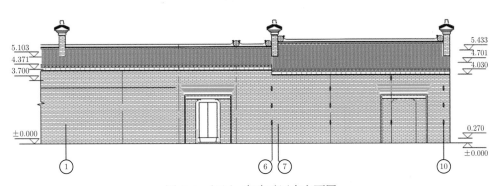

图 7-4　门厅、东路对厅南立面图

3) 西后花园花厅

花厅面阔三间，通面阔 8.34 米，其中明间阔 3.70 米，两次间各阔 2.32 米；通进深 7.70 米，其中南、北檐架各深 1.00 米，两金柱间深 5.70 米。

南、北檐口高均为 3.55 米，室内外高差 0.10 米。

4) 西后花园客厅

客厅面阔二间，北檐与花厅齐平，东一间南檐凹进，采用短廊与花厅的南外廊连接，西一间设厢房与轿厅相连。客厅通面阔 7.30 米，其中东间阔 3.74 米，西间阔 3.56 米；进深 5.70 米。南、北檐口高均为 3.63 米，室内与院落地面高差为 0.10 米。

短廊面阔 2.60 米，深 1.20 米；厢房面阔 2.40 米，进深 1.88 米，檐口同客厅的南檐口齐平。

5) 西后花园书斋

书斋面阔一间，位于花厅东侧，北檐凸出花厅，其面阔和进深分别为 4.30 米和 4.50 米。

室内地面负于厅地面 0.07 米，檐口高 3.66 米。

6) 西后花园轿厅

轿厅共五间，通面阔 14.35 米，北侧两间均阔 2.60 米，南侧三间各阔 3.05 米；进深 1.88 米。

东檐檐口高 2.92 米，西檐檐口高 3.907 米。

花厅、客厅、书斋的平面图、立面图分别参见图 7-5～图 7-7，檐口高度分别参见图 7-10～图 7-14。

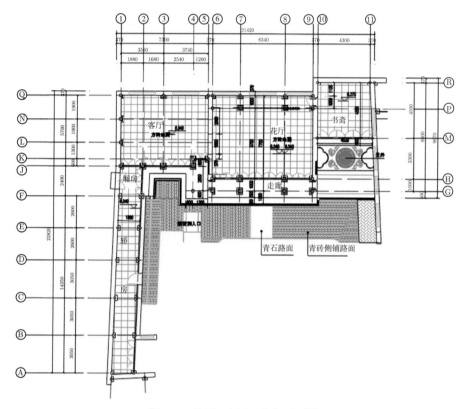

图 7-5　花厅、客厅、书斋平面图

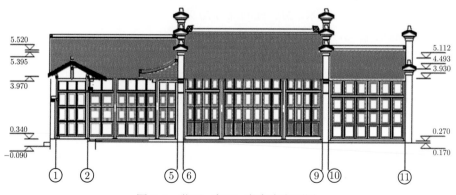

图 7-6　花厅、客厅、书斋南立面图

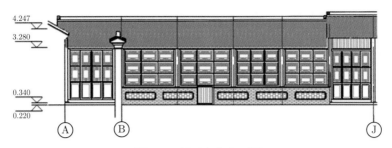

图 7-7　轿厅东北立面图

2. 木构架及木屋架

木构架及木结构全部采用杉木制作,门厅、东路对厅为圆木造,西后花园花厅、客厅为方木造,其余为圆木造,均为清水做法。

1) 门厅

门厅为二柱抬梁式木构架,上承不对称四架梁 (图 7-8)。木构架采用不对称形式,其目的是为了抬高临街的檐口高度,给人一种深宅大院的视觉感,在扬州小盘谷的仪门厅、武当行宫的山门等处均采用此种做法。

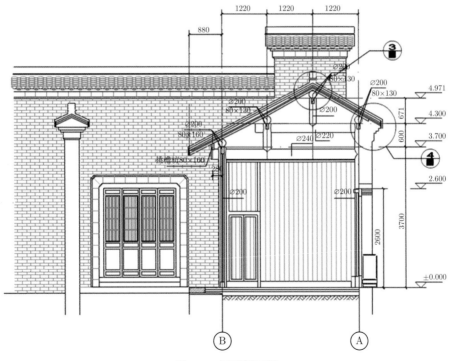

图 7-8　门厅剖面图

纵向木构架在北檐柱顶的桁下施额枋,其余长柱、童柱顶均施桁机,机、枋与柱均为燕尾榫连接。

各柱顶分别承檐、金、脊桁,各间桁条端部设燕尾榫相连接,在桁条端下方留出卯眼与柱头伸出的榫进行结合,另在枋桁结合的跨中留出卯,归安时,安装短榫进行结合,此做法可有效地控制桁条搁置的位置，并将桁条固定，防止发生滚动、位移。

木柱根部施青石石礩，石礩平面为正方形，边长约为两个柱径尺寸，礩内设圆形镜面，镜面稍突出礩面，其目的是减轻地面潮气入侵木柱内。

在各个自然间有分隔装修的柱之间设置木地栿，可供上部安装装修连接之用，又可避免柱受外力冲击时发生位移，起到对木构架体系的稳定作用。

2) 东路对厅

东路对厅横剖面见图 7-9，木构架在横、纵方向的构造形式与门厅一致，不同之处是三间连通不分隔。

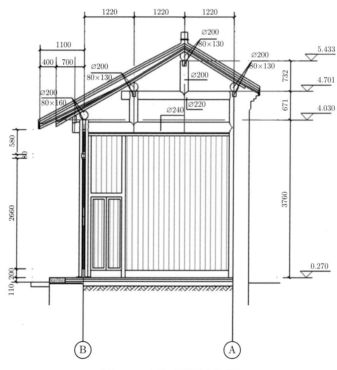

图 7-9　东路对厅横剖面图

3) 西后花园花厅

花厅横剖面见图 7-10。在明、次间各设 4 根方柱，檐、金柱间施方木单步梁，金柱上承 6 节间人字木屋架，纵方向各柱间设檐、金顺枋，榫卯结合。人字木屋架是西方屋面结构的主要构件，采用舶来的人字木屋架来解决室内大空间的难题，已在清末时期的扬州传统建筑中开始推广；但对这种屋架空间刚度的认识尚不够充分，在木屋架之间未设置剪刀撑和水平撑。

4) 西后花园客厅

客厅两山为四柱抬梁式木构架 (图 7-11)，中心轴线上为两檐柱承人字木屋架 (图 7-12)，其构造形式同花厅。客厅前檐东边侧设短廊与花厅外廊相连接，转角处设翼角木构架，与木屋架间未设置剪刀撑、水平撑。

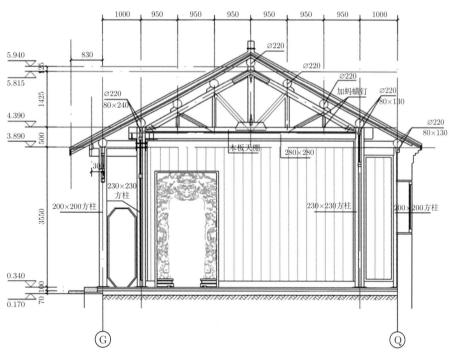

图 7-10　花厅横剖面图

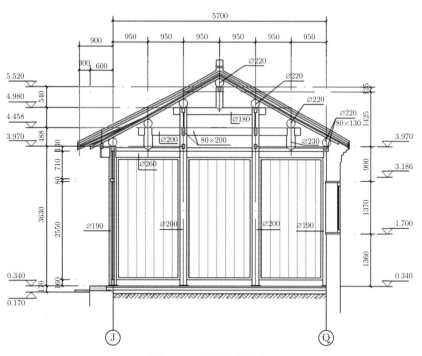

图 7-11　客厅山墙构架

5) 西后花园书斋

书斋为二柱抬梁式木构架 (图 7-13)，上承五桁四椽，檐柱顶承五架梁，梁跨内上施两金童柱，其柱顶承三架梁，梁跨中施金童柱，方木造。

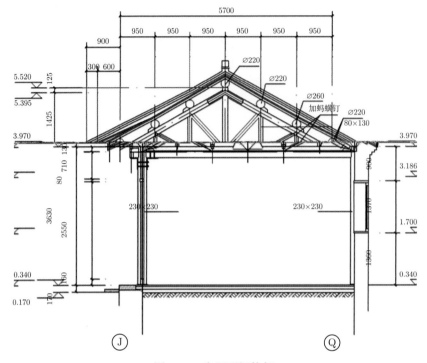

图 7-12 客厅明间构架

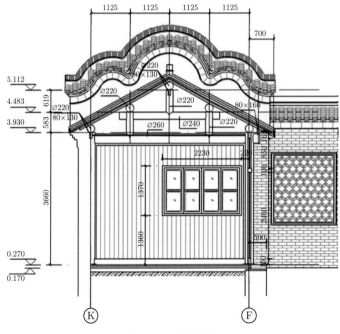

图 7-13 书斋构架

6) 西后花园轿厅

轿厅垂直于厢房,并与之相连通。轿厅采用二柱抬梁式木构架 (图 7-14),单坡形式,上承三桁二椽。

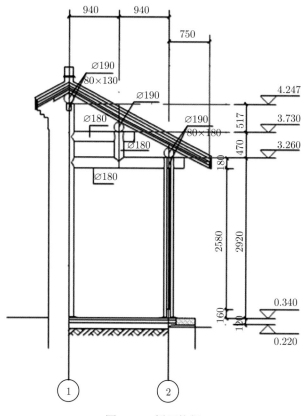

图 7-14　轿厅构架

3. 桁、椽

桁 (檩)、椽均采用杉木材种,桁条为圆截面,椽截面为半圆荷包状。

1) 门厅、东路对厅

门厅、东路对厅均为四桁三椽不对称做法,北檐椽出檐 0.88 米,于抬梁伸出柱外的耍头端设矩形挑檐枋于椽下,南檐为封檐,两山为封山做法。

2) 西后花园花厅、客厅、书斋、轿厅

花厅为九桁、客厅为七桁、书斋为五桁做法,两端封山,北檐封檐,南檐出檐,出檐部位于耍头上设挑檐枋。客厅与花厅走廊连接转角处设翼角,翼角的檐桁为十字刻半榫搭接,上承老角梁和仔角梁,其梁两侧施翼角摔网椽,每侧五尾。轿厅为三桁做法,单坡形式,西檐为封檐,东檐为出檐。

4. 屋面

除轿厅屋面为单坡小青瓦屋面,其余房屋屋面均为双坡小青瓦屋面,脊桁位置上方施一瓦条小青瓦正脊，门厅、东路对厅和花厅正脊的两端饰八边形脊件，其余屋面饰"万全书"脊件。檐口饰花边滴水瓦，瓦屋面由清水望砖、纸筋灰泥基层和底、盖瓦构成。

花厅与客厅转角处的翼角屋面施小青瓦饿脊，与山墙结合处施博脊，与花厅屋面交接处施龙梢及大号小青瓦斜沟。客厅与厢房屋面交接处设小青瓦斜沟。

5. 砖墙及砖细

砖墙厚 0.37 米 (1.5 倍砖长)，实心墙，青砖青灰砌筑，"三顺一丁"隔皮错缝砌筑法，外露墙面清水做法，内墙面为混水墙。

1) 门厅、东路对厅

(1) 山墙

山墙采用硬山做法，墙体出屋面后设独架屏风墙，屏风墙北侧随围墙连为一体，南侧墙体隐去，随屋面坡度铺瓦，其墙顶施双坡瓦顶，瓦顶顶部施一瓦条小青瓦脊，檐口饰花边滴水瓦。瓦顶下施三皮砖挑檐和砖细挂枋、半混线。

(2) 檐墙

檐墙顶部施砖细挑檐、挂枋和线条，做法同屏风墙。

(3) 门楼

门厅于东起第二间留设门洞，设砖细立线门楼，门楼由门垛、立线、额枋和雨搭等构件构成 (图 7-15)。具体构造如下：

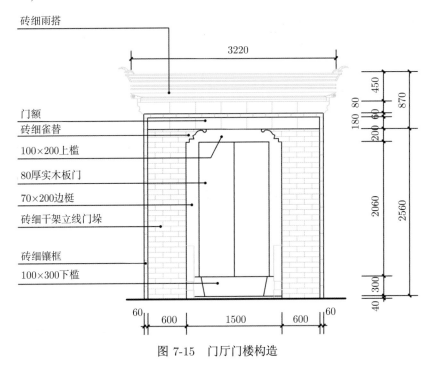

图 7-15　门厅门楼构造

门垛：位于门洞两侧，外层砖经刨、磨加工成型，其砖块呈"楔"形，逐皮砌筑修整，表面砖块间接缝严密，无填充物，黏结的青灰浆填入砖垛的内部，砖垛表面砖细砖块与内部砖墙同步砌筑，并隔皮用铁件将砖垛的内外皮进行拉结，其施工工艺和技术要求极高。

额枋：位于门洞上方，长与两砖垛外包尺寸相等，采用方砖制作，表面素平。以单数分块，额枋顶面用铁件或木栓与墙身连接。门洞上方设置木过门板，额枋和过门板底面同高，故在外立面上将过门板隐去。

立线与镶框：立线位于砖垛外侧，与砖垛齐平；镶框位于额枋顶部，并与额枋齐平。立线和镶框线均钝磨加工，表面素平。

雀替：雀替位于门洞上方两内角，雀替表面素平，共 4 皮高，逐皮挑出，自下而上依次为方线、圆线、皮水和如意头。

砖细雨搭：位于镶框上方，宽度稍长于两砖垛的外包尺寸，砖细雨搭由砖方、雨搭、瓦条线和脊构成，逐层向外挑出，脊的起始端略向上升起。砖细雨搭中的各类构件均为砖细做法。

2) 西后花园内花厅、客厅、书斋、轿厅

(1) 山墙

花厅东、西山墙出屋面后设五架屏风墙，书斋东山墙出屋面后设游山墙，客厅西山墙为尖山式，无博缝。

(2) 檐墙

花厅、客厅、书斋北檐墙及轿厅的西檐墙顶部均施砖细挑檐、挂枋和线条。厢房西檐墙开设门洞，设砖细立线门楼，门楼由门垛、立线、额枋等构件构成。

(3) 八角形门洞及垛头

花厅两山于南廊架内留设八角形门洞，东山门洞顶部施石额，侧壁饰方砖。两山墙的出水垛顶的垛头施砖细挑檐及素面垛头。

(4) 砖细槛墙

轿厅东檐古式支摘窗布置在砖细槛墙上方。砖细槛墙的外立面设向内凹进的八边形的内樘，内樘装饰六角小景，砖细槛墙上方设方砖面层。

6. 地面

1) 门厅及东路对厅

室内地面铺设方砖地面，地面下出处施石阶沿；下出的平出尺寸较大，雨天可供人行走。门厅阶沿采用青石铺设，东路对厅采用汉白玉条石铺设。

门厅外侧的天井采用矩形石板铺设，东路对厅天井为卵石地面，并用瓦片铺成松、鹿、花卉等图案。

2) 西北花园内花厅、客厅、书斋、轿厅

花厅及其客厅和书斋室内铺设方砖，地面下出处铺设青石条阶沿，庭院为侧砖地面。

7. 装修

1) 大门

大门为传统实拼对开大门，由框、扇构成，框由上、下槛和框立梃榫卯结合而成。门扇采用较厚的木板，用串带和竹梢镶拼结合成扇；门扇自带上下转轴，下轴套接球形铁件，与门枕石石窝内的方形铁件结合转动，来开启和闭合门扇；方形铁件又称"豆腐铁"，其中心呈浅半球形凹进，此种结合方式称为"天圆地方"。门内侧在扇的顶端施通间门龙，门龙两端榫入檐柱内,再用铁钉卯在木过门板上;门龙在门宽的位置凿两眼通透圆孔,门扇上轴套入圆孔内。

门的框和扇于外立面满蒙铁皮一层,用大头铁钉固定在门扇上,大头铁钉排列成"连升三级"图案,两门框、立梃下各安装矩形门枕石,门枕石下方伸出部分与下槛中的金刚腿结合,伸出槛内部分用作门扇的下窝。

2) 外檐装修

(1) 门厅

门厅东起第二间为门堂,于外檐安装四扇木屏门,向内开启;屏门扇为二大面做法,两侧设抱柱作为框的立梃,下设下槛,上至顺枋、各屏门扇边侧外敷通长转轴,与上、下窝组成门扇的开闭系统。

除门堂以外的各间外檐均施支摘窗和木槛墙。支摘窗上下共分三层,底层为摘窗,通过铰链可向下开启,采用大风钩固定;中层为支窗,通过铰链向上支撑开启,用木撑固定;上层为固定窗。东起第一间面阔尺寸小,共施九扇,西首两间每间施十二扇。

支摘窗下施木槛墙,墙下设通间木地栿,地栿与支摘窗下槛的空档内施木槛墙。

(2) 东路对厅

明、次间均设置仿古式玻璃长窗,长窗扇上、下施槛,上槛与檐顺枋的空档内设通间玻璃仿古楣窗。长窗为三抹头形式,抹头看面宽度大出立梃宽度许多,中下抹头间设一窗仔,窗仔与抹头之间的空档内角施角牙,镶条与角牙连接,并安装玻璃;中抹头与下抹头间施裙板,裙板浅浮雕卷草图案。长窗扇基本构造与传统形式有较大差异,明间设五扇长窗,中间一扇较宽、稍短,上部设固定玻璃短楣,两侧各两扇长窗均可开启。次间为四扇长窗,中间两扇对开,边侧单开。

(3) 西后花园内花厅、客厅、书斋、轿厅

花厅南檐柱间于顺枋下施通间楣窗。

客厅西一间设五扇玻璃长窗,东一间设六扇长窗,长窗上部为玻璃通间楣窗,长窗四抹头形式,下设裙板,上施仔芯及玻璃档。

厢房设四扇古式长窗,长窗上、下施槛,上槛与檐顺枋的空档内施薄木板。长窗为四抹头形式,样式同客厅。

书斋通间为六扇长窗,上施通间楣窗,构造形式同客厅。

轿房东檐装修为古式长窗和支摘窗两种样式,仔框样式均为奎式。支摘窗做法同门厅,古式长窗同客厅,无楣窗。

3) 内檐装修

花厅南内檐明间为六扇、次间各四扇长窗,四抹头形式,长窗上部为通间楣窗。北内檐明间安装落地罩,由两侧的长窗、横楣、花板组成;长窗为五抹头形式,由绦环板、裙板和冰裂纹芯档组成。长窗下饰须弥座,长窗顶部承横楣,内芯也为冰裂纹做法,次间为飞罩,底面弧状,饰冰裂纹内芯。

4) 分隔装修

(1) 门厅

门厅按自然间进行横向分隔,在前后檐柱内设置木板隔间,并在北檐柱内侧设古式对开

门。木隔间采用杉木薄板为面板，方木楞为横楞，面板单面设置，看面在门厅方向，面板上下分别入槽于顶部横楞和底部地栿内，中部采用铁钉固定在横楞上。对开古式房门由框扇组成，北檐柱内侧设抱柱作为框立梃，另一侧设仔柱边为框梃，两柱间的中上部设短窗横楞为框的上抹头，对开房门嵌入其空档内，房门扇于内边侧设通长转轴，分别作用于上、下窝内，可使门扇向内开启。门扇上方仍为薄板木隔间。

(2) 东路对厅

东路对厅明间与东次间之间采用玻璃长窗分隔，其构造形式同明间的北外檐。

5) 楠木门罩

花厅与客厅共用山墙的中前部设较宽的门洞，门洞内镶金丝楠木透雕落地罩，罩的底部施须弥座，现用钢化玻璃罩全封闭保护。

6) 天棚

天棚为薄板面层天棚，由面板、天棚、楞木、龙筋和吊子组成；天棚略向上起拱，有"饿"天棚之说。本工程中的门厅、东路对厅及西后花园内花厅、客厅、书斋、轿厅的室内均施木板天棚。

7) 护墙板

护墙板由杉木薄板面层和木筋组成，木筋为稍厚的板条，横向间隔固定在砖内侧墙面，面板用铁钉固定在横筋上。除门厅中的门堂外，其余房屋的砖墙内侧面均护墙板。

第三节　损坏状况及病因分析

1. 平面布局

汪氏小苑总体平面布局和单体建筑柱网尺寸均保持建造时的状态，未发现改变现象。

2. 砖墙

1) 门厅、东路对厅

(1) 山墙

西山墙略西倾，墙面凹凸不平，砖块风化较严重，突出屋面的屏风墙老化程度较严重，顶部产生裂缝，由于墙面不平整，已用灰浆进行粉刷。

门厅与东路对厅共用的山墙为混水墙，基本垂直平整。东路对厅的东山墙基本垂直、平整，突出屋面部的粉刷层老化剥落。

(2) 檐墙

南檐砖墙沿街而筑，墙面不规则扭曲、鼓肚、外倾，门厅西侧墙体外倾尺寸较大 (图 7-16)，总倾斜量为 28 厘米，倾斜角度为 3.73°。墙体表面污染较严重，下半截局部风化程度中度偏高。东路对厅立线垜门楼的洞口已用砖块封闭数十年 (图 7-17)。

2) 西后花园花厅、客厅、书斋、轿厅

(1) 山墙

花厅东山墙平整度较好，但整体向西倾斜，总倾斜量 24 厘米，斜角度为 3.87°；西山墙总倾斜量 22.5 厘米，倾斜角度为 3.63° (图 7-18)。客厅西山墙和书斋东山墙局部产生垂直裂

缝 (图 7-19)，且书斋东山墙西倾 15 厘米，倾斜角度 2.35°。受墙体变形影响，八角形门洞方砖侧壁与墙体分离。

图 7-16　门厅西侧墙体外倾

图 7-17　东路对厅门楼洞口封闭

图 7-18　花厅西山墙倾斜

图 7-19　书斋东山墙局部开裂

(2) 檐墙

花厅、书斋及客厅北檐墙略外倾，无明显变形，墙面污染较严重。

受花厅、客厅和书斋山墙西倾的推力作用，轿厅后檐墙体向西倾斜 10 厘米，倾斜角度为 1.96°，轿厅西山墙的表面污染较严重，下半截局部风化程度中度以上。

3. 木构架

1) 门厅及东路对厅

由于木构架为不对称传统形式，前后檐柱呈北低南高状，构架垂心偏南，故向南产生水平推力，使木构架逐年以缓慢的速度南倾；历经一百多年的风吹雨打以及人为破坏等，木构架中的柱子均向南倾斜 24~30 厘米，倾斜角度 3.73°~4°。受木构架倾斜影响，北檐面的木装修不能顺利开闭，门堂的屏门呈自开状态 (图 7-20、图 7-21)。瓦屋面渗漏严重，致使屋面桁条、木椽均发生霉烂现象 (图 7-22~图 7-24)，木板天棚大面积产生水渍霉斑 (图 7-25、图 7-26)，室内墙面的粉刷层腐蚀起泡 (图 7-27、图 7-28)，雨淋挂坠现象普遍。

图 7-20　木装修变形

图 7-21　屏门自开状态

图 7-22　桁椽霉烂 (1)

图 7-23　桁椽霉烂 (2)

图 7-24　桁椽霉烂 (3)

2) 西北花园花厅、客厅、书斋、轿厅

花厅、客厅、书斋、轿厅房屋的木构架连同砖墙向西发生整体倾斜，带动了屋架的倾斜。由于屋架是人字木屋架与中国传统木构架的组合体，人字木屋架间无纵向构件连接，在整体结构刚度和稳定性上与传统木构架存在一定差距。除金柱和檐柱发生倾斜外，人字木屋架也向西发生倾斜，现采用临时支撑进行了加固 (图 7-29、图 7-30)。

木构架及木结构完整，构件齐全，因木构架和山墙发生西倾导致屋面变形，造成屋面渗漏，木结构、桁条和木椽均发生普遍糟朽现象 (图 7-31～图 7-34)。

在花厅、客厅、书斋房屋西倾的推力作用下，轿厅木构架向西倾斜 8～10 厘米，倾斜角度 1.57°～1.96°。引起屋面变形，造成屋面渗漏，出檐糟朽较严重。

图 7-25　木板水渍开裂

图 7-26　天棚水渍霉斑

图 7-27　墙面粉刷层腐蚀

图 7-28　墙面粉刷层腐蚀脱落

图 7-29　屋架临时支撑 (1)

图 7-30　屋架临时支撑 (2)

图 7-31　木椽损坏

图 7-32　木构架上部腐朽

图 7-33　桁条糟朽

图 7-34　木椽糟朽

4. 瓦屋面

小青瓦屋面的瓦含量基本符合要求，屋脊老化，粉刷层脱落，杂草生长密集 (图 7-35、图 7-36)。受墙体和木构架变形影响，瓦屋面普遍渗漏，并影响木基层、木构架和部分装修的材质不断下降，已影响到屋面的正常使用。

图 7-35　屋顶杂草丛生

图 7-36　屋檐杂草垂落

5. 地面

室内方砖地面平整、完整，下出处的石阶沿平整、完整，保存较好，部分方砖地面失落，被改为水泥地面 (图 7-37)。

东路对厅天井地面为卵石地面，并用瓦片镶嵌出松、鹿、花卉等图案；因天井地面基层不均匀沉降导致卵石面层不稳定，发生开裂现象 (图 7-38)；因游客较多，对卵石面层的磨损加重，导致卵石、瓦片松动、剥落。其余天井地面均平整、完整，无较大变形。

图 7-37　室内水泥地面

图 7-38　室外瓦石地面破损

6. 木装修

1) 门厅

(1) 外檐装修

屏门、支摘窗和大门保存得基本完好，但屏门的下槛腐朽程度较严重。受墙体、构架倾斜变形影响，开启不灵活，出现自开自闭现象。

(2) 分隔装修

木板隔间基本完整，房门扇在位；受屋面渗漏影响，地栿、面板普遍出现糟朽现象。

(3) 天棚

薄板天棚基本完整，其骨架和面板大面积发生霉烂现象，部分天棚变形，面板脱落。

(4) 护墙板

护墙板基本在位，面板霉烂现象普遍、严重，并出现变形现象。

2) 东路对厅

(1) 外檐装修

外檐装修基本完整，长窗下槛糟朽，扇开启不灵活。

(2) 分隔装修

分隔装修基本完整，除下槛出现中度糟朽外，门扇保存较好。

(3) 天棚

薄板天棚完整，基本平整，表面水渍、霉斑普遍 (图 7-39)。

(4) 护墙板

护墙板基本完整，表面出现打崩现象 (图 7-40)，板面部平整，板块变形较大。

图 7-39　天棚水渍霉斑

图 7-40　护墙板变形

3) 西后花园花厅、客厅、书斋、轿厅

(1) 内、外檐装修

内外檐的长窗、楣窗均在位，受墙体、构架变形影响，长窗开启不灵活；北内檐的飞罩、落地罩保存完整。

(2) 楠木罩

共用山墙上楠木双面透雕门罩保存较好，已用钢化玻璃罩封闭保护。

(3) 天棚

薄板天棚表面不平整，表面水渍普遍，部分发生糟朽 (图 7-41)。

(4) 护墙板

护墙板基本在位，腐烂、糟朽现象较严重 (图 7-42)。

图 7-41　天棚糟朽

图 7-42　护墙板腐烂

7. 房屋倾斜原因分析

1) 中路门厅、东路对厅

中路门厅和东路对厅构架与墙体横向倾斜，现对倾斜原因分析如下。

(1) 木构架偏心影响

此两处房屋联排布置，共 7 间，均采用传统砖木结构，木构架为二柱抬梁式；全跨共三架椽，屋面为不对称双坡形式，即北坡两架椽，南坡一架椽，屋脊偏于南侧。该类型木构架的中心偏南，故构架受力后产生向南的水平推力；传统木构架的榫卯结合为柔性节点，木构架抵抗变形的刚度较小，在水平推力作用下易于倾斜变形。

(2) 砖墙构造因素

北檐墙发生南倾，一是受构架变形影响；二是墙体自身的构造问题。

传统建筑中构架与墙体间采用铁墙扒连接，可视为构架与墙体共同工作；墙内设 2~3 道墙胆 (即顺墙木)，类似现代建筑中的圈梁；墙胆与柱连接嵌入墙内，形成一个整体，所以构架发生变形，檐墙也随之发生变形。墙体除发生外倾外，还出现了局部鼓肚现象，这是墙体石灰浆强度较低的原因。

(3) 环境因素

门厅、对厅沿街而建，道路车辆行走引起的振动对地基产生一定影响；雨季地面排水不畅，积水后侵蚀地基；台风季节，风压值较大对房屋变形也有一定的影响。

(4) 结论

从以上的调查分析可以看出，引起木构架和墙体产生倾斜的因素是多方面的。从客观上讲，这种倾斜运动速度相当缓慢；从建房到现在已有百年历史，近几年来倾斜速度加快，表现在瓦屋面屡修屡漏，不断变化；现墙体倾斜度已经接近临界点，为防止突发坍塌事故，急需进行排险抢修。

2) 花厅、客厅、书斋等建筑

与中路门厅和东路对厅横向倾斜不同，西后花园建筑发生的是纵向倾斜，原因分析如下。

(1) 结构构造的缺陷

花厅采用人字木屋架和传统中式木构架的组合，客厅全部采用人字木屋架，其余建筑为中式木构架。山墙和檐墙为围护结构。

花厅和客厅屋面部分主要受力结构为人字木屋架。人字木屋架技术由西方舶来，在 100 多年前制作的人字木屋架只是在构造形式上进行模仿，而未能按上、下弦和柱子的中心线三线汇交，形成了偏心受压，在力的传递方面存在一定的缺陷。人字木屋架依靠木柱支撑，在下弦与柱结合处形成一个铰，这是上部结构易发生变形的原因之一；通常做法是在人字木屋架支座处设置锚固螺栓，将木屋架与支座连为一体，以加强上下整体性，而汪氏小苑建筑中的木屋架，与支承木柱结合处并无铁件加固。其二是相邻木屋架之间无支撑连接，屋面易发生纵向变形；一般做法是相邻自然间分别安装剪刀撑和水平支撑，以提高木屋架组成的空间结构体系的刚度和稳定性。以上两点是木屋架变形、西倾的主要原因。

(2) 地势与环境因素

随着人字木屋架发生倾斜，与木结构共同工作的山墙也随之倾斜。墙体发生倾斜除受木结构的影响，还与地势和自然因素相关；该处房屋自然地面呈东高西低的走势，其中，花厅东山墙出现垂直裂缝，还受到基础不均匀沉降的影响；此外，雨季和台风季节等自然因素的影响，也是导致房屋结构发生歪闪的因素。

第四节 修缮工艺及技术要求

1. 修缮原则、依据及方案

本次抢修工程应遵循《中华人民共和国文物保护法》"不改变文物原状的原则"，力争按照"原有形制、原有结构、原有材料、原有工艺"进行修复，全面保存延续文物建筑的真实历史信息和价值。

工程修缮的依据如下：①现存房屋的平面布局、墙体、屋面、构架、装修及地坪的形制、造型风格、工艺以及用材质地作为修缮主要依据。②依据于历史文献的记载。③依据于现场查勘获得的建筑信息。④依据于现场查勘、测绘的房屋现状图纸和数据，包括各进房屋的面阔、进深、檐高、柱网尺寸和主要构件的截面尺寸，以及各房屋木构架形式和构造尺寸，建筑细部构造形式和各种古式门窗详图。⑤本次查勘获得的房屋残损情况。

修缮的重点建筑为中路门厅、东路对厅和西后花园花厅、客厅、书斋、轿厅。修缮方案将针对构架和墙体倾斜、屋面长期渗漏、结构和装修损坏的状况，采用"瓦望落地不落架"的大修方法，排除险情，保证房屋安全使用，并通过整体装修工艺，提高建筑的美观性、延长使用寿命。各分部工程的修缮内容见表 7-1。

表 7-1　汪氏小苑修缮表

分部工程	分项工程	修缮内容	备注
门厅、东路对厅	屋面	瓦望落地翻盖、做脊	
	墙体	整修东、西山墙、屏风墙；拆砌南檐墙，门楼牮正	
	木构架	牮正构架；添换檐椽、飞椽；拆换部分梁、柱；墩接柱脚	
	木装修	整修大门、屏门、支摘窗、木板隔墙、天棚、护墙板	
	地面	恢复室内方砖地面；修整东路对厅天井地面地幔	
西北花园花厅、客厅、书斋、轿厅	屋面	瓦望落地翻盖、做脊	
	墙体	拆砌花厅东、西山墙；书斋东山墙；修整客厅、轿厅西山墙；清理北檐墙	
	木构架	牮正木构架及人字木屋架；添换檐椽、飞椽；拆换部分梁、柱	
	木装修	整修门窗、木板隔墙、天棚、护墙板	
	地面	恢复室内方砖地面；整修室外青砖地面	

2. 大木构架发平牮正

1) 花厅、客厅木构架牮正

花厅、客厅原木构架东西向倾斜 20 厘米左右，拆除小瓦屋面、木装修及花厅东西山墙后，对倾斜木构架进行牮正。

因原书斋木桁条直接搁置在花厅东山墙上，现花厅东山墙拆除后，屋面桁条失去支撑点，需要临时制作木柱进行支撑，并加设剪刀撑、斜撑固定，防止书斋木构架倒塌。

花厅、客厅木构架牮正的准备工作如下：①根据柱网的分布，用钢管搭设牮正脚手架。②在每榀木构架上设置 3 组花篮螺栓，牵引拉正木构架；花篮螺栓一端固定中柱或下金桁下的柱头，另一端固定在地面的桩锚上。③在每根柱顶部挂上纵横两个方向的垂线，并将柱的中心线对准磉面十字中心线。

准备工作完成后开始牮正木构架。牮正的程序如下：①首先将每组花篮螺栓一一收紧，使之同时处于初受力状态；同步缓缓将每根柱拉正，避免一次将一根拉正后，再拉第二根柱。②每根柱均扶正后，用准备好的斜撑、水平撑、抛撑和剪刀撑固定木构架，防止木构架回弹变形。③木柱拨正后，需用铁锅碎片将柱底的空隙填满刹紧。④在屋面工程结束之前，派专人检查柱的垂直度，如发现跑偏应及时修正。⑤屋面工程结束后再卸去牮正螺栓、抛撑。

2) 门厅木构架牮正

门厅木构架牮正方法与花厅、客厅牮正方法相同，不同之处是花厅、客厅为东西向牮正，门厅为南北向牮正。

3. 人字木屋架的修理和加固

花厅、客厅的木屋架由人字木结构和木柱组合而成。屋面荷载卸除后，对人字木屋架各个节点进行检查，发现变形，需要采用铁（木）夹板对其进行加固。加固详图见图 7-43。

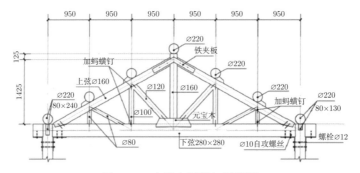

图 7-43　人字木屋架加固详图

牮正木结构时，除木柱拨正外，还需将人字木屋架扶正，达到竖向、水平和斜向三条轴线在一个平面之内。

为防止人字木屋架修整后再发生倾斜，在各间增设水平撑或剪刀撑（图 7-44），将相邻屋架连为一体，增强木屋架体系的整体刚度。图 7-45 为人字木屋架平面整体加固示意图。

图 7-44　架设剪刀撑

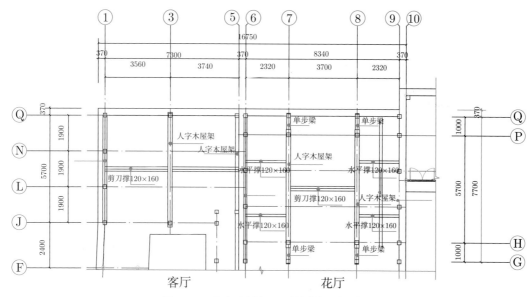

图 7-45　人字木屋架平面整体加固示意图

4. 砖墙与砖细修缮

1) 墙体拆砌

木构架在发平、牮正后,柱与墙体出现分离的情况,需对墙体进行局部拆砌。拆除墙体时,最大限度地保留底部较完好的墙体,由上而下画定拆除线,并对原墙尺寸及砌筑手法进行记录。对予以保留的接槎段,应仔细剔灰、抽出砖块、拆除墙身。拆除下的旧砖,如可继续使用,应进行剔灰备用。墙体砌筑时,其砖块组合方式、灰缝大小、墙体的厚度和墙的外形、尺寸均应与原墙一致。门厅南墙的拆砌施工照片见图 7-46。

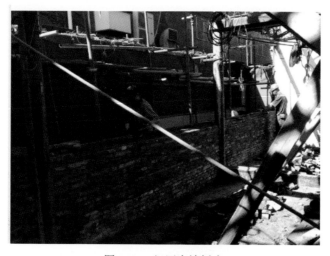

图 7-46　门厅南墙拆砌

2) 门厅砖细门楼牮正

门厅的砖细干架立线垛门楼向南倾斜 10 厘米左右，拆除门楼两侧和顶部的墙体后，对倾斜门楼进行牮正，具体方法如下：①在门楼两侧墙垛南北两面用通长木板、木枋和粗铁丝将墙垛固定。②在门楼北面的两侧墙垛上各设置一组花篮螺栓，牵引拉正门楼。③门楼牮正时，将每组花篮螺栓一一收紧，同步缓缓将两侧墙垛拉正。④两侧墙垛均扶正后，用斜撑固定住门楼，防止门楼回弹；然后，用铁锅碎片将墙底的空隙填满刹紧。⑤门楼牮正后，砌筑两侧和顶部的墙体、砖细雨搭；待墙体达到规定强度之后，拆除斜撑和花篮螺栓。

图 7-47 为立线垛门楼牮正施工中的照片。

图 7-47　立线垛门楼牮正施工

3) 门套

花厅八边形门的方砖侧壁与墙体分离，砌筑墙体时，按原样恢复。

5. 瓦屋面修缮

1) 铺设望砖

本次抢修范围内的房屋均设置天棚，望砖为糙望。望砖从檐口椽头里口木的内侧向屋脊方向逐行铺设，当望砖铺设至上部桁条位置时，应安装勒望条防止望砖下滑后挤压打崩。

望砖铺设后，在望砖上表面铺抹 30~70 毫米厚纸筋灰泥浆一层，需拍平压实成型；灰泥浆表面应平整，曲线应一致圆滑。

2) 筑脊

本工程小青瓦屋面均为一瓦条脊。

筑脊时，先找出屋脊中轴线；根据脊的宽度，引出脊边线；带线砌筑脊胎，并将每行 3 片盖瓦的脑瓦嵌入脊胎内；脑瓦的间距均匀一致，坡度与屋面坡度保持一致，且为奇数，应符合实际铺瓦的行数和行距。然后在脊胎上砌筑瓦条，在瓦条上站立小青瓦；站立小青瓦时，先从屋脊中心开始，凸弧面相对向两侧架设，在脊的端头安装砖细脊件。

门厅和东路对厅、花厅正脊的两端饰八边形脊件，其余屋面饰"万全书"脊件。

花厅与客厅转角处的翼角屋面施小青瓦戗脊，与山墙结合处施博脊。戗脊为实砌脊，博脊采用花砖构筑。

3) 铺瓦

屋面采用小青瓦铺设，底瓦采用大号小青瓦，盖瓦采用原房拆卸下的旧小青瓦铺设。铺瓦前先在檐口处，根据脑瓦的行数和距离画出相应的盖瓦标志，根据标志从房屋的一端逐行铺设底瓦和盖瓦。

铺瓦采用传统工艺，用灰泥抹基层，挑灰盖瓦；安装底瓦时，还需用碎瓦片将底瓦窝牢窝实。底瓦安装必须端正，上下搭外露长度不大于瓦长的1/3，盖瓦排列应紧密、端正，其外露长度以1~2指宽为宜，相邻瓦行间距宜在5~7厘米。

屋面瓦铺盖后，其盖瓦一侧的边缘应整齐顺直，盖瓦的顶部曲线应圆滑无起伏感。

6. 地面整修

1) 室内方砖地面

拆除现存的水泥地面，将基层降到合适的高度；原土夯实，铺筑一步三七灰土，底泥为3:7的白灰黄土；然后铺设方砖面层，砖块之间的侧缝采用油灰嵌镶，缝口宽度宜在0.5毫米左右。

铺设方砖面层时，应按原地面正铺形式进行铺设。铺设后，方砖须稳固，表面应平整、清洁，接缝宽度应一致。铺设结束后，自然养护7天，禁止人员走动或堆放货物，避免划伤和污染地面。

2) 天井地面

东路对厅天井的卵石地面需进行修补，可沿裂缝两侧各30厘米划开破损地面，按原工艺特点恢复破损地面。恢复时应注意保持原有纹饰和工艺特点。

7. 排水系统修缮

汪氏小苑内的房屋屋面采用有组织排水形式。雨水由瓦屋面排向铁皮檐沟，经落水管排向沟头，汇集后排向地下管道内，通过地下管道排进市政管网内。

花园内的地面设置砖细明沟及沟头，同样将雨水排入市政管网内，现排水设施状态良好，雨天无积水现象。

本次修缮后的排水系统见图7-48。

N

客厅　花厅　书斋　浴室　仓储

东后花园

轿　西后花园

厅　天井　廊房

天井　厨房

住宅

住宅　住宅

住宅

住宅　住宅

住宅

图例：
■ 沟头
■■ 排水管道
■■ 砖细明沟

秋嫮轩　树德堂　春晖室

花园

花园　门厅　东路对厅

船厅

图 7-48　排水系统修缮图

第五节　典型建筑修缮前后对比照片

汪氏小苑抢修工程自 2017 年 6 月 16 日开始，至 2017 年 9 月 24 日结束。工程严格按照修缮方案实施，保质保量地完成了任务。图 7-49~图 7-58 为主要工程项目修缮前后的对比照片。

(a) 修缮前　　　　　　　　　　(b) 修缮后

图 7-49　门厅大门

(a) 修缮前　　　　　　　　　　(b) 修缮后

图 7-50　门厅屋架

(a) 修缮前　　　　　　　　　　(b) 修缮后

图 7-51　屋面

(a) 修缮前　　　　　　　　　　　(b) 修缮后

图 7-52　檐墙

(a) 修缮前　　　　　　　　　　　(b) 修缮后

图 7-53　屋檐

(a) 修缮前　　　　　　　　　　　(b) 修缮后

图 7-54　花园地面

(a) 修缮前 　　　　　　　　　(b) 修缮后

图 7-55　门洞

(a) 修缮前 　　　　　　　　　(b) 修缮后

图 7-56　轿厅

(a) 修缮前 　　　　　　　　　(b) 修缮后

图 7-57　花厅西山墙

(a) 修缮前　　　　　　　　　　　　(b) 修缮后

图 7-58　书斋东山墙

第八章

周扶九盐商住宅的修缮保护

第一节 周扶九盐商住宅的建筑概况

1. 地理位置及保护范围

盐商周扶九住宅（以下简称"周宅"）位于扬州老城区广陵路南侧青莲巷 19 号（图 8-1）。住宅保护范围：东侧为青莲巷，南侧为苏唱街，西侧与民居毗连，北侧为广陵路。

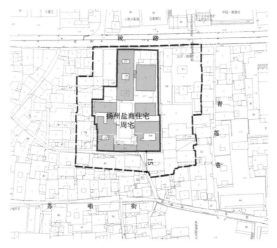

图 8-1　地理位置及保护范围

2. 历史沿革

周扶九（1831~1920 年）又名鹍鹏，字泽鹏，号凌云，江西吉安庐陵县（吉安县）高塘乡人；初始在湖南一钱庄做学徒，后自经营盐业得到发展，并逐步在金融、房地产、纺织业拓展实业，在扬州及其他多个城市经营 10 多家盐号、钱庄、商店、公司和工厂，有"江南盐业领袖"之称。辛亥革命后迁居上海，曾捐助孙中山"二次革命"军饷 30 万两白银。

周宅建于清代末期，为传统宅院与西洋别墅结合的住宅群，宅中两幢洋楼是他经商巅峰时期耗费巨资兴建。中华人民共和国成立后周宅为直管公房，由扬州邮电局使用，最初作为办公用房，后改为职工宿舍，现用作居民住宅。周宅于 2006 年 6 月被公布为江苏省文物保护单位。

3. 建筑概述

周宅占地面积 3093 平方米、建筑面积 2563 平方米，由东、中、西三路房屋组成(图 8-2)。东路共有四进房屋，自南向北排列；南起一、二进为面阔五间的二层砖木结构主屋，

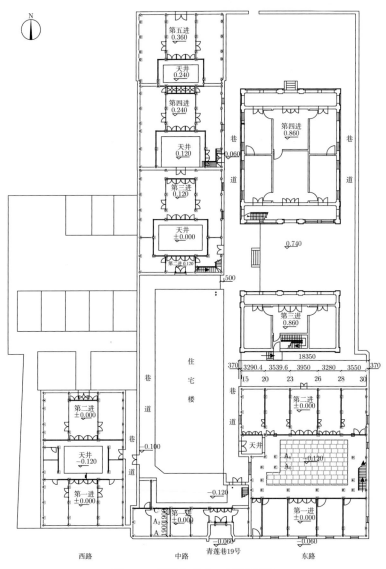

图 8-2　周扶九住宅一层平面图

两侧各二开间厢房,中部为天井;主屋、厢房在二层设回廊贯通,西廊北半部较东廊深,在其中部略偏南处廊面内收,突出部分类似看台,可观其院落内景色。第三、四进为洋式小楼,面阔各为三间,砖混结构,墙体采用红、青砖砌筑,门窗洞为拱券式,屋面铺设洋瓦;两幢洋楼相互对应,造型和风格相似,仿佛是一雌一雄,如鸳鸯一前一后,被称为"鸳鸯楼"。

中路原为七进,现存五进,均为二层砖木结构房屋,与东路房屋火巷相隔。首进房共五间二厢,东起第二间设门堂通往内部,东厢北山墙开设仪门通往火巷。第二、三进为六间四厢对合形式,中部为天井,对合房和主房的明间开设大门,是进入该进房和后进房之间的通道;对合房的东次间为楼梯间,底层设侧门通往火巷。主房二层东次间的后檐墙上设门洞,通往后进房的二层。第四进三间四厢形式,前中部为天井,东厢南一间底层设对开门通往火巷,二层与南进后檐门洞相通。东侧北厢房在东檐墙设门洞,通过火巷上方的过街楼进入北洋楼的二层。第五进为三间二厢形式,底层明间开设后门通往广陵路。二层东厢山墙上留置门洞可出入前进房。

西路现仅存六间二厢砖木结构对合房,其余房均被改建为砖混结构现代房屋。六间二厢房屋是周宅内唯一的一层建筑。

4. 历次维修情况

查询周宅档案,较大的维修工程无记载;从房屋现状上来分析,除部分房屋装修地面发生改变外,构架、屋面均为原状;从房屋残损和质量上来看,历史上应未进行过较大的修缮活动。东路第一、二进修缮工程自 2012 年 12 月 25 日开始,至 2013 年 4 月 30 日竣工。

第二节　典型建筑的形制与构造

1. 东路房屋

1) 建筑形制

(1) 第一、二进房屋

第一、二进房屋相对独立,中部天井相隔,天井两侧厢房连接,组成一个独立的空间体系 (图 8-3),较大的天井给前后进房提供了充足的通风和采光。院落内建筑均为传统硬山做法,唯西厢南侧屋面为半歇山式,设一翘角,在立面造型上增加了活力。

首进房五间通面阔 16.22 米,其中明间阔 4.10 米,两次间各阔 3.71 米,东西梢间分别阔 3.25 米和 1.45 米;通进深 6.30 米,其南、北檐架分别深 1.05 米和 1.15 米,两金柱间深 4.10 米。

北进房五间通面阔 17.61 米,其中明间阔 3.95 米,东、西间分别阔 3.28 米和 3.54 米,东西梢间分别阔 3.55 米和 3.29 米;通进深 6.30 米,其中前、后檐架各深 1.05 米,两金柱间深 4.20 米。

正房、厢房层高均为 3.64 米 (图 8-4)。第一进房屋南檐高 6.82 米,北檐高 6.64 米;第二进房屋南檐高 6.64 米,北檐高 6.78 米 (图 8-5);东、西厢檐高均为 6.64 米 (图 8-6)。

(2) 第三、四进房屋 (洋楼)

在清代末期,扬州的商宦开始兴建洋楼,这些洋楼具有以下特征:①采用纵横墙承重方案。②内部无柱或少柱,具有较大的室内空间。③外墙为清水墙,设附墙壁柱,墙体多为红

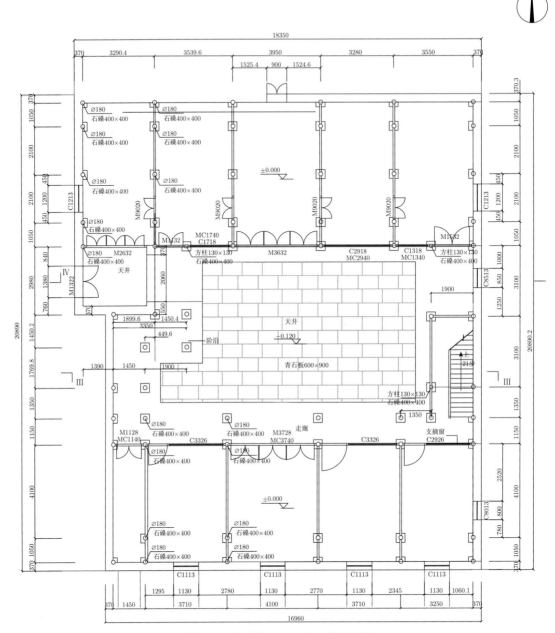

图 8-3　东路第一、二进一层平面图

砖砌筑，或青砖墙面内夹红砖水平带；门窗洞顶部为半圆或梳背砖券，其实心砖表面凸出于券表面，券支座处饰砖细柱帽。砌筑砖块均用细砂加工磨平。④室内地面为架空式木地板，地板下的空间尺寸较大，并在外墙上留设通风透气孔。地板一般采用柳桉木加工成单块宽度较小、长条状的板块，边缝做企口，拼合安装而成。⑤屋面为红平瓦屋面，四坡水形式，四周出檐或封檐；瓦屋面以下为屋面木结构，采用花旗松人字木屋架，正间为等腰三角形式木屋架，山面为半三角形屋架,转角为马尾屋架,半屋架和马尾屋架均用铁件与正身木屋架进行连接。由于当时的建造技术不发达,木屋架形式尚不够规范,故屋架的上下弦用材截面尺寸均偏大许多。⑥内部分隔:底层一般采用砖墙分隔,楼层采用双面灰板条墙分隔。⑦门扇:均为平开形式,每樘扇数由宽度决定,一般为单层门窗,考究的做法为增加一层活动百页门窗。窗部分安装彩色玻璃。⑧粉饰:室内灰板条天棚和轻质墙采用纸筋灰粉刷,天棚边缘饰石膏阴角线,吊灯、吊扇处均饰圆形石膏线。

第三、四进房屋均为二层砖混结构房屋,砖墙承重,第三进为四坡水屋面,第四进为四坡歇山屋面。两进之间为天井,房屋西山墙外侧为火巷。

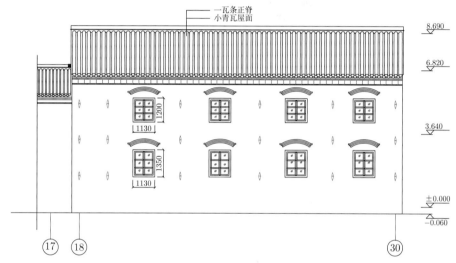

图 8-4 东路第一、二进南立面图

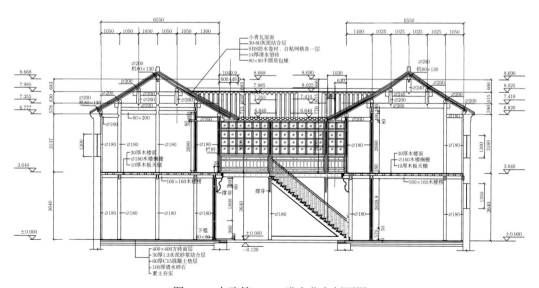

图 8-5 东路第一、二进南北向剖面图

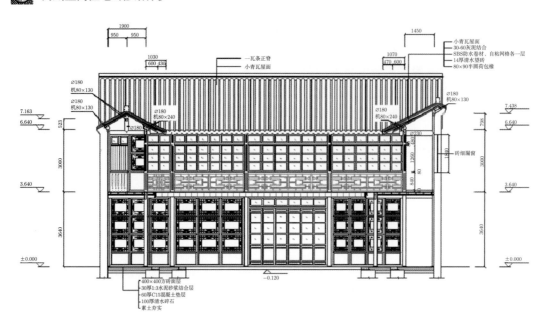

图 8-6　东路第一、二进东西向剖面图

第三进房屋三间通面阔 13.40 米 (图 8-7)，其中明间阔 5.16 米，两次间各阔 4.12 米；通进深 7.76 米，其中北廊深 1.64 米，楼梯间 2.27 米。

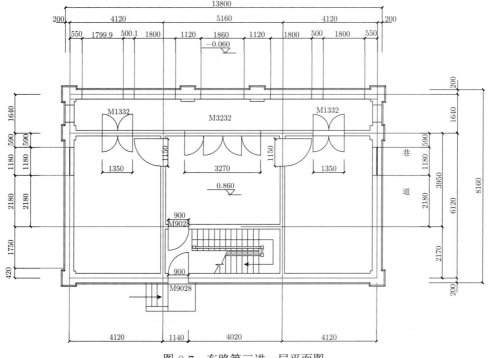

图 8-7　东路第三进一层平面图

第四进房屋三间通面阔 13.40 米 (图 8-8)，其中明间阔 5.16 米，两次间各阔 4.12 米；通进深 17.81 米，其中南廊深 2.40 米，北廊深 2.23 米。檐口以上局部设假三层，假三层中部阔

4.27 米，南北两端均阔 2.03 米，总深 14.53 米。

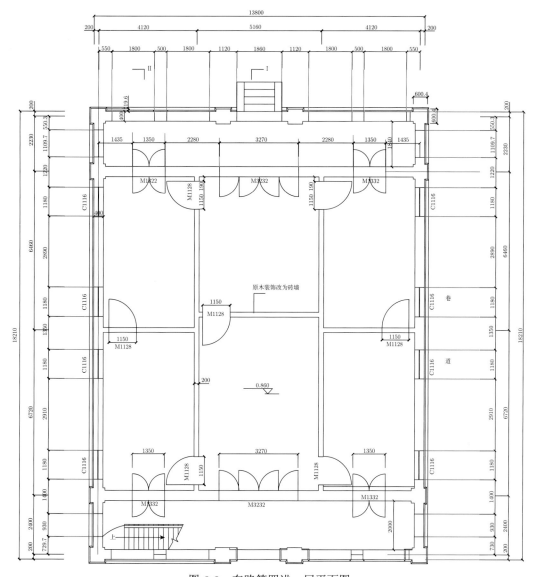

图 8-8 东路第四进一层平面图

第三、四进房屋层高均为 4.13 米，檐高均为 8.03 米，假三层高度沿屋面坡度设置（图 8-9、图 8-10）。

2）木构架及木结构

（1）第一、二进房屋

①木构架。木构架为传统民居形式（图 8-5、图 8-6）。主屋明间为四柱抬梁式木构架，次、梢间为五柱立帖式木构架，上承七桁六椽；厢房为二柱抬梁式木构架，上承三桁二椽。西厢北间进深越过梢间进入次间，南端在平面上形成一个阳角，此处的木构架为"一步三拔檐"。

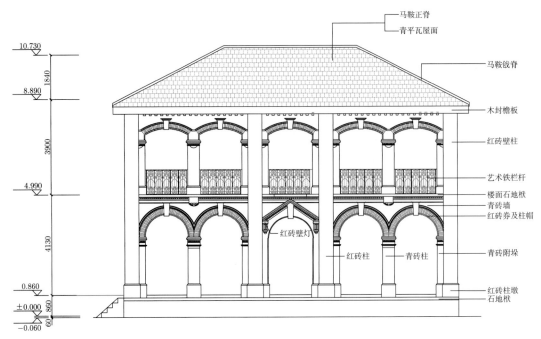

图 8-9　东路第三进北立面图

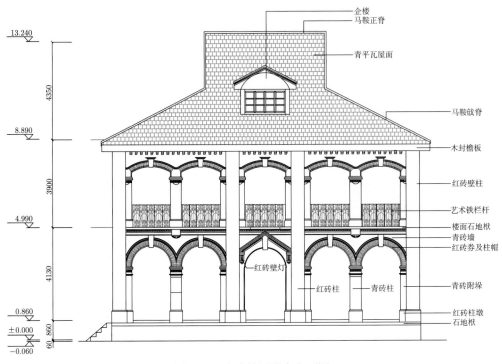

图 8-10　东路第四进南立面图

　　一步三拔檐做法是用于歇山式屋面建筑的一种结构形式 (图 8-11)，位于建筑的转角处，由一根角檐柱、一根檐面檐柱、一根山面檐柱和一根次间步 (金) 柱组成，山、檐面檐柱顶施

步梁与次间步 (金) 柱正向连接，角檐柱顶施斜向步梁与次间步 (金) 柱斜向连接，即在一个步架内由正、斜向三根步梁交于一点与步 (金) 柱连接，故称 "一步三拔檐"。此种构造方式既满足翼角处的檐桁、下金桁转角构造要求，也使转角的结构更加稳定。

图 8-11　"一步三拔檐" 构造

　　第二进的南檐柱和东厢的西檐柱均为断柱做法，即一层柱至楼面板下，二层柱沿进深方向向外侧平移，柱底用榫卯固定在由楼楞伸出檐柱外侧的耍头上。在房屋的面阔方向，檐、步 (金) 和脊桁下均设桁机分别连接于柱头，步 (金) 柱间设顺枋连接于柱。

　　②木楼面。由木楼板、木楼搁栅和木楼楞组成，木楼楞按房屋进深方向设置，并用榫卯连接于檐、步 (金) 柱和中柱；木楼搁栅搁置在木楼楞上，木楼板平铺在木楼搁栅上。在临天井方向，伸出檐柱外侧耍头端头施台口枋，台口枋外侧立面饰砖细台口板；耍头上部铺设的木楼板挑出砖细台口板的外侧，耍头下方设木撑牙，以支承耍头。

　　③木桁及木椽。木桁条由檐、步 (金)、中和童柱支承，桁条之间燕尾榫连接，西厢北间的檐、金桁在转角处采用刻半榫十字搭接。

　　正身椽为半圆荷包椽，用钉固定在木桁条上。飞椽为矩形截面，用钉固定在檐椽上。摔网椽为全圆截面，下部用钉固定在檐桁上，上部用钉固定在老角梁上。立脚飞椽用钉固定在摔网椽上。

　　④木楼梯。木楼梯设置在东厢房，由南向北上至二层。木楼梯为明步楼梯形式，由斜梁、踏步板、踢脚板角木挑口线、楼梯立柱和楼梯扶手等构件组成。楼梯立柱和楼梯立杆均为车木，楼梯立杆每步为二根，楼梯望柱上头雕饰卡子花，三角木外侧贴角花。

　　(2) 第三、四进房屋 (洋楼)

　　洋楼为砖木混合结构 (图 8-12、图 8-13)，采用纵横墙承重，无木构架，只有楼面木结构和屋面木结构。

　　①楼面木结构。木楼搁栅直接搁置在纵、横墙上；在走廊处因无横墙，设木楼楞来支承木楼搁栅；木楼板铺设在木楼搁栅上。

　　②屋面木结构。屋面木结构由人字木屋架、半屋架和马尾屋架组成 (图 8-14、图 8-15)。人字木屋架两端搁置在外纵墙的顶部；马尾屋架安装在房屋的四角，呈 45° 与人字木屋架交接；半屋架位于两山，按进深方向将其分为四个自然间。

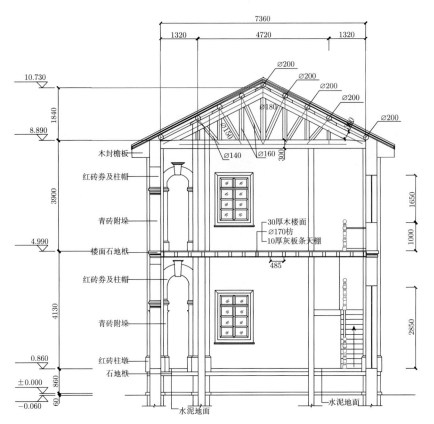

图 8-12　东路第三进剖面图

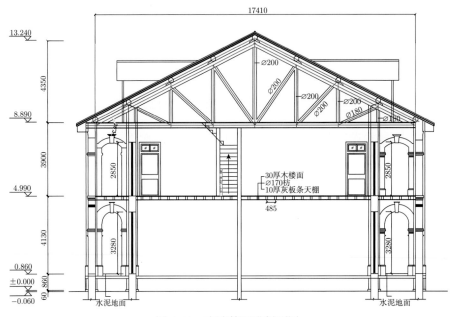

图 8-13　东路第四进剖面图

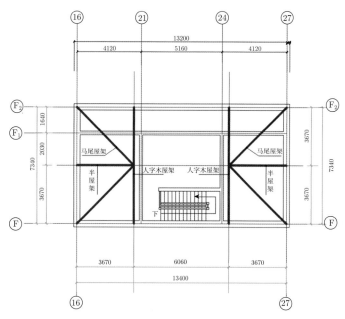

图 8-14　东路第三进屋面木结构平面图

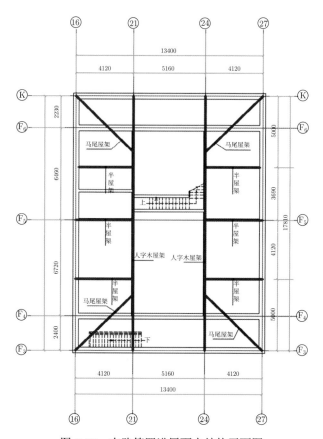

图 8-15　东路第四进屋面木结构平面图

第三进洋楼屋盖为四坡裹山式 (图 8-16)；第四进洋楼屋盖为歇山式 (图 8-17)，在房屋的中部开设企楼。

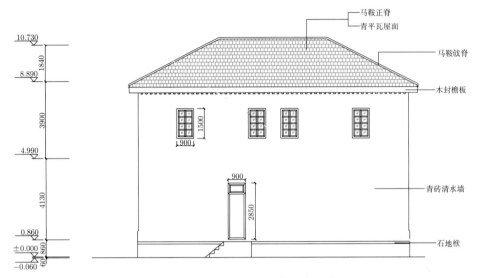

图 8-16　东路第三进四坡裹山式屋盖

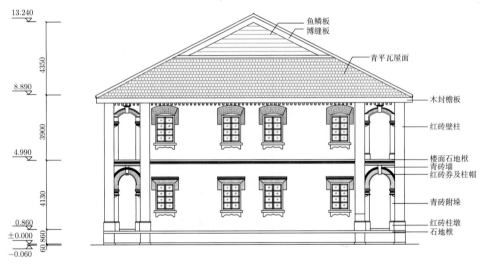

图 8-17　东路第四进歇山式屋盖

③木桁条与木基层。木桁条分为檐面桁条和山面桁条，山面和檐面桁条相交时采用 "十字刻半榫" 连接。

木基层采用木屋面板直接铺钉在木桁条上，木屋面上表面沿木桁条垂直方向安装顺水条，与桁条平行方向安装挂瓦条，供屋面平瓦的铺设。

④木楼梯。第三进房屋楼梯设置在明间南侧的楼梯间。第四进房屋楼梯设置在西次间廊架处，从一层上至二层，上三层企楼的楼梯设置在明间中纵墙的北侧。

3) 砖墙与砖细

(1) 第一、二进房屋

墙体采用旧制青砖砌筑，清水墙面；墙体分为实砌墙和空斗墙两种形式，实砌墙为 "三顺一丁" 砌法，空斗墙为 "单丁三斗一卧" 砌法。嵌入墙的木柱，采用铁墙扒与墙体连接。

①东西山墙及厢房檐墙。山墙为尖山式，顶部不施博缝。厢房檐墙顶部只施砖挑檐，不施挂枋。楼面以下为实砌墙，楼面以上为空斗墙；山墙上在二层开设古式平开窗，每进为二樘，窗洞顶部施 "梳背式" 砖细雨搭。西厢檐墙在北一间的底层留设门洞，可通往火巷；二层开设矩形砖细漏窗，漏窗上方嵌入方砖字匾，字匾阳刻楷书 "紫气东来" 四字。

②南北檐墙。南檐墙与中路前进房的檐墙连成一体，墙体从地面至檐口均为实砌墙，檐口施砖细挑檐及挂枋。一、二层的明间、东次间和东梢间各开古式平开窗一樘，雨搭形式同山墙。

北檐墙的砌筑方式和构造同南檐墙，一、二层的明、次、梢间各开樘窗，形式和雨搭同南檐墙。

(2) 第三、四进房屋 (洋楼)

房屋均为实砌墙，其风格基本一致。室内外地面高差较大，基础墙采用灰白色方整石构筑，基础顶面施石质勒脚线挑出墙面，基础石墙与附墙壁柱均凸出墙面。

①山墙、檐墙。墙体四角和跨中设附墙壁柱，壁柱基部设勒脚，勒脚顶饰枭线，壁柱与墙体等高。檐面由砖柱将面阔方向分为三个自然间。底层明间设门洞，通往楼内，门洞上方设半圆券以承上部传来的荷载，券顶饰类似尖山屋面形式的造型，门洞两侧饰砖壁灯。二层楼面处设灰白色石材的腰线，其下方为枭线、砖枋和圆凹线，其线条贯通于面阔。二层檐口设砖枋，砖枋下为梳背券于两砖柱间。次间设矩形罗马柱，将其又分为两间；边侧于附墙壁柱又附矩形罗马半柱，柱顶施券座，并逐层向外挑出外侧，券座上构梳背券。第四进背立面的造型同正立面，第三进南立面为青砖墙。山墙在廊架附墙壁柱的内侧设矩形罗马柱，柱顶施半圆券，其构造与正立面次间的柱、券相似。

②内墙。内横墙为一砖厚实砌混水墙，将房屋内部分为三个自然间；墙与廊架处的内纵墙或檐墙相交，砖砌内横墙仅为一层，二层为双面灰板条的轻质墙。

第三进房的北廊架处设一砖厚内纵墙，与两山墙相交，明、次间留设门洞，与房间相通；一、二层均设置内纵墙，门洞顶部为梳背券。

第四进房的一、二层前后廊架处均设一砖厚内墙体，明、次间留设门洞，顶部为梳背券。在房屋进深的中部，两次间设纵墙，将自然间分为前后两部分，此墙仅设置在底层。企楼依木屋架内侧，设单、双面灰板条轻质墙进行分隔。

4) 瓦屋面

(1) 第一、二进房屋

房屋均为小青瓦屋面，正房、厢房施一瓦条屋脊，戗角也施一瓦条脊。主屋面及东厢为双坡形式，西厢为单坡形式。厢房与正房屋面正交处设龙梢相连接。屋面面对天井方向均为出檐，其余面为封檐。

(2) 第三、四进房屋 (洋楼)

①第三进房屋。屋面四面均出檐，四落水裹山形式；屋面铺设平瓦，进深中心设正脊，

四角设戗脊，戗脊交于正脊。正脊和戗脊均为马鞍脊。

②第四进房屋。屋面四面均出檐，主屋面为歇山形式；进深中心设正脊，四角设戗脊，交于歇山处；歇山为出山，歇山墙为鱼鳞墙。企楼位于明间中部，东西向披水，屋面出山、出檐。屋面均铺设平瓦，正脊、戗脊均为马鞍脊。

5) 地面

(1) 第一、二进房屋

室内地面均为方砖地面，采用正向方式铺设，地面下出处施青石阶沿。

室外地面 (即天井地面) 采用方整青石板铺设，东西向成行，隔行破花铺设。

(2) 第三、四进房屋 (洋楼)

室内地面在廊架内为水泥地面，其余为架空式木地板地面。

室内外地面高差较大，设台阶过渡。

6) 装修

(1) 第一、二进房屋

①外檐装修。一层外檐不设装修。二层外檐设栏杆及短窗，正房为传统葵式木栏杆，设置在各自然间，栏杆内侧安装活动移板，可装可卸。厢房为车木栏杆，栏杆的外框及横档为传统做法；木栏杆与檐桁之间设古式短窗，每间为六扇。

②内檐装修。底层前、后进明间为六扇古式玻璃长窗，两次间及梢间为古式支摘窗；两厢不设装修。楼上前、后进的明、次间为古式玻璃长窗，梢间为古式支摘窗。

③分隔装修。各自然间的分隔装修均为单面木板隔间。

④天棚。天棚均为木板面层，一层天棚直接安装在木搁栅的底面，二层天棚为吊顶式；设天棚楞木及龙筋，吊筋一端固定在龙筋上，另一端固定在桁条上，木板面层固定在天棚楞木的底部。前、后檐架部位的天棚高度位于檐桁，中间部位的天棚高度位于金桁下。

(2) 第三、四进房屋 (洋楼)

①木门。西式三冒头木门，冒头及扇梃均起线，有四开、对开和单开形式。对开门扇安装活动百叶门，插销为铜质通长式。

②木窗。均为有腰双扇平开窗，摇头扇为独玻，窗扇为八玻形式。

③天棚。一、二层均为灰板条天棚，采用石灰、水泥、麻刀灰浆粉刷，室内天棚四周饰石膏装饰线，吊灯位置饰圆形石膏装饰线。

④铁艺栏杆。主立面的砖柱间和侧立面廊架砖柱间饰铁艺栏杆。

2. 中路房屋

1) 建筑形制

(1) 第一进房屋

第一进房屋共六间二厢，一层平面见图 8-18。东起第二间为门堂，东厢设楼梯，由北向南上至二层，厢房之北为仪门，经小天井通往火巷。主屋六间通面阔 16.15 米，各间阔自东向西依次为 2.25 米、3.28 米、2.54 米、2.88 米、2.70 米、2.50 米；通进深为 3.80 米，其中，前、后檐柱至中柱深均为 1.90 米；东、西厢房分别阔 3.22 米和 3.82 米，深 2.25 米和 2.00 米。

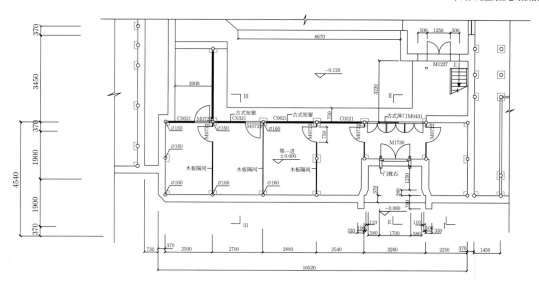

图 8-18　中路第一进一层平面图

第一进房屋的二层楼面高 3.40 米, 前、后檐均高 5.84 米 (图 8-19)。

(2) 第二、三进房屋

第二、三进房屋为三间四厢对合形式, 一层平面见图 8-20。南北檐墙的明间设对开门, 分别为进户门和联系后进房的通道。东侧南厢房开侧门通往火巷, 对合房的南次间为楼梯间, 楼梯由西向东北折上至二层。主屋皆面阔三间, 通面阔 11.40 米, 其中明间阔 4.20 米, 两次间各阔 3.60 米; 对合房深 2.25 米; 主屋通进深 6.80 米, 其中前、后檐架分别深 1.30 米、1.20 米, 前、后步柱至中柱各深 2.15 米; 两侧厢房通面阔 4.97 米, 其中南厢阔 2.52 米, 北厢阔 2.45 米, 两侧厢房进深均为 1.90 米。

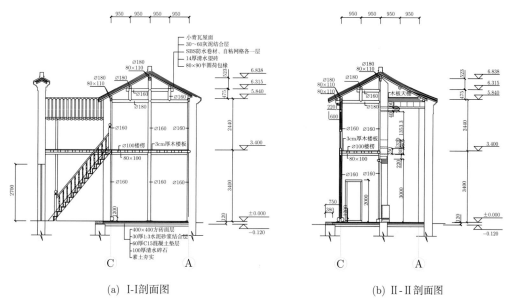

(a) I-I剖面图　　　　　(b) II-II剖面图

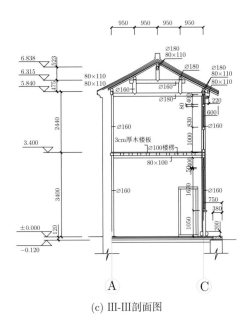

(c) Ⅲ-Ⅲ剖面图

图 8-19 中路第一进剖面图

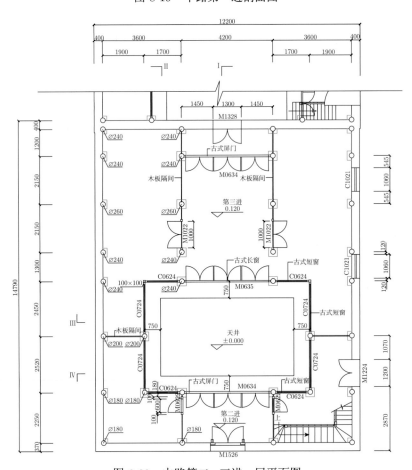

图 8-20 中路第二、三进一层平面图

第二、三进房屋的二层楼面高 3.86 米，对合房、厢房前后檐高均为 6.52 米，主房前檐高 6.52 米，后檐高 6.67 米 (图 8-21)。

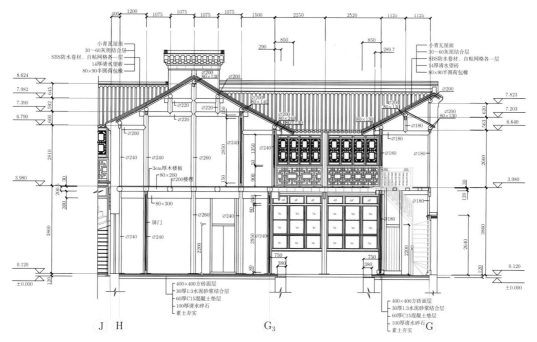

图 8-21　中路第二、三进剖面图

(3) 第四进房屋

第四进房屋位于二、三进房屋之北 (图 8-22)，两侧厢房与前进房毗连，其平面为三间四厢形式；东侧南厢房为楼梯间，向东北折上至二层，其厢房檐墙开侧门通往火巷，明间后檐墙开对开门通往后进房。主屋三间通面阔 11.40 米，其中明间阔 4.20 米，两次间各阔 3.60 米，通进深 6.15 米，其中前、后檐架分别深 1.05 米和 1.00 米，步柱至中柱深 2.05 米；厢房通面阔 4.95 米，其中南厢阔 2.50 米，北厢阔 2.45 米，两侧厢房各深 2.25 米。

第四进房屋的二层楼面高 4.13 米，主房前檐高 6.67 米，后檐高 6.82 米，厢房檐高 6.67 米 (图 8-23)。

(4) 第五进房屋

第五进房屋位于前进房之北 (图 8-24)，其厢房与前进房毗连，为三间两厢形式；主屋通面 11.40 米，其中明间阔 4.20 米，两次间各阔 3.60 米，两山墙离柱中均为 0.20 米；通进深 6.15 米，其中前、后檐分别深 1.05 米和 1.00 米。两厢房阔分别为 2.90 米和 2.50 米。

第五进房屋的二层楼面高 4.01 米，主房前檐高 6.76 米，后檐高 6.91 米，厢房前、后檐分别高 6.67 米和 8.07 米 (图 8-25)。

2) 木构架及木结构

(1) 第一进房屋

①木构架。两山及门堂为三柱立帖式和二柱抬梁式木构架 (图 8-19)，其余间次为抬梁式木构架，上承五桁四椽，檐、脊桁下施桁机连接檐、中柱头。厢房为二柱抬梁式木构架。屋

面出檐处，由步梁或抬梁伸出檐柱外成耍头，耍头端部上承挑檐桁，耍头下方构单拱榫卯于檐柱外侧，拱端设槽升子承托挑檐枋。

②楼面结构。楼面木结构由木楼楞、木楼搁栅和顺枋组成，木楼楞在进深方向连接于檐、中柱上承楼搁栅，在面阔方向设楼面顺枋，连接于檐柱。出檐方向，楼面不外挑，无台口。木楼板平铺在搁栅上。门厅的南侧不设木楼面，从地面至檐口为砖细门楼。

③屋面木桁条、木椽。檐、金、脊桁由檐柱、金童柱、中柱 (或脊童柱) 支承。出檐部位只设出檐椽，无飞椽，木椽截面为半圆荷包状。

④木楼梯。楼梯间设置在东厢房，楼梯由北向南上至二层，木楼梯为暗步楼梯，其踏步板和踢脚板嵌入楼梯斜梁内，围护只设木扶手，无竖芯。

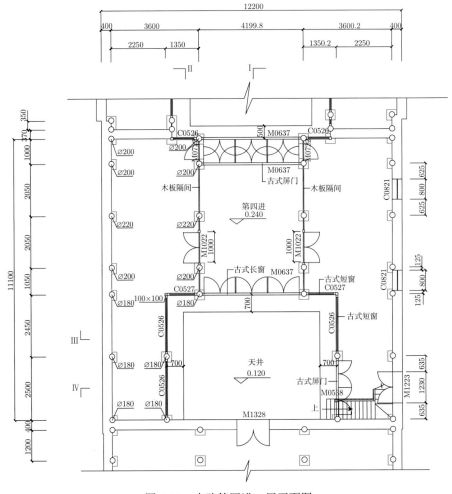

图 8-22　中路第四进一层平面图

(2) 第二、三进房屋

①木构架。主房明、次间均为五柱立帖式木构架 (图 8-21)，上承七桁，进深方向由步梁连接于檐、步、中柱，面阔方向檐柱、步柱顶和脊桁下均施桁机，前后步柱间设金顺枋，机、枋间为垫板。

对合房明、次间为二柱抬梁式木构架，上承三桁两椽。

厢房两厢间的轴线上设两柱立帖式木构架，厢房与正房相交处，在正房檐桁上设童柱，供支承脊桁。

面对天井方向的檐柱，底层柱顶至木楼板下，二层柱底固定在要头上，并向外侧平移，使前檐架间的水平尺寸变大。

②楼面结构。楼面结构与前进房屋基本相同，所不同之处一是面临天井方向的楼面设台口，台口由要头、台口枋、台口板构成，台口板外立面和伸出要头的端面均饰素面砖细枋；二是楼面铺设毛地板，毛地板上铺设方砖面层。

③屋面木桁条、木椽。由构架中的长柱和童柱支承桁条，桁条间采用燕尾榫搭接。正身木椽均为半圆荷包椽，飞椽为矩形。厢房与正房相交，采用龙梢骨架过渡。

④木楼梯。设置在对合房的东次间，为明步楼梯，车木栏杆竖芯，每个踏步设两根竖芯。

(3) 第四进房屋

①木构架。主房明、次间均为五柱立帖式木构架，上承七桁六椽 (图 8-23)。厢房两厢之间的轴线上设二柱抬梁式木构架，上承三桁两椽，厢房与主房正交处做法与前进房相同。台口构造同前进房。

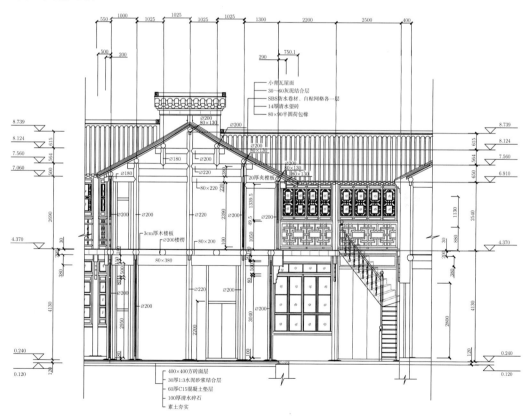

图 8-23 中路第四进剖面图

②楼面结构。其构造与前进房相同，台口要头下设撑牙，且雕刻。

③屋面木桁条、木椽。木桁条搁置方式及构造和木椽、飞椽截面形状同前进房。

④木楼梯。木楼梯设置在东侧南厢房，为明步楼梯，木扶手和栏杆竖芯为简易做法。

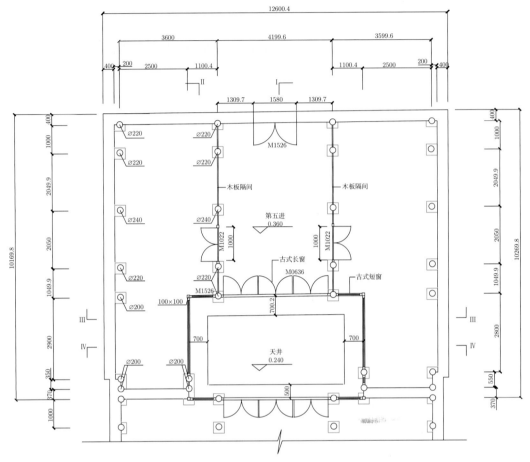

图 8-24　中路第五进一层平面图

(4) 第五进房屋

①木构架。正房明、次间均为五柱立帖式木构架，上承七桁六椽 (图 8-25)，其构造同第四进正房。厢房为二柱抬梁式木构架，其构造同第四进厢房。

②楼面结构。结构形式和台口构造同第四进房，木楼板铺设在搁栅上，不施方砖面层。

③屋面木桁条、木椽。其构造与做法均与第四进房相同。

④木楼梯。由第四进房的楼梯上至二层，经过次间进入第五进房。

3) 墙体及砖细

(1) 第一进房屋

①山墙。东山墙与东路第一进房屋共用，为混水砖墙，西山为乱砖清水墙。

②南檐墙及门楼。南檐墙为整砖实砌清水砖墙，一、二层均不开窗洞，构架中的檐柱采用铁墙扒与墙体拉结。檐口仅施砖挑檐。

门堂设置在东起第二间，其平面呈 "∏" 形，两侧横墙自 "金刚" 墙处向南延伸，稍凸出南檐墙，呈小八字状。门楼构造见图 8-26，墙面采用经刨磨成型的砖块砌筑，砖块之间表面无灰缝，谓之砖细干架墙；墙体自地面至木板天棚下，顶部施挂枋及五道线，墙垛上方施砖细垛头及五层挑檐，使门楼的瓦屋面向外侧挑出约1.90米。金刚墙及门楼内纵墙设门洞，门洞两侧为砖细干架立线门垛；门洞内侧两上角饰砖雕雀替，门洞上方为三道砖细枋，中层枋稍凸出于下层枋，上层与中层枋之间为砖细束腰，下层枋两端中层枋的两侧和上层枋中部、两端的砖枋块均雕饰。三层枋的上部为匾，匾的周边施砖细镶框围之，匾框为小六角砖细景，匾心呈扁桃花形雕饰，并略高于匾心墙面。匾镶框之上为枭线、方线，再上为五层线，与两侧线条交圈。

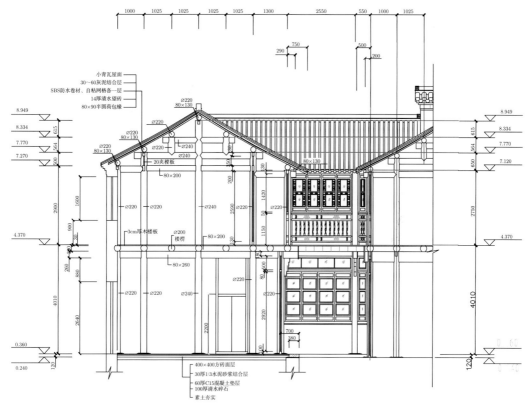

图 8-25　中路第五进剖面图

(2) 仪门

于首进东厢房北侧设仪门，仪门形式较简单，其门洞侧壁饰方砖，立面为方砖镶框，上角为花牙式，并雕刻成灵芝形牡丹花。

(3) 第二至第五进房屋

①山墙。东、西两山的墙体由各进房屋的山墙和厢房的檐墙组成，墙体采用青砖实砌，清水墙面，墙顶高至二进房屋的脊顶，墙顶设二层砖挑檐，两层压顶。第三、四进房屋在正脊的上端设独架屏风墙，屏风墙上施双坡瓦顶，瓦顶下为砖挑檐和挂枋。第五进房屋屋面北坡的山墙为尖山式，屏风墙之间的墙顶设砖细挂枋及挑檐。东山墙在第二、三进房屋的南厢房处开设侧门，门洞内侧及门柱表面饰方砖，门洞上方饰砖枋及砖细拱形雨搭，门洞上内角饰砖细雀替，其立面雕刻；第四进和第五进房屋的东侧南厢房开设门洞，其构造和外形同南

侧门洞。

(a) 门楼照片

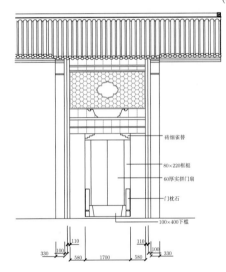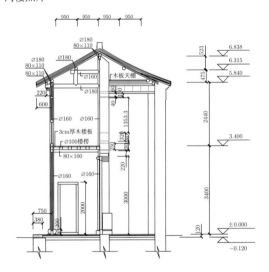

(b) 门楼立面与剖面图

图 8-26　中路门楼

②檐墙。第二进房屋南檐墙为青砖砌筑，清水墙面，一层实砌墙，二层空斗墙。明间设对开门，门楼为立线垛形式，门洞两侧的砖垛宽 3.5 倍砖长，门洞上内角饰砖细雀替，边缘起线，端头局部雕饰；门洞上方设置素面额枋二层，再上为砖细雨搭。檐墙顶面设砖挑檐，盖墙头瓦顶。

第三进房屋北檐墙为青砖实砌清水墙面。明间开设门洞，门洞两侧为方砖饰面的砖垛，门洞侧壁也饰方砖，门洞内上角饰砖雕雀替，门洞上方为两层砖细额枋及砖细雨搭。檐墙顶部施砖细挑檐及挂枋。

第四进房屋后檐墙仅两次间砌筑砖墙，二层次间两侧留设门洞，是楼上前后进之间的通道。

第五进房屋因改动，北檐墙已看不出原有的痕迹；按照前进的做法，后檐为清水砖墙，其明间应开设门洞，门洞为立线垛门楼形式，底层不开窗，二层可开窗。

③槛墙。槛墙为设置在底层厢房和次间短窗下的墙体，墙厚半砖，外侧饰砖细六角景墙面。

4）地面

第一进房屋门堂、楼梯间和其余各进房屋的明间及侧门堂均为方砖地面，地面下出处铺设青石阶沿。其余房间及厢房铺设架空式木地板。

天井地面均为方整石青石板地面。

5）木装修

(1) 第一进房屋

大门为对开实拼大门，设矩形门枕石，下槛为活动槛。

一层外檐门堂设屏门，共六扇，门堂东一间设独扇门及木板隔墙。门堂西侧各间均为古式长窗。二层外檐下设木裙板，裙板上为古式短窗。

分隔装修均为木板隔间，各间设对开房门。

门堂一层内侧和二层外侧设置木板天棚。

(2) 第二、三进房屋

大门明间的檐墙的门洞内安装对开实拼大门。通往火巷的侧门为实拼对开木门。

底层南、北明间分别为古式屏门和古式玻璃长窗。次间（外露部分）和厢房的槛墙上安装古式玻璃短窗。二层外檐设古式木栏杆，栏杆形式为万式；横竖栏杆内芯均为直棂条，栏杆内侧安装活动移板；栏杆上方设古式短窗，窗扇为四抹头形式，内芯为葵式，每扇窗内设两块玻璃档，玻璃档内安装仔框，玻璃安插在仔框的槽内，仔框可装卸。

二层主房各间均为组合古式木门窗，门窗花档均为葵式，同外檐短窗。短窗下为木槛墙。明间后内檐设古式屏门。

一、二层明、次间采用木板隔间分隔，设对开房门。

底层木板天棚直接安装在楼搁栅下；二层均为"彻上明照"，未设天棚。

(3) 第四进房屋

底层楼梯间设对开实拼门，二层东次间后檐边侧设对开大门。

底层明间设古式玻璃长窗，次间和厢房（不包括门堂）的槛墙上为葵式玻璃短窗，门堂外檐设四扇屏门。

二层南外檐安装古式木栏杆，内芯为万式；栏杆内侧安装活动移板，栏杆上部安装古式短窗，窗芯为葵式。北外檐明间安装古式玻璃长窗。

底层明间后内檐设古式屏门。二层南内檐的明、次间均为古式玻璃长窗，北内檐的明间也设古式玻璃长窗。

一、二层自然间分隔采用木板隔间。

一层木楼搁栅下设木板天棚，二层不设天棚。

(4) 第五进房屋

北檐墙明间开设对开实拼大门。

底层南檐明间设古式玻璃长窗，厢房和次间为古式玻璃短窗。

二层外檐装修范围包括本进房屋正房和厢房的外檐和南进房的北檐。外檐装修由下半部的栏杆和上半部的短窗组成，木栏杆为车木栏杆，其外框为传统做法。栏杆上部的古式短窗为二玻四抹头形式，玻璃档两侧饰拐子锦窗芯，上、下玻璃档之间饰雕件"方胜"。

底层明间北步柱间安装古式屏门；二层明、次间南步柱间安装古式玻璃长窗和短窗。

一、二层的明、次间分隔均采用木板隔间，前步柱北侧设对开房门。

3. 西路房屋

1) 建筑形制

第一、二进房屋的对合房与主房均面阔三间 (图 8-27)，通面阔 11.40 米，其中明间阔

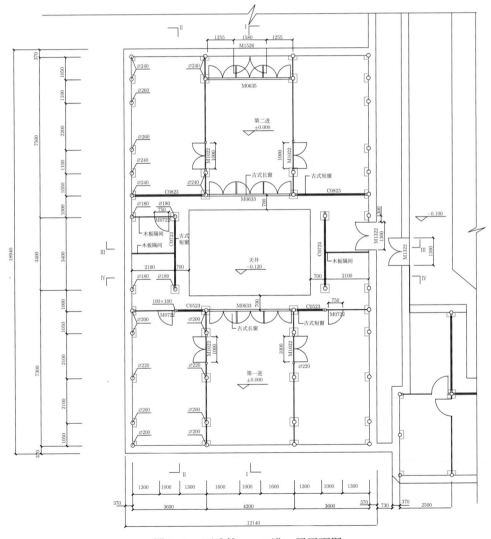

图 8-27　西路第一、二进一层平面图

4.20 米，两次间各阔 3.60 米；第一进房屋通进深为 6.30 米，其中南、北檐架各深 1.05 米，前、后步柱至中柱均深 2.10 米。第二进房屋通进深 6.50 米，其中南、北檐架各深 1.05 米，前、后步柱至中柱均深 2.20 米。

厢房面阔一间 3.40 米，与正房"脱找"做法；柱中距前、后正房檐柱中各 1.00 米，厢房进深 2.10 米。

第一进房屋的南檐高 3.76 米，北檐高 3.76 米。第二进房屋的南檐高 3.76 米，北檐高 3.76 米 (图 8-28)。厢房的前、后檐高均为 3.76 米 (图 8-29)。

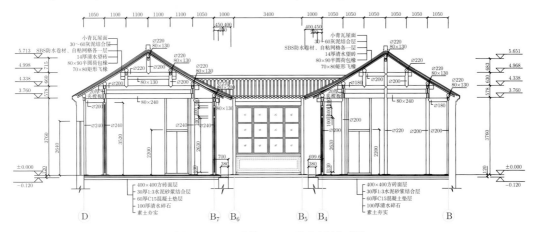

图 8-28　西路第一、二进房屋剖面图

2) 木构架及木结构

(1) 木构架

第一、二进房屋木构架见图 8-28。第一进房屋木构架明、次间均为五柱立帖式，上承七桁六椽；进深方向由步梁连接檐、步、中柱，面阔方向由檐柱和中柱顶设桁机连接于柱头，步柱顶除设桁机外，还设顺枋，顺枋与桁机间设垫板。

第二进房屋木构架明间为四柱抬梁式，次间为五柱立帖式木构架，上承七桁六椽。明间木构架中的檐、金柱用单步梁连接，两金柱支承五架梁。次间木构架形式同前进木构架，面阔方向的材类构件构造同第一进房。

厢房为二柱抬梁式木构架 (图 8-29)，上承三桁两椽，檐柱顶、脊童柱顶均设桁机连接，出檐桁下除设桁机外，还设顺枋和垫板。厢房与正房的构架互不相连，为"脱找"做法。

(2) 桁条与木椽

正房桁条由长柱或童柱支承，桁条之间用燕尾榫连接。厢房桁条由厢房构架支承，与正房不相连接。正身、出檐椽均为半圆荷包椽，飞椽为矩形截面。厢房与正房相交处，于屋面望砖上安装龙梢骨架，其骨架覆盖在房屋面上，供铺设望砖和盖瓦。

3) 墙体与砖细

山墙为尖山式，青砖实砌，清水墙面，不施博缝。厢房檐墙顶部施砖细挑檐、挂枋，东厢檐墙设门洞，门楼为立线垛形式，门洞上内角饰素面砖细雀替。

第一进房屋南檐墙为青砖实砌，清水墙面，檐口施砖细挑檐挂枋，墙上不开窗。第二进房屋北檐墙为青砖实砌，清水墙面，檐口施砖细挑檐挂枋，明间设门洞通往后进。

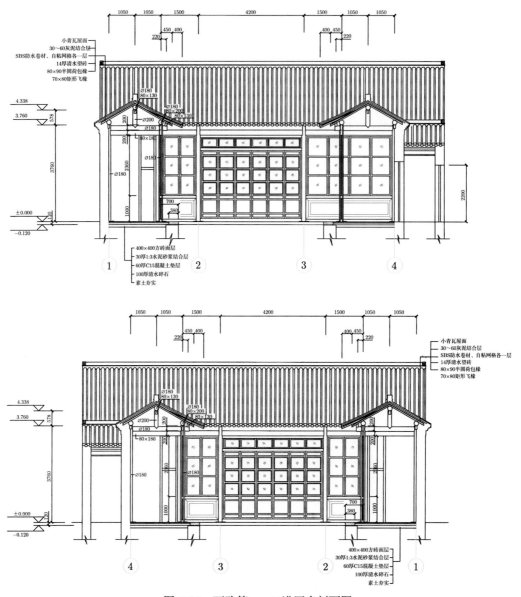

图 8-29　西路第一、二进厢房剖面图

4) 瓦屋面

采用小青瓦屋面，正房与厢均为双坡形式，山面封山；面对天井的檐面为出檐，其余檐面均为封檐。屋面施一瓦条屋脊，龙梢设大号小青瓦斜沟。

5) 地面

正房和厢房室内均为方砖地面，地面下出处施青石阶沿。天井为方整青石板地面。

6) 装修

大门、明间门均为对开实拼大门。

第一、二进房屋面对天井明间的外檐安装古式玻璃长窗，次间及厢房安装古式玻璃短窗；短窗每两扇对开为一个组合，对开窗扇下设固定玻璃座窗扇。短窗下为古式木槛墙，槛墙板四周蹬台。槛墙上至短窗下槛，下至木地栿上。

第二进房屋明间后内檐设古式屏门。

第一进房屋明、次间用木板隔间分隔，设对开房门。第二进房屋三间连通，不分隔。东厢南半部用木板隔间分隔，将其并入南次间。西厢在两端构架位置用木板隔间将其围成独立空间，木隔间上设单扇木门。

第三节　损坏状况及病因分析

周宅原为私家住宅，房屋宽敞，通风采光较好，是一处宜居的民居住宅。随着时间的变迁，周宅改为办公用房、车间，后又改为职工宿舍，现成为居民大杂院。

周宅改做办公用房、车间后，拆除了中路的大厅、二厅，在原址改建车间、仓库，西路第二进以北的原有房屋被拆除，后建了砖混结构的房屋和杂乱房屋。现存房屋的平面显得紊乱和不合理。

周宅改做职工宿舍和民居后，住户私搭乱建以增大自住房的面积，有的住户还将生活用水引至二层木楼面上，恶化了房屋的通风、采光和排水功能。在恶劣封闭和潮湿的环境下，木构件长期受屋面渗漏、生活用水的影响，产生霉变、腐朽、腐烂，引起房屋变形；为避免房屋坍塌，住户又增加了许多砖墙砖柱来支撑房屋构件，破坏了原有的结构体系。房屋管理单位因缺少维修经费，只能对房屋进行"头痛医头、脚痛医脚"的维修，使原本宜居的房屋质量急剧下降。

本次工程修缮前的周宅已千疮百孔、岌岌可危，难寻往日一派曲径深院、古朴典雅之境。

1. 东路房屋勘查

1) 第一、二进房屋

(1) 木构架

木构架受损较严重 (图 8-30)。木柱因受潮腐烂、糟朽，且受压缩短，使水平构件产生

(a) 柱根部腐朽、柱身霉变　　　　　　(b) 檐口步梁腐朽倾斜

图 8-30　木构架糟朽变形

较大的倾斜；如第一进房屋北檐柱缩短后，楼面搁栅和檐口的步梁等水平构件，形成一定起伏和坡度。木柱腐烂、糟朽以第一进房屋北檐和两侧厢房最为严重，东厢檐柱缩短达 15 厘米，西厢木柱因腐朽另加了砖柱来支撑楼面的水平承重构件。第一进房屋木构架南倾 12 厘米，东段大于西段。

(2) 木桁条、木椽

木桁条均在位，但由于屋面严重渗漏，普遍出现水斑、霉渍；第二进房屋嵌入墙体桁条严重糟朽，其余桁条糟朽程度大小不一，木桁条普遍下挠 (图 8-31)。

木椽普遍糟朽、霉烂，檐口部位和龙梢处最严重，飞椽和檐口望板严重腐朽。

(a) 天沟檐口处木椽糟朽、霉烂　　　(b) 龙梢处飞椽和檐口望板严重腐朽

图 8-31　木桁椽糟朽

(3) 木楼面、木楼梯

木楼面不平整，有明显起伏 (图 8-32)，受力后产生较大的振动变形；楼面台口严重糟朽、变形；西厢楼面腐烂成洞，深至结构内，部分已改为水泥楼面。台口因楼面变形而不水平、不平整，部分砖细台口脱落。

楼梯斜梁底端腐朽，楼梯段沉降、变形 (图 8-33)，踏步板弯曲且松动，栏杆竖芯部分失落。楼梯井口围护杆在位，部分竖芯失落。

图 8-32　木楼面腐朽、变形　　　　　　　　　　图 8-33　楼梯变形

(4) 墙体与砖细

①东山墙及檐墙。由于山墙、檐墙长度较大，已发生扭曲变形；其中，厢房位置鼓肚约15 厘米，墙面多处产生垂直裂缝 (图 8-34)；前檐墙与山墙相交处，自檐口至地面产生通长垂直裂缝，裂缝宽度在 3~15 毫米，第二进空斗墙面有三道垂直裂缝，裂缝宽度小，长度在1~2 米。墙面下半部砖块出现酥碱，砖块腐蚀深度在 3~15 毫米。墙顶不完整，局部残缺。窗头砖细雨搭均破损、残缺，个别全部脱落。墙面上后开窗洞一个。

图 8-34　东路第一进东南墙角垂直裂缝

②西山墙及檐墙。前进西山墙基本垂直，原山墙早年被拆砌过，砌筑灰浆由原先的石灰浆改为 1:2.5 的灰泥浆；原上部空斗墙改为乱砖实砌墙，在北檐柱与步柱间的二层墙上开了一个窗洞 (图 8-35)，自洞口上方至墙顶，在不太宽的位置产生多道垂直裂缝，犹如干码墙。厢房檐墙上的砖细漏窗及漏窗上部 "紫气东来" 字匾尚完好在位，但墙面出现鼓肚 7 厘米。墙头封顶老化、残缺。后进西山墙轻度扭曲，鼓肚 8 厘米，窗头砖细雨搭老化、残缺；在前檐步架上，二层空斗墙曾出现过 "分厢"，该部分空斗墙已改为乱砖墙。

(a) 西山墙部分被拆改　　　　　　　　(b) 西山墙被开窗洞及裂缝

图 8-35　东路第一、二进西山墙损坏现状

③南檐墙。南檐墙南倾 25 厘米，扭曲变形，局部鼓肚；现檐墙中段设有两道水平支撑，以防止鼓肚现象加重 (图 8-36)。墙面的底面砖块中度酥碱，砖块表层脱落，墙面凹凸不平，

东梢间一、二层各后开窗一樘，砖细雨搭均破损。

图 8-36　东路第一、二进南檐墙严重倾斜现状

④北檐墙。墙体中度扭曲变形，中部鼓肚 5～8 厘米，檐口略外倾；檐墙两端与山墙转角连接的施工缝拉大，东端略有裂缝，西端从檐口至地面完全脱离，缝口最宽处达 6～8 厘米；底层每间均后开窗一樘。

(5) 屋面

小青瓦屋面不平整，瓦片含量偏低，瓦行凌乱、脱脑、檐口不整齐；屋面生长杂草，渗漏点多，龙梢斜沟处严重渗漏 (图 8-37)。屋脊倾斜，部分屋脊坍塌、缺失。

(a) 屋脊倾斜，部分屋脊坍塌　　　　　　(b) 小青瓦屋面破损严重

图 8-37　屋面损坏现状

(6) 地面

室内方砖地面大部分破碎，部分失落；明、次间改为水泥或釉面砖地面，地面被抬高 4～6 厘米。青石阶沿平整，局部向外侧平移，部分破碎、缺失。天井青石板地面不平整，95％的石板破碎 (图 8-38)，少量缺失。

(7) 装修

①外檐装修。一层不设外檐装修。二层外檐葵式栏杆均在位，保存较好，车木竖芯栏杆保存较差，部分破损失落。栏杆内侧活动移板均不存在，栏杆上方的短窗均不存在，全部失落 (图 8-39)。

②内檐装修。底层两侧厢房不设装修。正房古式长窗和支摘窗均在位，部分窗扇因使用年久破损，开启不灵活。二层大部分古式长窗均在位，部分老化、破损；第二进房屋东次

间古式木门被改；木板隔间部分改为轻质墙，部分仍存在，一层的隔间板下半部腐朽较严重 (图 8-40)。

图 8-38　天井地面损坏现状

(a) 栏杆内侧活动移板遗失　　　　　(b) 栏杆上方原短窗全部失落

图 8-39　外檐装修现状

图 8-40　木板隔间部分被改为轻质墙

一层、二层木板天棚大部分改为其他材料天棚；因受木构架变形影响，廊架的天棚不平整。现存木天棚普遍霉变、腐朽，局部脱落残缺 (图 8-41)。

2) 第三、四进房屋 (洋楼)

第三、四进房屋均为面阔三间的单体洋楼式建筑，两洋楼基本保持了原有的形制、工艺。两洋楼之间原无平台，其室外地面标高与火巷地面标高基本相等。20 世纪 80 年代左右，在两楼之间构筑地下人防设施，故该地面被抬高。构筑人防设施后，第三进房屋 (南洋楼) 的西北角发生基础沉降，导致一、二层砖券断裂 (图 8-42)。

(a) 室内天棚被改动　　　　　　　　　　(b) 走廊天棚破损

图 8-41　天棚装修现状

(a) 砖券上部墙体开裂　　　　　　　　　(b)砖券断裂

图 8-42　基础沉降导致墙体开裂

(1) 砖墙

原有的红砖垛、青砖墙和各种砖券基本保留。墙体基本垂直，无明显变形；外墙面的下半部砖块均风化，表面凹凸不平，缺棱掉角；山面比檐面严重，部分用水泥砂浆粉刷 (图 8-43)；砖柱的柱帽部分缺损。山面走廊处的拱券门洞大部分用砖墙封闭，北洋楼南立面的拱券洞口也用砖墙封闭，砖拱被破坏 (图 8-44)。

南洋楼西北角受地基沉降影响，砖券产生裂缝；底层砖券在顶部的两侧均产生裂缝，券东侧裂缝自券顶起延伸至二层楼面，顶部缝宽 7 厘米；西侧为垂直裂缝和斜裂缝，自券顶延伸至二层楼面以上的窗间墙顶部。西起第二个砖券的西侧券支座被破坏，因沉降产生的裂缝延伸至上方的窗间墙。二层西起第一个砖券在接近西侧支座产生断裂，裂缝贯通于券体，并延伸至檐口；裂缝右侧券体下沉 220 毫米，券体裂缝长 80 毫米，裂缝最大宽度 20 毫米。部分窗间墙下产生裂缝。南楼西山墙底层后开门洞二个，北楼西墙在二层后开门洞一个，架设天桥与中路房屋贯通，架设天桥破坏了墙体。墙体多处开洞安装给排水管道。

第三、四进洋楼除受环境侵蚀，产生墙体砖块腐蚀、表层脱落外，人为干扰因素也较大；因受人防工程影响，基础发生不均匀沉降，券体断裂、房屋结构受到破坏，带来不安全因素，影响房屋的正常使用；在墙上乱开门窗洞，影响房屋立面效果，对房屋产生一定危害。

室内分隔的纵横砖墙均在位，未发生变化，一、二层轻质墙的骨架均自然老化。

图 8-43　墙体风化，多处安装水管　　　　图 8-44　西山墙被人为凿洞架设水泥梁

(2) 木楼面、木楼梯

木楼面基本在位，受力后无明显变化。因用户调整楼梯位置，楼搁栅也作了相应调整，后铺设的木楼板在材质和楼板的做法上有明显的差异。

第三进房木楼梯的原位置在明间的南段，现移至北走廊。

第四进一层楼梯原位置在南廊西次间，现移至南廊的明间。二层楼梯位置未变，木楼梯因腐朽，产生轻度变形、沉降，部分踏步板和踢脚板松动，栏杆不完整 (图 8-45)。

(a) 楼梯腐朽变形　　　　　　　　(b) 踏步板和踢脚板松动

图 8-45　东路第四进木楼梯损坏现状

(3) 屋面木结构

①木屋架。人字木屋架、半屋架及马尾屋架均在位，垂直度较好；屋架无明显变化，各屋架之间节点连接无脱位现象，木屋架上、下弦节点木质轻、中度霉变 (图 8-46)。

人字木屋架的技术是从西方传来，属于舶来品，100 多年前工匠对人字木屋架进行应用，其技术还不够成熟，对照当今规范，显然是不合格的构件；但木屋架上、下弦的用料截面尺寸较大，把下弦作为水平梁，上弦作为斜梁来处理，弥补了技术上的不成熟，故木屋架至今能安全使用。

②木桁条。木桁条用料偏小，因平瓦屋面质量轻，尚无明显挠度；受屋面渗漏影响，部分桁条出现糟朽现象，檐口部位相对稍严重些（图 8-47）。

图 8-46　人字木屋架现状　　　　　　图 8-47　木桁条用料偏小及霉变

③屋面板。屋面板是承重构件，垂直于桁条铺设，上承瓦屋面。木望板底面出现霉斑、水渍，估计上表面糟朽的程度更重。

(4) 瓦屋面

屋面铺设洋瓦（现称"平瓦"），瓦屋面基本平整，但瓦片均下滑，瓦行不整齐（图 8-48）；主要原因是固定在屋面板上的挂瓦条均腐朽，瓦片浮盖于望板上，产生滑动变形。

图 8-48　东路第四进屋面破损

屋面板上原铺设的油毡防水层因使用年久，均已破烂，已不能起到防水的作用，故瓦屋面渗漏点较多，屋漏严重。

(5) 地面

走廊水磨地面改为釉面砖地面（图 8-49）。

木地板地面仅存第三进的明间和东次间，其余均改为釉面砖地面。

(6) 装修

木门窗基本在位，部分被改动；门窗扇结构牢固，部分五金缺损或更换，原配五金少量仍在位。灰板条天棚均在位。一层天棚及石膏装饰线局部破损，大部分完好，但已陈旧，有轻、中度污染。二层天棚受屋漏影响，多处粉刷层脱落，部分天棚楞木、灰板条面层裸露，灰板条大部分老化。石膏装饰线重度污染，少部分石膏线被破坏、失落 (图 8-50)。

图 8-49　水磨地面改为釉面砖地面

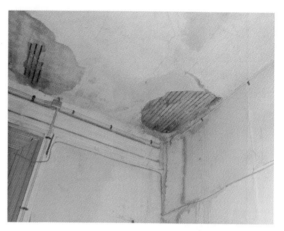

图 8-50　二层室内天棚渗漏破损

2. 中路房屋勘查

1) 砖墙及砖细

(1) 第一进房屋

①山墙。东山墙与东路第一进房共用。西山墙上半部拆砌过，原清水墙改为混水墙，墙面用水泥砂浆粉刷，现墙体基本垂直、平整。

②南檐墙。南檐砖细门楼构件均在位，雕刻部分在"文革"时用粉刷遮挡。门楼的砖柱、墙体在中、下部严重腐蚀，成片出现腐朽并剥落，剥落最大深度约 10 厘米 (图 8-51)；其余部位的砖细墙面保存均完好。门洞内两侧的门枕石折断，上部失落。

图 8-51　中路门楼破损严重

南檐墙墙面扭曲、鼓肚，并外倾 16 厘米，檐口变形；墙上后开门、窗八樘，墙面下半部中度酥碱，墙面污染较严重 (图 8-52)。

(a) 南墙开窗　　　　　　　　　　(b) 南墙墙面破损

图 8-52　中路第一进南墙

(2) 第二进至第五进房屋

①东侧山墙。东侧二至五进山面墙体前后毗连，山墙与厢房檐墙连为一体。

第五进连同其厢房的山面墙均拆砌过，现为乱砖墙，并间隔用红砖水平拉结，拉结的红砖无序排列，墙面平整度和工艺非常差。墙顶未能按原状恢复；墙上无序开窗四樘，留门一樘 (图 8-53)。

其余墙均为原状，墙体外倾 15 厘米，鼓肚 13~18 厘米；墙顶缺损，墙面多处破损，特别是后架设的天桥，给墙体留下残破现象。第二进的侧门封闭，上部砖细雨搭全部毁坏；第四进门堂的门楼破损，雨搭中度破损，其余原始窗洞上方的砖细雨搭严重破损。墙面污染较严重，第三进后开窗洞，一层为一樘，二层为二樘；第四进一层后开窗一樘。

②西侧山墙。第二进正房山墙和厢房檐墙均拆砌过，现为乱砖墙，采用红砖水平拉结，墙体垂直，表面平整清洁，封顶未恢复原状。

西侧山面山、檐墙墙面平整，但墙体外倾 8~12 厘米；屏风墙顶的瓦顶均残存，屋脊失落，瓦顶残破 (图 8-54)。第四进的后檐墙后开门洞通往其他房屋。

图 8-53　中路第二进至第五进东山墙现状　　　　图 8-54　中路第二进屏风墙破损

③第二进南檐墙。南檐略外倾，鼓肚约 8 厘米，檐口不整齐，底部出现酥碱；墙面大部

分用砂浆粉刷，墙上后开窗洞，一层西次间、二层西次间和明间各开一樘 (图 8-55)。门樘砖柱中下部分被腐蚀，形成麻面，部分孔洞深 5 毫米左右。砖细雀替和额局部脱落、破损。雨搭披水板全部失落。

④第三进北檐墙及厢房槛墙。墙体略向北倾、鼓肚，墙面基本平整；一层明间门洞用砖封死，门楼砖细垛、额枋及雨搭均破损；二层明间后开窗洞，檐口不整齐，挂枋弯曲 (图 8-56)。墙面被粉刷，严重污染。厢房砖细槛墙均被破坏。

图 8-55　中路第二进南墙开窗洞　　　　　　图 8-56　中路第三进北墙二层开窗洞

⑤第四进北檐墙。第四进北檐墙原明间不设砖墙，用栏杆和短窗进行分隔、围护；现为灰板条轻质墙，均腐朽。厢房段砖墙基本垂直，墙体边角破损。

⑥第五进北檐墙。现一层轴线上设砖柱，柱间设现代装修 (图 8-57)；二层为砖墙，混水墙面，立面已不是原状，原状具体是如何构造，已难以考证。根据周宅内房屋的布局、特征，依经验推测，北檐墙应为清水砖墙，底层明间应有立线垛门楼。具体何种形式，需再进行考证。

(a) 内部现代装修　　　　　　　　　　(b) 北立面现状

图 8-57　中路第五进内部现代装修及北立面现状

2) 木构架及木结构

(1) 第一进房屋

①木构架。木构架中的柱脚均严重腐朽，北檐开间方向的楼面枋严重腐朽，柱下沉，引

起进深方向的水平构件倾斜, 木构架扭曲变形。东厢木构架因腐烂垮塌, 仅存楼面残存的水平构件。西厢房木构架已不是原状。

②木楼面。因构架发生变化, 引起楼面凸起或下陷, 表面不平整 (图 8-58), 楼面边缘均糟朽。东厢已无楼面, 西厢楼面被改。

③木桁条、木椽。木桁条下挠, 部分已加托附桁进行加固。木椽普遍产生水渍、霉斑、糟朽, 檐口椽普遍腐朽 (图 8-59)。

图 8-58　中路第一进木楼面变形　　　　图 8-59　中路第一进木椽腐朽

④木楼梯。现木楼梯为一种简单的木爬梯, 结构松弛, 已变形。楼梯栏杆简单, 设置随意。

(2) 第二、三进房屋

①木构架。木构架基本完整; 天井内的正房和厢房的檐柱根部均腐烂、糟朽, 木构架南倾 15 厘米、西倾 18 厘米; 受木构架变形影响, 木楼面、木基层均出现变形。其余嵌入墙内木柱均出现糟朽或腐烂 (图 8-60)。

②木楼面。表面不平整, 台口平面、立面变形, 方砖松动、部分脱落。室内木楼板上铺设的方砖面层, 大部分已改为水泥面层, 现存的方砖面层 90% 破碎, 每块方砖破碎成若干小块 (图 8-61)。

③木桁条、木椽。木桁条均在位, 嵌入墙内的檐桁和龙梢部位的椽桁均糟朽, 局部腐烂。木椽表面普遍出现水斑, 部分正身椽和檐椽糟朽, 龙梢骨架腐烂, 斜沟处阴戗木全部腐烂 (图 8-62)。

④木楼梯。木楼梯的斜梁下端糟朽, 引起木楼梯变形; 木楼梯基本完整, 少量栏杆竖芯缺失。

(3) 第四进房屋

①木构架。木构架中的木柱根部均发生糟朽, 嵌入墙内的木柱及梁、枋构件均霉烂。木构架变形, 东倾 14 厘米, 梁、枋水平构件均出现水斑、霉变, 部分水平与垂直构件的节点轻度拔榫。

②木楼面。木楼面不平整，木楼板局部腐烂 (图 8-63)；正房东次间木楼搁栅腐烂，楼面凹陷，木楼上铺设的方砖破碎，80% 失落。北檐明、次间顺枋均严重腐烂。

图 8-60　中路第二进木柱糟朽腐烂

图 8-61　中路第二进方砖地面破碎

图 8-62　中路第二进龙梢部位木构件糟朽腐烂

图 8-63　中路第四进木楼板腐烂

③木桁条、木椽。木桁条位移，嵌入墙内桁条均腐烂，木桁条均普遍下挠。出檐椽严重腐朽，龙梢木骨架及斜沟处的椽桁腐烂、局部垮塌。

④木楼梯。木楼梯设置在东厢房，经查勘，此楼梯并不是原有的楼梯；该楼梯是否有，应在什么位置，待修缮时进一步勘查，以确认正确位置，再补充相应方案。

(4) 第五进房屋

①木构架。木构架东倾 25 厘米，北倾 16 厘米，两次间木柱根部均糟朽，北檐柱被改，已不存在。木构架局部沉降，步梁不水平，垂直节点出现 "拔榫" 现象。

②木楼面。木楼面不平整，部分搁栅腐烂，正房后半部下降 6~8 厘米，其楼面后檐顺枋已用混凝土梁代替，两厢房木楼板腐朽不完整。

③木桁条、木椽。嵌入墙内的木桁条均腐朽，木桁条下挠 4~8 厘米。木椽普遍出现水斑、霉变，下挠 1~4 厘米，糟朽程度严重；出檐、斜沟、阴戗部位均腐烂、残缺。

3) 瓦屋面

一至五进房小青瓦屋面均失修，屋面小青瓦含量严重不足，渗漏点多、较严重，对屋面、楼面木结构均产生影响。现瓦屋面凌乱、不平整，脑瓦下滑，檐口不整齐，瓦行弯曲；在龙梢部位的斜排水不畅,部分因木构件腐烂造成屋面局部坍塌,屋面生长较多的杂草。

4) 地面

第一进房屋明间已改为釉面砖地面。原青石阶沿均被改装,并向外侧平移,其余自然间的方砖地面均改为水泥地面或釉面砖地面,地面被抬高 6~8 厘米。

第二、三进房屋及东厢方砖地面均在位,破损较严重,破损率 75%;其余房间均改成水泥地面及釉面砖地面,地面被抬高 4~6 厘米。青石阶沿均在位,局部沉降并向外平移、侧翻。天井青石地面不平整,部分破碎。

第四进房屋地面除东厢门堂仍为方砖面外,其余房间的地面均改为水泥地面,地面被抬高 4~6 厘米。现存方砖地面部分被改为平铺砖地,残存方砖全部破碎。青石阶沿不平整,大部分破碎;西厢因后接披屋,原石阶沿是否存在,待查。天井青石板地面已改为水泥地面,地面被抬高 12 厘米。

第五进正房室内方砖地面全部改为釉面砖地面,地面被抬高 15 厘米。两厢方砖地面改为水泥地面,地面被抬高 6 厘米。青石阶沿均在位,部分破碎。

5) 装修

(1) 第一进房

①北外檐装修。底层门堂屏门及其余房间长、短窗全部失落,现为杂式简单装修或砖墙。

二层木槛墙均老化,严重破损、残缺,短窗因老化损坏而失落,现为杂式简单装修 (图 8-64)。

②大门。门扇仍在位,磨损程度较大,活动下槛失落,金刚腿破损 (图 8-65)。

③木隔间。分隔木隔间均老化,破损。

图 8-64 中路第一进二层木装修破损　　　　图 8-65 门楼大门局部破损严重

(2) 第二、三进房屋

①外檐装修。底层第二进明间古式屏门失落,第三进古式玻璃长窗失落,仅存楣窗。厢房及其余房间古式玻璃短窗大部分在位,部分失落。现存短窗缺乏养护,结构松弛,开启不灵活。

二层古式木栏杆大部分在位，局部失落，保存相对完整，除因结构变形对其造成影响之外，木栏杆是周宅中保存较完整和较好的。栏杆之上的古式短窗，第二进保存完整，第三进全部失落，西厢局部残缺，东厢仅存少量。现存古式短窗扇虽较完整，但缺乏养护，结构松弛，开启不灵活。

②内檐装修。第三进底层明间屏门失落，二层明、次间古式短窗均在位，但门扇被改成现代门，木槛墙改为普通隔墙。现存古式短窗结构基本完好，但开启不灵活。

③大门、侧门。前后为对开实拼大门，框扇完整，缺乏养护，下槛严重磨损 (图 8-66)。后门为对开实拼大门，框扇全部失落，现用砖墙砌实。东厢门堂侧门框扇全部失落。

④隔间。第二进房屋底层明、次间木隔间均在位，木地栿中度腐朽，端头残损，木板隔间完整，底部轻度糟朽，隔间上的东侧对开房门改为现代单开门。二层分隔装修改为纤维板隔间。

第三进房屋一、二层均改为半砖墙和纤维板隔间。

⑤天棚。底层木板天棚仅存第三进的明间，其余改为纤维板天棚。

图 8-66　中路第二进大门现状

图 8-67　中路第四进二层古窗失落

(3) 第四进房屋

①外檐装修。底层明间古式长窗仅存楣窗，用半砖墙和现代门窗代替古式长窗。东厢屏门和古式短窗全部失落。西厢古式短窗全部失落。

二层古式木栏杆在明间位置尚保存完整，东、西厢房外栏杆零件均缺失、破损。栏杆以上的古式短窗全部失落 (图 8-67)。

②内檐装修。一层明间古式长窗失落。二层正房内檐装修均为古式玻璃长窗，东次间在原位置，明间和西次间均移至外檐。现存长窗均失修老化，部分残缺。

③分隔装修。底层木板隔间和对开房门全部失落，现用半砖墙和现代门来代替；二层木板隔间仍在位，局部破损。

④天棚。一层木板天棚除明间仍在位外，其他间的天棚改为纤维板天棚。

⑤门。东厢侧门在位，但框扇破损。

(4) 第五进房屋

①外檐装修。底层外檐装修全部失落，现用砖墙代替。二层车木栏杆均在位，局部竖芯缺失，栏杆上部古式短窗明间和东厢全部失落，现存短窗扇失修，开启不灵活。

②内檐装修。内檐古式长窗仅存明间和东次间，西次间长窗失落，现存长窗老化失修，结构松弛，开启不灵活。

③分隔装修。一层木板隔间和对开房门全部失落，二层木板隔间改为纤维板轻质墙。

3. 西路房屋勘查

西路房屋仅存南端六间二厢对合两进房屋，第三进改建为一顺五间砖混结构房屋，第四进改为面阔两间的披房。第三、四进房屋的布局、原状待施工时进一步查勘、确认。

1) 木构架及木结构

正房木构架东倾 8 厘米，轻度扭曲变形；厢房木构架东倾 15 厘米；嵌入墙内木柱普遍霉变糟朽，第一进西次间因屋面渗漏，自中柱至北檐柱间的木构架腐烂，全部垮塌。厢房与正房相交处的龙梢骨架严重糟朽。其余木桁条、木椽均轻度糟朽。

2) 墙体与砖细

南檐墙略外倾，轻度扭曲，鼓肚 5 厘米，檐口砖细挑檐、挂枋保存完整，下部墙面中度酥碱，整个墙面后开四樘窗、一樘门，墙面粉刷污染较严重。

后檐墙为混水墙，基本垂直。

现东山墙由清水墙改为混水墙，墙体基本平整，略向东倾 (图 8-68)；东厢檐墙基本垂直，立线垛门楼保存较好。

图 8-68　西路东山墙外观

西山墙基本平整，略东倾，墙面污染较严重。

3) 瓦屋面

瓦屋面失修，不平整；第一进西次间坍塌，屋面严重渗漏，小青瓦已大部分改为平瓦。

4) 地面

门堂和第一进西次间室内地面仍为方砖地面，方砖 95% 已破碎，其他各自然间均改为釉面砖地面，地面被抬高 5~16 厘米。

青石阶沿大部分在位，部分被增高后的地面覆盖。

天井地面为方整青石地面，大部分破碎。

5) 装修

第一进外檐装修全部失落，现用砖墙代替；第二进明间古式长窗和次间木槛墙、短窗尚在位，均完整，厢房木装修全部失落。

木板隔间均被改为砖墙。

大门框扇仍在位，但陈旧、磨损较严重。

第四节　修缮工艺及技术要求

1. 修缮重点与方案

周扶九住宅的总体修缮方案见表 8-1。本次修缮工程主要是针对东路第一、二进房屋，修缮方案拟采用瓦望落地不落架的大修手法，对现存房屋的墙体、屋面、结构、地面和装修进行全面维护修理；局部坍塌和损坏严重的房屋采用局部落架的方法进行修理。

2. 修缮工艺与要求

1) 拆除工程

(1) 拆除修缮范围内不属于原有的建筑的披房、地面和路面，将地面、路面的基土降至设计高度。

(2) 拆除房屋内部后增加的墙体及装饰物，起到支承结构作用的墙体可暂保留，修缮时根据施工要求，逐步拆除。

(3) 拆除被改成水泥或釉面砖地面的面层和基层，将基土降至石磉以下，使石磉面裸露，便于整修。

(4) 拆除后安装的现代门窗和饰物。

(5) 将拆除后的垃圾和杂物清运出场外，为修缮工程做好前期的准备工作。

2) 木构架发平与牮正

(1) 发平牮正前的准备工作

揭瓦大修的房屋，在发平、牮正前需将房屋的瓦顶等构件卸下；拆卸时，依次拆卸瓦、望、椽、桁和装修。拆卸瓦望时应将其传至地面，分类码放整齐备用，拆卸桁条前应将其所处位置进行编号，并在图纸上做好记录，以便归安时对号入座。木构架卸下后，还应将其表面铁钉和其他附属物清理干净，清理后分类码放整齐待用，同时检查、剔除糟糠、腐朽、受虫蚁侵害或挠度过大、失去承载能力的构件，并统计出完整和损坏构件的数量和规格，作为修缮备料的依据。

表 8-1　周扶九住宅修缮表

分部工程	分项工程	修缮内容	备注
东路第一、二进	墙体	整修东、西山墙；拆砌南、北檐墙	
	木结构	𢍀正构架；拆换部分柱、梁、桁、枋、椽；墩接柱脚	
	屋面	瓦望落地翻盖、做脊	
	地面	恢复室内方砖地面；整修阶沿石、天井石板地面	
	楼面	拆铺木楼面；整修木楼梯	
	装修	恢复屏门、长窗、短窗、木板隔墙、天棚、木栏杆	
	粉饰	内墙面铲粉；木装修、木材面刷桐油和调和漆	
东路第三、四进 (洋楼)	墙体	整修四周墙体	
	木结构	整修人字木屋架；更换部分木桁条、屋面板	
	屋面	屋面落地翻盖、做脊	
	地面	恢复水磨石地面及木地板地面	
	楼面	整修木楼面；恢复木楼梯	
	装修	整修木门窗、天棚	
中路第一进	墙体	整修西山墙及南檐墙	
	木结构	𢍀正构架；拆换部分柱、梁、桁、枋、椽；墩接柱脚	
	屋面	瓦望落地翻盖、做脊	
	地面	恢复室内方砖地面；整修阶沿石、天井石板地面	
	楼面	拆铺木楼面；恢复木楼梯	
	装修	恢复大门、屏门、长窗、短窗、木板隔墙、天棚、木栏杆、木槛墙	
	粉饰	内墙面铲粉；木装修、木材面刷桐油和调和漆	
中路第二至五进	墙体	整修东、西山墙；整修第二进南檐墙、第三进北檐墙及厢房槛墙、第四进北檐墙、第五进北檐墙	
	木结构	𢍀正构架；拆换部分柱、梁、桁、枋、椽；墩接柱脚	
	屋面	瓦望落地翻盖、做脊	
	地面	恢复方砖地面；整修阶沿石、天井方整石地面	
	楼面	拆铺木楼面；恢复木楼梯	
	装修	恢复大门、屏门、长窗、短窗、木板隔墙、天棚、木栏杆、护墙板、木槛墙	
	粉饰	内墙面铲粉；木装修、木材面刷桐油和调和漆	
西路第一、二进	墙体	整修东、西山墙；整修南檐墙、后檐墙	
	木结构	𢍀正构架；拆换部分柱、梁、桁、枋、椽；墩接柱脚	
	屋面	瓦望落地翻盖、做脊	
	地面	恢复方砖地面；整修阶沿石、天井方整石地面	
	楼面	拆铺木楼面；恢复木楼梯	
	装修	恢复大门、长窗、短窗、木板隔墙、木槛墙	
	粉饰	内墙面铲粉；木装修、木材面刷桐油和调和漆	

(2) 木构架发平

① 复核柱网石磉面水平度。瓦屋面卸载后，将地面清理干净，用水准仪复核每个磉面的标高，找出原地面的设计高度，并做好记录。因本工程是修缮工程，磉石的高差在±20毫米以内时，可视作水平，石磉的高度可不作调整；当高差大于 20 毫米时，应调整磉面的高度；扰动过的石磉应安装牢固。单体房屋所有的石磉面应基本处于同一个水平面。同时校核每根柱的应有实际长度，柱长与应有长度大于 3 厘米误差时，应进行修正。

② 复核柱网轴线水平距离尺寸。在复核柱网磉面水平度的同时，还需复核柱网磉面间的轴线水平距离尺寸；复核时画出磉面的中心十字线，一一量取相邻柱之间的水平尺寸，是

否与木构架的尺寸一致，误差小于 15 毫米时，可视为等距，大于 15 毫米时石磉应作调整，每一条轴线上的磉面中心线应为直线。复核柱网尺寸时，应注意原柱留有的侧脚，避免将侧脚视为误差。木柱校核归位后用木枋、铁钉将柱根部连接固定。

(3) 木构架牮正

① 划开柱口。牮正前应将嵌入山、檐墙内的柱、梁、枋、桁的左右或上、下间的墙体划开，使这些构件与墙体分离，同时还应松开柱与墙连接的铁墙扒。

② 搭设牮正脚手架。根据柱网的分布，用钢管搭设牮正脚手架，牮正脚手架必须满足固定柱的要求。

③ 设立牵引螺栓。在每榀木构架上设置 2~3 组花篮螺栓，牵引拉正木构架；花篮螺栓一端固定中柱或下金桁下的柱头，另一端固定在地面的桩锚上。

④ 木构架牮正。在每根柱顶部挂上纵横两个方向的垂线，并检查柱的中心线是否对准磉面十字中心线，无误后开始牮正。首先将每组花篮螺栓一一收紧，使之同时处于初受力状态，同步缓缓将每根柱拉正，避免一次将一根拉正后，再拉第二根柱。每根柱均扶正后，将准备好的斜撑、抛撑、剪刀撑固定木构架，防止木构架回弹变形。

木构架牮正时间较长，随瓦屋面工程完工而结束；在这段时间里每天派专人检查柱的垂直度，如发现跑偏应及时修正。

牮正过程中，还应对木构架进行修补和配换；牮正结束时，将划开的柱口用砖块补实补平，将铁墙扒恢复原样，还应用铁件将柱根的空隙刹实刹紧。屋面工程结束后方可卸去牮正螺栓、水平撑、抛撑和剪刀撑。

3) 木构架的修理与配换

在牮正过程中需对木构架中的构件进行修理和配换，具体要求如下。

(1) 墩接木柱

木柱根部腐朽长度未超过柱高的 1/3 时，采用墩接的方法进行修理；墩接的木柱选用质地紧密、干燥的杉木，与原柱采用榫卯连接 (图 8-69)。墩接长度超过 60 厘米时，其榫卯部位采用铁箍加固。

(2) 镶补木柱

木柱局部腐朽，但其腐朽深度未超过柱径 1/3 时，可采用镶补的方法进行修理。镶补时应将木柱的腐朽部分凿除，并修整成平面，采用干燥杉木进行镶补，镶补的缝口应严密，镶补后用铁箍将其箍紧 (图 8-70)。

(3) 劈裂修补

柱梁产生劈裂，其裂缝宽大于 5 毫米时，可采用楔形木条胶合修补；过宽的裂缝除填塞木条外，还需用铁箍锚固。

(4) 配换木构架构件

木柱、梁、枋因受虫蚁侵害或腐朽，丧失了承载能力时，需要进行配换。配换构件的材种、外形尺寸、形状、榫卯形式、结合方式和工艺均与原构件完全一致。雕饰的构件，其图案和手法亦应与原构件一致。

图 8-69　东路第二进墩接木柱

图 8-70　镶补木柱照片

(5) 失落装饰构件的配制

木构架中，雕饰构件损坏和失落时，应按原样进行复制。

4) 木构架局部落架修理

对局部腐烂坍塌，或局部腐朽、构件已不能继续正常工作的木构架，均采用局部落架的方法进行修理。

局部落架时，将需拆卸的构件依次卸下、编号并有序放置。对于可修复利用的构件，清理构件卯口内的残留物，使眼门通畅。对于损坏的构件，按照原有的长度、直径、外形和工艺进行配换复制，留置榫卯的大小、形状和位置应与原构件一致。

局部落架时，应将不落架的构件用临时支撑进行加固。构件修整、复制加工完成后，按照木构架安装的方法，将落架部分的木构件依次安装好，与保存的构架连为一体，形成完整的结构 (图 8-71)。

5) 砖墙与砖细修缮

修缮中应最大限度地保留原有砖墙，一般砖墙采用局部拆砌、挖补、镶补等方法进行修理，危险或与原形制不符的墙体应重新砌筑；砖墙砌筑采用青灰浆，灰浆的色泽应接近于原灰浆。

(1) 墙体拆砌

对于严重倾斜、鼓肚、扭曲变形的墙体，应拆除重砌。拆除墙体时，应最大限度地保留底部较完好的墙体；墙体砌筑时，其砖块组合方式、灰缝大小、墙体的厚度和墙的外形、尺寸均应与原墙一致 (图 8-72)。

(2) 墙面裂缝修补

对于出现垂直裂缝墙面，可沿裂缝两侧各 30 厘米墙外皮砖拆去重新砌筑；砌筑时，外皮砖内侧填馅可采用 M10 混合砂浆，外皮的砖块厚度、灰缝色泽和大小应与原墙一致或接近。修补的墙面与原墙面接槎平整。

图 8-71　西厢房翘角部位局部落架大修

(3) 门窗洞修补

后开启的门窗洞，拆除洞内填充物后将洞口两侧的墙划开 15~40 厘米，留出接槎的砖块、逐皮将门窗洞补砌完整 (图 8-73)，砖块、灰缝要求同 "裂缝修补"。门窗洞顶部应与原墙结合严密，如洞口上部墙体高度尺寸在 50 厘米以内，可将上部墙体一并拆去重新砌筑。

图 8-72　南檐墙新拆砌部分与旧墙体部分衔接

图 8-73　修补后开窗洞

(4) 表面腐蚀、风化墙面处理

墙面严重腐蚀、风化，其深度在 20 毫米以上时，采用局部外皮挖补的方法进行修补。

(5) 砖细构件修补

修理砖细博缝、挑檐挂枋、雀替、景门镶框、砖墙压顶、槛窗、景墙和照壁时，其构件的截面尺寸、外形、工艺、艺术均应与原构件一致。

6) 木桁条、木椽修理

(1) 木桁条修理与归安

在木构架牮正的过程中，同时对木桁条进行修理和归安。因腐朽和受虫蚁侵害失去承载能力的桁条均应按原构件的长度、截面尺寸和形状、结合方式进行配换、归安。挠度过大、截面偏小的桁条应更换，更换时可适当增加截面尺寸，还可加大桁机的截面尺寸，提高构件的承载能力。原有的木桁条归安时，其搁置点应恢复在原位，必要时节点采用铁件加固。

(2) 木椽整修与归安

正身木椽包括檐架椽、花架椽和脑架椽，均应撬起后重新安装；木椽安装，其间距尺寸应与原设置一致 (即每间木椽行数保持不变)，同时剔除破损和失去承载能力的木椽 (图 8-74)；木椽安装时要钉好里口木和勒望条，有厢房与正房连接时，还要重新安装阴戗木和龙梢骨架。

有飞椽的房屋，其飞椽已基本糟朽的应全部更换，同时更新清水望板和里口木。飞椽的间距应与正身椽一致。

7) 瓦屋面修缮

(1) 小青瓦屋面

① 铺设望砖。凡 "彻上明照" 的房屋均铺设清水望砖，反之铺设糙望。清水望砖需淋白灰牙线。望砖从檐口椽头里口木的内侧向屋脊方向逐行铺设，当望砖铺设至上部桁条位置时，应安装勒望条，防止望砖下滑后挤压打崩。

② 增设卷材防水层。在望砖上表面铺设 SBS 卷材防水层和自粘网格布各一层。卷材应沿房屋面阔方向水平铺设，接缝采用焊接或搭接，并用顺水条将卷材固定在木椽上。

③ 筑脊。本工程小青瓦屋面均为一瓦条脊。筑脊时，先找出屋脊中轴线，根据脊的宽度，引出脊边线，带线砌筑脊胎，并将脑瓦嵌入脊胎内；脑瓦的间距均匀一致，应符合实际铺瓦的行数和行距。砖细屋脊在脊胎上安装各层方线、圆弧线、凹线和压顶；普通脊根据原脊瓦条数量的多少，先在脊胎上砌筑各层瓦条，在瓦条上站立小青瓦。站立小青瓦时，先从屋脊中心开始，凸弧面相对向两侧架设，在脊的端头安装砖细脊件。

④ 铺瓦。屋面采用小青瓦铺设，底瓦采用大号小青瓦，盖瓦采用原房拆卸下的旧小青瓦。铺瓦前先在檐口处，根据脑瓦的行数和距离画出相应盖瓦标志，根据标志从房屋的一端逐行铺盖底瓦和盖瓦。

⑤ 安装花边滴水。在屋面的檐口处，带线铺设檐口花边滴水，花边瓦安装应水平、整齐，且成一条直线。

⑥ 小青瓦斜沟。在厢房与正房屋面相交处，设置龙梢，龙梢与正房屋面相交处采用斜沟排水，斜沟底采用大号小青瓦铺设，沟的宽度宜在 8~12 厘米，斜沟两侧瓦头应加工成 45°，铺盖后瓦头呈一直线，瓦头用白灰粉成扇面状。

整修后的瓦屋面见图 8-75。

(2) 平瓦屋面

① 铺设防水卷材。屋面板整修结束后，在屋面板的上表面满刷防腐涂料两遍，在屋面板上满铺 SBS 防水卷材一层。卷材应水平铺设，上下搭接。

② 安装顺水条和挂瓦条。在卷材上安装顺水条和挂瓦条,挂瓦条的水平间距尺寸应小于或等于平瓦实际挂瓦的长度;安装挂瓦条前应计算好瓦的行数,禁止使用半截平瓦。挂瓦条安装应水平,且牢固。

③ 铺瓦。平瓦从檐口向屋脊方向铺设,铺设平瓦应避免瓦片翘曲。戗脊处应用切割机将瓦片按屋脊的走向进行切割。

④ 屋脊。戗脊、正脊均采用马鞍脊瓦铺设,脊瓦的两侧应将平瓦覆盖。

⑤ 鱼鳞板。歇山处的鱼鳞板按原样翻做。

图 8-74　木椽整修、安装

图 8-75　整修后的瓦屋面

8) 地面修缮

(1) 室内方砖地面

室内地面大部分被抬高,按石礅面将基土下降至设计高度,并将基土平整夯实,浇筑 60 毫米厚 C15 混凝土垫层;在垫层上铺设方砖面层,方砖面层与垫层之间的结合层采用 1:3 干硬性水泥砂浆,砖块之间的侧缝采用油灰嵌镶,缝口宽度宜在 0.5 毫米左右。

铺设方砖面层时,应按原地面斜铺或正铺方式进行铺设。方砖铺设须稳固,表面应平整、清洁,接缝宽度应一致。铺设结束后,自然养护 7 天,禁止人员走动或堆放货物,避免划伤和污染地面。

(2) 石阶沿

在铺设室内方砖地面前,对所有青石阶沿进行修整,使阶沿水平、平整、完整、整齐。阶沿的表面应向户外略带泛水 (图 8-76)。

(3) 天井地面

天井地面整修前,应先敷设管沟,预埋水电管线和排水井管。铺设方整石地面应将基土平整夯实,面层坐浆铺设,块石面层表面应平整,略带泛水,将雨水排向沟头处。

当地面为青砖侧铺时,其灰土基层应夯实,砖表层应分块站筋铺设,表面应起拱。

(4) 火巷地面

火巷地面低于天井地面,采用乱砖侧铺法铺设,路中心略提拱,两侧略低,沿墙脚设置砖细仔沟和沟头,路面雨水排入仔沟内,经沟头流入排水管网。

9) 木楼面及木楼梯修缮

(1) 木楼面

更换腐朽的木楼搁栅，使木楼面安全使用；柔度较大的楼面可增设木楼搁栅，使楼板的净跨缩小，增加楼板的刚度。全面整修木楼面，使楼面平整、完整，板块之间的接缝严密 (图 8-77)。在楼板上铺设方砖，当方砖严重破碎和失落时，需重新安装方砖面层。

图 8-76　东路第一、二进天井内阶沿石修整

图 8-77　加固整修后木楼面底部

(2) 木楼梯

① 被改和移位的木楼梯按原位置和原样恢复。

② 现存木楼梯进行修理和加固，使木楼梯安全、牢固、完整。

③ 失落的楼梯或暂不能确定的楼梯，在查询原楼梯的具体位置后，再进行恢复。

④ 整修腐朽、变形和失落的台口，更换腐朽和失落的木构件，使台口水平、完整。原台口平面和外立面铺设方砖和挂设砖枋，本次修理均按原样恢复；原有的方砖均需整修和加固，使方砖与木构件结合牢固。

图 8-78 为修整加固后的木楼梯。

图 8-78　整修加固后的木楼梯

10) 木装修

周宅中的长窗、短窗、支摘窗、大门、房门、屏门、木栏杆、木隔间等木装修大部分均受损或失落，部分保存的木装修均陈旧、受损, 部分损害较严重。

本次修缮中，对现存木装修进行全面整修 (图 8-79)，使其坚固完整、五金齐全、开启灵活。对失落的木装修按房屋的形制、布局和功能进行恢复，同时参照现存木装修的用料、形式、工艺和艺术进行制作安装。

图 8-79　整修加固木栏杆

11) 粉饰

(1) 内墙面粉刷

铲除原有粉刷，凿除水泥砂浆墙裙，采用 1:1:4 底纸筋灰面粉刷，干燥后刷明矾石灰水三遍。

(2) 轻质墙及板条天棚粉刷

灰板条轻质墙 (或板条天棚) 整修后，将原有粉刷清除干净，扫去浮尘，洒水湿润；用水泥浆坐浆，水泥石灰纸筋浆粉底，细纸筋灰粉面；干燥后用大白粉满批，并用铁板压实压光。

(3) 修补石膏装饰

石膏装饰线局部残破，用石膏粉加水调制后 (可塑性按实际试验操作) 进行修补，凝固后修整成型。

12) 油饰

木构件、木装修和木材面均以做旧和刷熟油为主，新、旧木材表面通过作色做旧，使新、旧木材表面的色泽达到基本一致；做旧时，其色泽由浅渐深，便于调整，不可一次将色泽做到位。色泽处理后，待底油干燥后再涂刷下一道油。

13) 其他修缮

对周宅的修缮还包括如下工作：①虫蚁防治；②木材面防腐；③生活用水和雨水排水；④普通照明与空调；⑤消防。各项工作均按照有关规定实施，具体做法见第四章。

第五节　典型建筑修缮前后对比照片

周宅修缮工程自 2012 年 12 月 25 日开始，至 2013 年 4 月 30 日结束。工程严格按照修缮方案实施，保质保量地完成了任务。图 8-80～图 8-87 为主要工程项目修缮前后的对比照片。

(a) 修缮前　　　　　　　　　　　　(b) 修缮后

图 8-80　东路第一进南檐墙

(a) 修缮前　　　　　　　　　　　　(b) 修缮后

图 8-81　东路第二进北檐墙

(a) 修缮前　　　　　　　　　　　　(b) 修缮后

图 8-82　东路第一、二进西侧翼角

(a) 修缮前　　　　　　　　　　　　(b) 修缮后

图 8-83　东路第一、二进东厢房楼梯

(a) 修缮前　　　　　　　　　　　　(b) 修缮后

图 8-84　东路第一进屋面

(a) 修缮前　　　　　　　　　　　　(b) 修缮后

图 8-85　东路第一、二进砖细窗

(a) 修缮前   (b) 修缮后

图 8-86　东路第一、二进西侧砖细圈门

(a) 修缮前   (b) 修缮后

图 8-87　东路第一、二进西山墙

第九章

汪氏盐商住宅的修缮保护

第一节　汪氏盐商住宅的建筑概况

1. 地理位置及保护范围

汪氏盐商住宅 (以下简称 "汪宅") 位于扬州市广陵区南河下 170 号 (图 9-1)，保护范围：

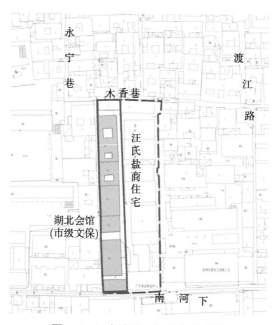

图 9-1　汪宅地理位置及保护范围

东至门楼东山墙南门一线，南至南河下街北侧，西至湖北会馆东山墙，北至木香巷南侧。建设控制地带：东至保护范围外约 21 米，南至南河下街北侧，西至湖北会馆东山墙一线，北至木香巷南侧。汪宅现仅存门厅、倒座、大厅、二厅、前住宅楼倒座、前住宅楼、中前住宅楼、中后住宅楼和后住宅楼共九进房屋。

2. 历史沿革

汪氏盐商住宅为盐商汪鲁门宅第。汪鲁门名泳沂，字鲁门，安徽歙县人，少年时为歙县有名的诸生，随其长辈游宦江苏，迁居扬州，后捐职南河同知；由于处理漕河政务得力，深得历任漕督器重。光绪年间，汪鲁门与开设钱庄的叶翰甫合作，呈请盐署于淮北苇荡左营开盐圩二十一条，创建同德昌制盐公司 (后改名大德制盐公司)，又主营扬州七大盐业公司。1937 年抗日战争爆发后，避居上海，不久去世，享年八十一。

汪宅建于清代光绪年间，原房主为刘庚唐；中华民国八年 (1919 年)，汪鲁门以白银六千五百两 (折合大洋九千七百五十元) 从刘氏手中购得。中华人民共和国成立后用作扬州市医药公司仓库。

汪宅原占地面积 5260 平方米，现存房屋建筑面积 1516 平方米，建筑占地面积 1254 平方米。

汪氏盐商住宅于 1982 年公布为扬州市文物保护单位，2002 年公布为江苏省文物保护单位，2013 年公布为全国重点文物保护单位。2014 年 6 月 22 日中国大运河申遗成功，作为中国大运河遗产点的汪鲁门盐商住宅也晋级为世界遗产。

3. 建筑概况

汪宅由住宅建筑与花园组成，呈东园西宅布局。住宅部分由南向北排列，由门厅、倒座、大厅、二厅、前住宅楼倒座、前住宅楼、中前住宅楼、中后住宅楼和后住宅楼共九进房屋组成；宅内建筑除第二进倒座、第三进大厅为一层，其余建筑均为二层；一层第二进至第九进房底层由明间贯通，二层第四进二厅至第九进后住宅楼由厢 (廊) 房全线贯通。

住宅建筑均为砖木结构，硬山式传统民居形式，晚清建筑风格；除第四进木构架为方作造，其余皆圆作造。第三进大厅木构架用料粗硕，柱梁为楠木材种。大门设置在门厅东起第二间，符合扬州民居 "抢上" 做法；大门楼简单、朴素，仪门用材考究，做工精细，造型端庄。

东部花园面积较大，与住宅之间用火巷分隔，筑有花厅、廊房等建筑和水池、假山等构筑物。扬州市医药公司使用后，逐步将园毁去，建成多幢药品仓库。

4. 历次修缮情况

扬州市医药公司在汪宅的使用过程中，长期未进行养护修理，房屋破损较为严重。2004 年因第一进门厅的南檐墙倾斜变形、影响行人安全，公司对墙体进行了拆砌抢修；由于未遵循文物保护要求，改变了原来的清水墙面、门楼和檐口的传统做法。

第二进至第九进房为医药公司仓库，为增加室内使用面积，在天井上方增设了简易天棚，将屋面自然排水变为有组织排水，使室内通风和采光受到较大的影响。增设的排水管沟老化损坏后，雨水四溢，使受害部位的木构件发生霉变、腐烂，导致第五进东次间和明间的木结构腐烂破坏，屋面和楼面坍塌。室内装修、楼梯大多遭受破坏或被改变，如第六进西厢房内原木楼梯拆除后被改为混凝土上货斜坡。

2007 年扬州市医药公司搬出汪宅时，房屋已多处出现险情，亟待修缮。扬州市公房直管处根据文物保护要求，针对汪宅的险情制订了抢修方案，于 2007 年 5 月实施了工程抢修。

第二节　典型建筑的形制与构造

汪宅的建筑平面见图 9-2。宅内房屋为扬州晚清时期传统民居形式，木构架承重，砖墙

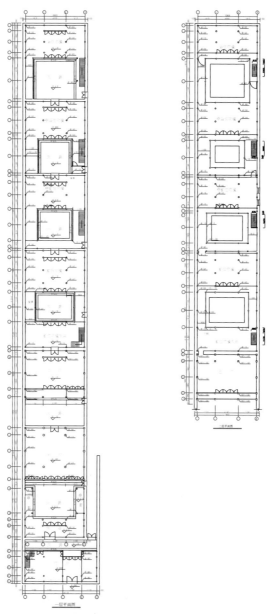

图 9-2　汪宅建筑平面图

围护。木构架主要为立帖式和抬梁式。围护砖墙均为清水墙面，墙体用青砖和青灰砌筑而成，山墙顶设置双坡瓦顶屏风墙，檐墙的檐口处均设置砖细挑檐及挂枋。

门厅大门设立砖细门楼，门垛采用砖细干架法构筑而成，倒座大门设计为砖细仪门，仪门东侧设置砖细福祠。各进房屋均在其前檐处辟一门通往东边火巷，门洞侧面和顶面均用砖细镶框。

房屋内部采用薄板隔墙将明、次间分隔开，唯第七进房屋采用屏风式隔墙，使得大厅三间隔而不分；房屋的前檐处设置古式长窗或短窗围护，二层临天井面设置古式木栏杆围护。

大厅和各进房屋的明间及串廊均为方砖地面，房间为架空式木地板，天井地面均采用方整石 (俗称铜板石) 铺设而成。

1. 门厅

门厅为四开间二层砖木结构房屋，南檐墙面临南河下街道。门厅平面图见图 9-3，剖面图及南、北立面图见图 9-4。

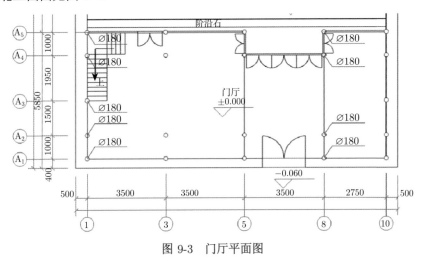

图 9-3　门厅平面图

1) 平面及檐高尺寸

门厅通面阔 13.25 米，各间面阔自东向西分别是 2.75 米、3.50 米、3.50 米、3.50 米。通进深 5.45 米。底层高 3.00 米，二层高 2.33 米。

2) 木构架

木构架共两种形式，二山墙为五柱立帖式，其余为四柱抬梁式；木构上承七桁六椽，立帖式木构架的柱间分别用单、双步梁连接，抬梁式木构架的檐、步柱间用单步梁连接，两金柱间用五架梁连接，三架梁上设童柱支承脊桁。

楼层横向各柱间设木楼楞与柱连接，楼楞上承木楼搁栅，木楼板安装在楼搁栅上。楼层的楼板下设枋与柱纵向连接。

屋面的檐桁下设额枋与檐柱纵向连接，金桁下设桁机与步柱纵向连接。

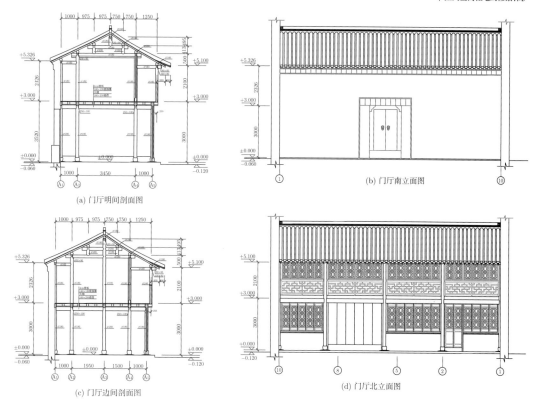

(a) 门厅明间剖面图

(b) 门厅南立面图

(c) 门厅边间剖面图

(d) 门厅北立面图

图 9-4　门厅剖面图及南、北立面图

3) 墙体

东西山墙及南檐墙均为清水整砖实砌墙，檐口为砖细挑檐及挂枋。大门开设在东起第二间，门洞两侧为砖细立线门垛。图 9-5 为东墙照片，图 9-6 为大门照片。

图 9-5　住宅东墙

图 9-6　大门

4) 瓦屋面

小青瓦屋面，一瓦条筑脊，檐口施花边滴水。

5) 地、楼面

(1) 地面：采用架空式方砖地面，回水处设石阶沿。

(2) 楼面：木楼板搁置在楼搁栅上，木楼梯安装在东起第三间，沿南檐墙设置。

6) 装修

(1) 木隔间：木板沿木构架的柱间设置，上端插入随梁枋槽内，下端固定在地栿槽内，中间固定在楞木托上。在檐、步柱间留设门槛，开设对开木门。

(2) 外檐装修：底层明间设 6 扇屏门，其余 3 间设万式短窗，窗下为清水砖槛墙。二层均开设万式短窗，窗下设万式木栏杆，木栏杆内侧安装活动移板。

(3) 天棚：底层楼搁栅下均设木板天棚，二层为"彻上明照"。

门厅于 20 世纪 80 年代进行大修，南沿墙、地面、隔墙装修均未按原样进行恢复，并将原木楼梯拆除，在室外增设了砖混楼梯。

2. 大厅、倒座

第二进倒座、第三进大厅和两侧的串廊与中部的天井组成一个独立的空间 (图 9-7)。大厅和倒座均面阔 3 间，串廊沿东、西墙设置，与大厅和倒座相连，中间形成天井。

大厅剖面及立面图见图 9-8。

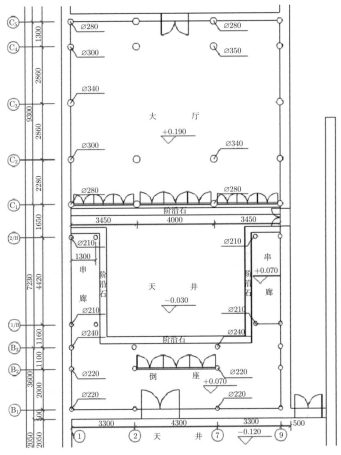

图 9-7　大厅及倒座平面图

(a) 大厅明间剖面图

(b) 大厅南立面图

(c) 大厅边间剖面图

(d) 大厅北立面图

图 9-8　大厅剖面及立面图

1) 平面及檐高尺寸

(1) 大厅面阔 3 间，通面阔为 10.82 米，其中明间阔 3.92 米，两次间各阔 3.45 米。通进深 9.28 米，其中南轩架深 2.28 米，后檐架深 1.28 米，两金柱间深 5.72 米。

(2) 倒座面阔 3 间，通面阔为 10.82 米，其中明间阔 4.26 米，两次间各阔 3.28 米。通进深 3.15 米，其中轩架深 1.10 米，步架深 2.05 米。

(3) 串廊面阔 4.42 米，深 1.35 米。

(4) 大厅阶沿平出 1.32 米，倒座阶沿平出 0.80 米。

(5) 大厅南檐高 5.10 米，北檐高 4.52 米，倒座檐高 4.84 米。

2) 木构架

(1) 大厅木构架

大厅明间的檐柱、金柱、抬梁、轩梁等主要构件均用楠木制作而成，其余构件用杉木制作而成。楠木大厅的内景和轩廊分别见图 9-9、图 9-10，楠木构架及细部构造见图 9-11、图 9-12。

大厅明间为五架梁抬梁做法，前檐设轩架，后檐设步架 (图 9-8)。五架梁上设童柱支承三架梁，三架梁上的童柱支承桁条，屋面前坡设草架 (即双层木基层)，草架上的木构架自前金童柱上桁条的上方升起矮柱支承脊桁，下金桁上方也升起一矮柱支承上部的金桁，两矮柱间单步梁连接。次间为立帖式木构架上承七桁。蓬轩为四架梁船蓬式。

纵向的金柱、檐柱间用顺梁和枋连接。

构架中的五架梁、三架梁、顺梁和轩梁的梁脊和下幽均做卷杀，凡梁端下方均施雀替，童柱下均设荷叶墩，脊桁下饰角背。

构件中的梁耍头、荷叶墩、雀替和角背均镂雕。

大厅的檐、金、步、中柱顶均设石础和鼓石，鼓石表面饰包袱和蕃草浅浮雕图案。

图 9-9　楠木大厅内景

图 9-10　楠木大厅轩廊

图 9-11　楠木大厅构架

图 9-12　楠木大厅梁架雀替

(2) 倒座木构架

倒座剖面及立面图见图 9-13。

倒座为三柱单坡顶立帖式木构架，上承四桁。檐、步柱间三架梁连接，蓬轩为船蓬式，童柱根部设荼叶墩，顶部设角背，均雕刻。步柱与脊柱间单、双步梁连接。纵向柱间皆枋和顺梁连接。

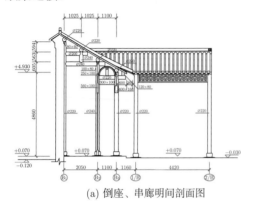

(a) 倒座、串廊明间剖面图

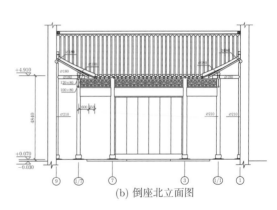

(b) 倒座北立面图

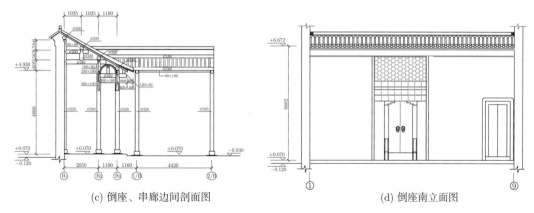

(c) 倒座、串廊边间剖面图　　　　　(d) 倒座南立面图

图 9-13　倒座剖面及立面图

(3) 串廊木构架

串廊为二柱单坡立帖式木构架，上承二桁，两柱间单步梁连接。檐柱间和脊柱间顺枋连接，串廊与正房屋面相接为"脱找"做法 (图 9-14)。

图 9-14　楠木厅串廊 (脱找做法)

(4) 桁、椽

大厅前后檐皆出檐，串廊和倒座面对天井内的檐口为出檐，设飞椽。串廊与倒座椽头相平。木桁条均榫卯连接，并与构架锚固。

3) 墙体

(1) 山墙

两山墙及串廊后檐墙为清水乱砖墙，屋面以上的原屏风墙在 20 世纪 70 年代被拆除，原双落水瓦顶和砖细挑檐、挂枋均不存在，现被改为坡顶硬山。东山墙在前出檐处开一门通向火巷。

(2) 南檐墙

南檐墙在明间位置开设仪门 (图 9-15)，仪门两侧为砖细干架立线门垛。砖垛外侧为芝麻杆立柱，立柱下至地面，上至檐口砖细飞檐下。门垛上方，两芝麻杆立线内侧，自下而上分别设立砖细挂枋、下枋、束腰、中枋和六角景；六角景上方为三层砖细飞椽挑出的挑檐，挑檐以上铺设瓦屋面。

图 9-15　仪门　　　　　　　　　　　　图 9-16　砖细福祠

仪门两侧为青砖清水墙，瓦屋面以下分别为砖细辫子线、枭线、方线、挂枋和半混线构件组成，其高度与围墙下的砖细构件等高，转角处凸出墙面呈 45° 交接。仪门东侧设砖细福祠 (图 9-16)。最东端设一对开门，通往东山墙外侧的火巷，对开门档的看面及侧面均外挂砖细贴面。仪门门洞上方两内角处设砖细雀替，下方施矩形门枕石。大门的门框、门扇均包铁皮，固定铁皮的大头钉构成吉祥图案，下槛做成金刚腿式的活动槛。

4) 屋面

楠木大厅、串廊均为 "彻上明照"，瓦屋面由清水望砖、底盖瓦和屋脊组成。

(1) 清水望砖，铺设在椽上，草架上为双层木椽，双层望砖。

(2) 细做望砖，铺设在轩椽上。

(3) 瓦屋面由小青瓦构成硬山做法，施二瓦条正脊，檐口施花边滴水瓦，花边滴水为 "蝙蝠" 图案，寓为 "福"。两山原为双坡瓦顶屏风墙，20 世纪 70~80 年代被拆除，现为简单的 "卷边" 形式。

5) 地面

(1) 阶沿：大厅出檐较大，所以阶沿石平出也较大，达 1.32 米，倒座阶沿石平出 0.8 米，串廊与倒座阶沿石平出等宽，大厅阶沿石高出一个台阶。

(2) 室内地面：室内为 700 毫米 ×700 毫米方砖地面，采用架空法正向铺设。

(3) 天井地面：天井地面由 500 毫米 ×500 毫米方整石 45° 斜向实铺而成。

6) 木装修

(1) 倒座：明间南墙开设实拼对开大门。明、次间的步柱间各设屏门 6 扇，屏门之上为楣窗。檐架设蓬轩 (图 9-17)，蓬轩以南施木板天棚。

(2) 串廊：东西串廊的两檐柱间的桁条下设葵式楣窗。

(3) 大厅：明、次间在南、北檐柱间均设 6 扇葵式长格窗，南檐楣窗设在顺梁与檐垫枋之间，其形式均为葵式。

图 9-17　倒座蓬轩

3. 二厅

　　二厅为两层砖木结构房屋，前出檐后封檐，硬山做法。二厅的一层、二层平面图见图 9-18，二厅南立面图和剖面图分别见图 9-19、图 9-20。

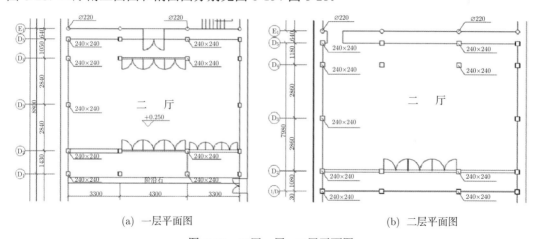

(a) 一层平面图　　　　　　　　　　　　　　　(b) 二层平面图

图 9-18　二厅一层、二层平面图

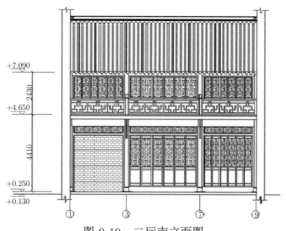

图 9-19　二厅南立面图

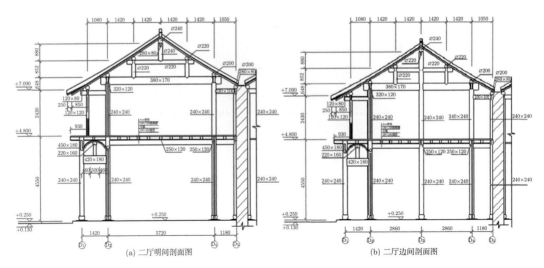

(a) 二厅明间剖面图　　　　　　　(b) 二厅边间剖面图

图 9-20　二厅剖面图

1) 平面及檐高尺寸

三间通面阔为 10.90 米，其中明间阔 4.30 米，两次间各阔 3.30 米；通进深 8.32 米，其中前、后檐架分别为 1.42 米和 1.18 米，两金柱间阔 5.72 米。檐口高度 6.84 米，其中一层高 4.41 米，二层高 2.43 米。

2) 木结构

二厅的柱、梁、枋均用花旗松方木构成。柱下的汉白玉素面石础也为方鼓形。

(1) 木构架：明间木构架两金柱间为五架梁抬梁做法，金、檐柱间单步梁连接；次间为五柱立帖式做法，上承七桁六椽；纵向柱间各层均用枋连接。楼面设楼楞支承上部的楼搁栅及楼板。底层前檐架的楼板下设蓬轩，轩梁上施一童柱，支承轩桁和轩椽，童柱下的荷叶墩施雕刻。

(2) 木桁条：木桁条采用杉木，圆作做法，桁条榫卯连接并与构架结合。

(3) 木椽：正身椽为半圆荷包椽，飞椽为矩形飞椽，南出檐、北封檐。

3) 墙体

(1) 山墙、围墙：均为青砖清水墙，屋面以上设屏风墙，屏风墙上施双坡瓦顶，檐墙顶部施砖细挑檐和挂枋。围墙也上施瓦顶和砖细挑檐、抛枋；在二层以上开设砖细盲漏窗，漏窗面向天井；漏窗阔 2.10 米、高 1.20 米，由不等边八边形基本图案组成；漏窗外围饰以砖细镶框。

(2) 后檐墙：后檐墙与前住宅楼的倒座共用。在明间开设一对开门通往后进房屋。门洞看面及侧壁均以方砖饰面。

20 世纪 30 年代侵华日军占领扬州后，曾将二厅底层西次间改作金库，并增厚了周边墙体。

4) 瓦屋面

小青瓦屋面，双坡顶硬山做法，两山墙原为双坡瓦顶屏风墙，现改为尖山式卷边做法；二瓦条屋脊前出檐后封檐，后檐屋面雨水排入碰檐天沟，向两山墙外出水。檐口施饰有蝙蝠图案的花边滴水瓦。

5) 地、楼面

(1) 室内地面：檐柱外侧设 400 毫米 ×130 毫米青石阶沿，室内架空铺设 400 毫米 ×400 毫米方砖面层。

(2) 木楼面：木板楼面南北向铺设在木楼搁栅上，南檐台口立面外挂贴砖细挂枋。

(3) 南天井地面：天井用 500 毫米 ×800 毫米青石板铺设而成。

6) 木装修

明间底层上施楣窗，下设六扇长窗；东次间上施楣窗，中为短窗，下砌清水槛墙，长、短窗及楣窗均为葵式；西次间砖墙封闭。北檐墙在明间留一门通向后进。

二层外檐柱间设置古式木栏杆为廊，步柱间安装短窗和木槛墙，明间留一门通向南廊。二层后檐在西次间近山墙处开一门与前住宅楼倒座相通，并通过前住宅楼的楼梯上、下住宅。

4. 前住宅楼及倒座

前住宅楼位于二厅之北，南倒座与二厅相连，住宅楼与倒座之间串廊相连，形成一个"回"字形建筑平面，中间为天井。

前住宅楼及倒座的平面图见图 9-21，串廊照片见图 9-22。

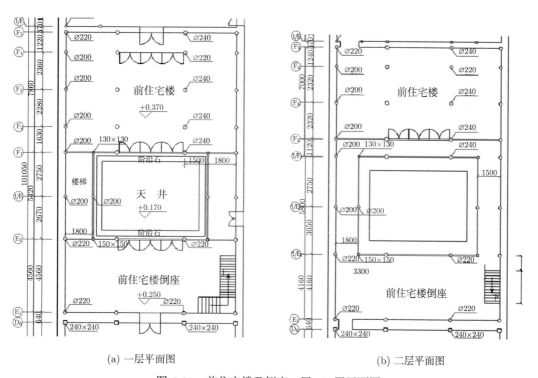

(a) 一层平面图　　　　　　　　　　(b) 二层平面图

图 9-21　前住宅楼及倒座一层、二层平面图

前住宅楼倒座北立面图见图 9-23，剖面图见图 9-24；前住宅楼南立面图见图 9-25，剖面图见图 9-26。

图 9-22　串廊照片

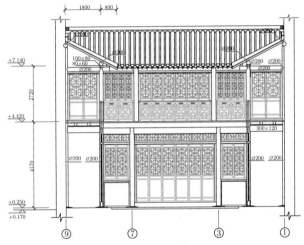

图 9-23　前住宅楼倒座北立面图

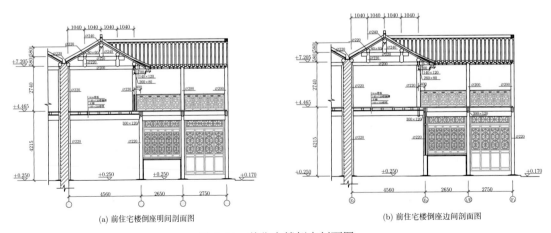

(a) 前住宅楼倒座明间剖面图　　　　　　　　　　　(b) 前住宅楼倒座边间剖面图

图 9-24　前住宅楼倒座剖面图

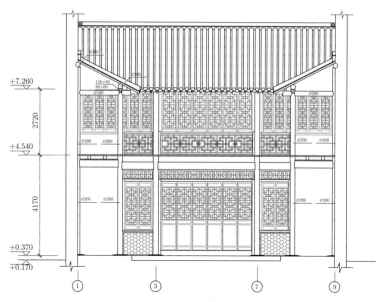

图 9-25　前住宅楼南立面图

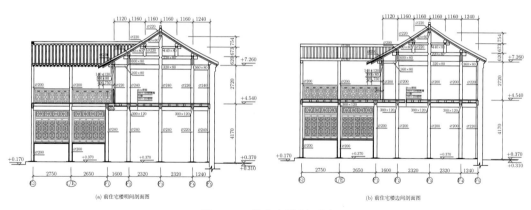

(a) 前住宅楼明间剖面图　　　　(b) 前住宅楼边间剖面图

图 9-26　前住宅楼剖面图

1) 平面及檐高尺寸

(1) 住宅楼平面及檐高

住宅楼东西走向共三间，通面阔 10.90 米，其中明间面阔 4.30 米，两次间面阔各 3.30 米；通进深 7.48 米，其中前后檐架分别为 1.60 米和 1.24 米，中柱至前、后步柱均 2.32 米。檐高 6.89 米，其中一层高 4.17 米，二层高 2.72 米。

(2) 倒座平面及檐高

倒座共三间，其各间面阔同主楼，通进深 4.56 米，檐高、层高同住宅楼。

(3) 串廊平面及标高

串廊位于东、西山墙内侧，南北走向每边各两间，通面阔为 5.40 米，其中南间阔 2.65 米，北间阔 2.75 米。进深均为 1.80 米。檐高同住宅楼。

2) 木结构

(1) 住宅楼木构架：住宅楼为五柱立帖式木构架，上承七桁六椽，柱间用单步梁、双步梁相连，楼面用楼楞连接，纵向柱间用顺枋连接，木构架均采用杉木制作而成。

(2) 倒座木构架：明、次间均为五架梁抬梁式木构架，上承五桁四椽。楼面用楼楞、搁栅承受楼面结构。

(3) 串廊木构架：串廊为单坡立帖式木构架，屋面坡向天井。进深方向单步梁连接檐、脊柱，开间方向顺枋连接柱。

3) 墙体

两山及串廊后檐墙均为青砖清水墙。坡屋面以上为屏风墙，屏风墙及围墙均施双坡瓦顶和砖细挑檐、挂枋。东串廊的南一间底层开对门通往火巷。倒座南檐墙与二厅共用。住宅楼北檐墙底层在明间开设对开门通往后进房屋。底层砖槛墙外侧饰砖细贴面。

4) 瓦屋面

住宅楼与倒座楼均为双坡硬山小青瓦屋面，二瓦条筑脊，檐口施花边滴水，串廊与正房用龙梢相连。

5) 地、楼面

(1) 地面：室内地面为架空方砖地面，檐柱外侧施石阶沿，天井为方正石板地面。

(2) 木楼面：木楼面铺设在楼搁栅上。楼面伸出檐柱外侧台口的立面、平面均饰方砖挂枋及面层。

(3) 木楼梯：木楼梯设置在西串廊 (图 9-27)，由南向北拾级而上。原木楼梯被拆除，改为与串廊等宽的楼梯，休息平台向上为木结构楼梯，平台及平台向下为砖砌楼梯。

图 9-27　前住宅楼楼梯

6) 木装修

(1) 住宅楼底层木装修：南檐明间为六扇古式长窗，上施楣窗；次间为支摘窗，上施楣窗，下施槛墙，窗芯均为葵式。明间后步柱间安装六扇屏风，横向沿柱间为木板墙，前步柱内侧开设对开古式房门。

(2) 倒楼底层木装修：明间檐柱间为六扇古式长窗，上施楣窗；次间为支摘窗，上施楣窗，下施槛墙，窗芯为葵式。

(3) 串廊木装修：皆在楼面外檐顺枋下安装葵式楣窗。

(4) 住宅楼二层木装修：南侧明间为六扇长窗，上设楣窗；次间为古式短窗，上施楣窗，下设木槛墙，窗芯为万式。横向沿柱间安装木板隔墙，西隔间在后檐架处为通道，通中前住宅楼。

(5) 倒座二层木装修：北檐明间为长窗，上施楣窗；次间为古式短窗，上施楣窗短窗下设木槛墙，长、短窗均为万式。

(6) 木栏杆：二层楼面的外檐设封闭式古式木栏杆，木栏杆为葵式，高 1.05 米，采用杉木制作。楼面挑向天井部分铺方砖，立面装贴砖细挂枋。

5. 中前住宅楼

中前住宅楼位于前住宅楼之北，为二层硬山砖木结构房屋，平面为二间四厢及串廊。中前住宅楼平面图见图 9-28，剖面图见图 9-29；南立面图和照片分别见图 9-30、图 9-31。

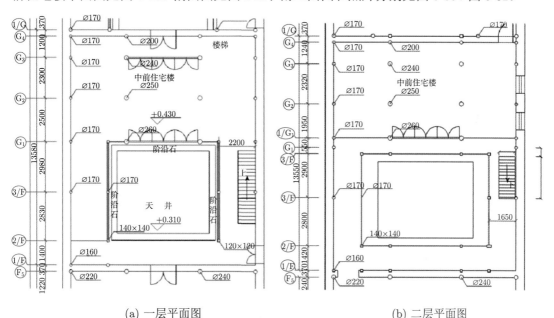

(a) 一层平面图　　　　　　　　　　　　(b) 二层平面图

图 9-28　中前住宅楼一层、二层平面图

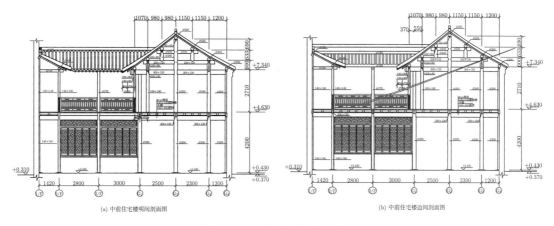

(a) 中前住宅楼明间剖面图　　　　　　　　(b) 中前住宅楼边间剖面图

图 9-29　中前住宅楼剖面图

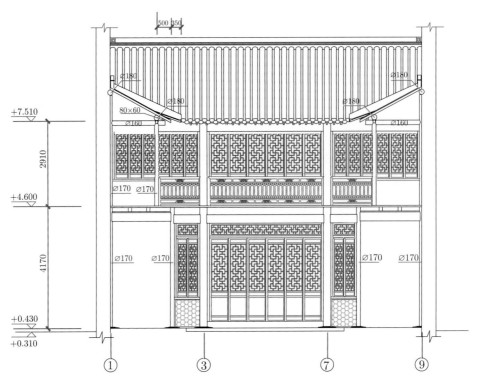

图 9-30　中前住宅楼南立面图

图 9-31　中前住宅楼南立面照片

1) 平面及檐高尺寸

(1) 主楼平面及檐高：三间通面阔 10.90 米，其中明间阔 4.30 米，两次间各阔 3.30 米；通进深 6.06 米。檐口高度 6.89 米，其中底层高 4.17 米，二层高 2.72 米。

(2) 两侧厢房平面及檐高：厢房面阔两间，自北向南依次为 2.90 米和 2.80 米，进深 2.20米，各层高与住宅楼一致。

(3) 串廊平面及檐高：面阔三间，各间面阔同主楼，进深 1.42 米，檐高、层高皆同住宅楼。

2) 木构架

(1) 主楼木构架：主楼为四柱双坡立帖式木构架，上承五桁四椽，横向柱间在屋面处用单步梁或双步梁连接，楼层处用楼楞连接。纵向柱间用顺枋连接。

(2) 厢房木构架：厢房为两柱双坡抬梁式构架，上承三桁二椽。进深方向，在柱顶设立三架梁，楼层处设楼楞连接柱。开间方向在檐口及楼面处均设枋连接柱。

(3) 串廊木构架：串廊为单坡二柱立帖式木构架。

3) 墙体

东西山墙和厢房后檐墙均为青砖清水墙，底层东廊檐墙的南端开设一门通向火巷，主楼后檐在底层明间处设一对门，作为贯通前后住宅的通道。

山墙在屋面以上为屏风墙，墙顶部为双坡瓦顶，瓦顶下设砖细挑檐和挂枋。主楼及厢房后檐瓦顶下均设砖细挑檐和挂枋。

底层槛墙外侧饰砖细贴面。

4) 瓦屋面

主楼为双坡硬山小青瓦屋面，前檐出檐，后檐封檐，施三瓦条筑脊。

西侧厢房为双坡瓦屋面，天井方向出檐，檐墙方向封檐。一瓦条筑脊。厢房檐口与前后住宅楼齐平。相交处设龙梢爬上住宅楼坡屋面，龙梢与住宅楼屋面相切处设置斜沟，供屋面排水之用。

5) 地、楼面

(1) 室内地面：室内临天井的地面自檐柱外侧铺设石阶沿，其余部分采用架空法铺设 400 毫米 ×400 毫米方砖面层。

(2) 天井地面：面层为方整石板。

(3) 木楼面：木楼板面层铺设在楼搁栅上，东次间沿后檐墙设置木楼梯由东向西而上。木楼面挑出的台口，其面层采用 500 毫米 ×500 毫米方砖铺设而成，立面贴砖细挂枋。

6) 木装修

(1) 底层木装修：主楼明间南檐设置六扇古式长窗，后步柱间设六扇屏门，上施楣窗；次间南檐设支摘窗，上施楣窗，下设砖槛墙。横向沿明间木构架安装木板隔墙，步柱旁安装对开门通向次间。厢房的顺枋下施挂楣。底层长、短窗均为万式。

(2) 楼层木装修：主楼明间前檐为六扇万式长窗，两次间为万式木短窗，下设木槛墙。横向设木板隔墙和对开门。厢房面对天井的檐桁顺枋下，设楣窗。下半部安装万式木栏杆。主楼及厢房皆设木天棚。

6. 中后住宅楼

主楼面阔三间，两侧厢房面阔各二间，共两层，为硬山砖木结构房屋。中后住宅楼平面图见图 9-32，南立面图见图 9-33，剖面图见图 9-34。

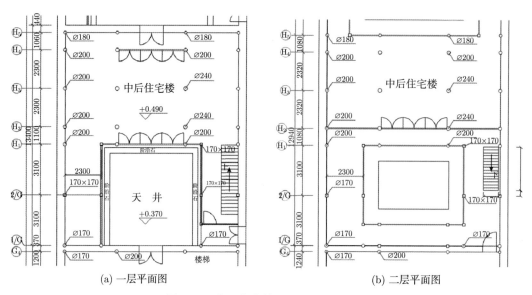

(a) 一层平面图   (b) 二层平面图

图 9-32　中后住宅楼一层、二层平面图

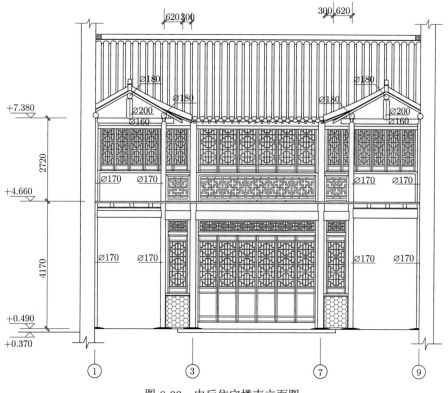

图 9-33　中后住宅楼南立面图

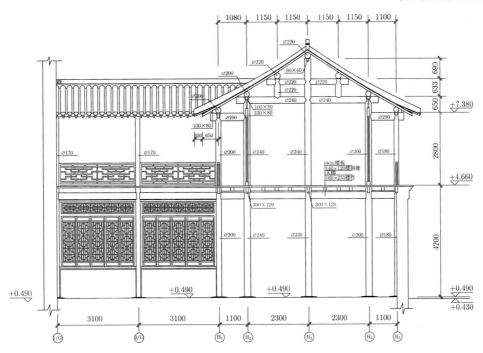

(a) 中后住宅楼明间剖面图

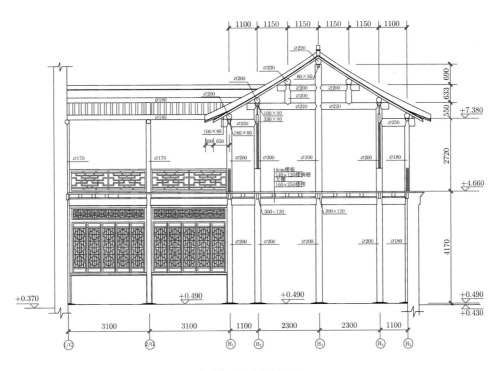

(b) 中后住宅楼边间剖面图

图 9-34　中后住宅剖面图

1) 平面及檐高尺寸

主楼三间通面阔 10.90 米, 其中明间阔 4.30 米, 两次间各阔 3.30 米; 通进深 6.80 米, 其中檐架各深 1.08 米, 步柱至中柱各深 2.92 米。北厢房面阔均为 3.10 米, 进深 2.30 米。檐高 7.43 米, 其中底层高 4.70 米, 二层高 2.73 米。

2) 木构架

明间前檐柱及两厢房间的檐柱均为矩形截面, 其余均圆作造。

(1) 主楼木构架: 木构架皆五柱立帖式木构架, 上承七桁六椽, 柱顶设礩石, 横向柱间檐口以上用单、双步梁连接, 楼层以楼楞连接。纵向檐柱、金 (步) 柱间均用顺枋连接。

(2) 厢房木构架: 厢房的两檐柱支承三架梁, 与正房交接的檐桁上设童柱支承脊桁, 楼层处以楼楞相连两檐柱。厢房与住宅楼相交时, 屋面采用龙梢结构。

3) 墙体

两山墙、主楼和厢房檐墙均为青砖清水墙, 后檐墙仅底层有; 屋面以上原为屏风墙, 上施双坡瓦顶, 屏风墙、厢房檐墙和后檐的瓦顶下均施砖挑檐及挂枋, 现改为卷边。

后檐墙在底层明间开设一对开门通往后进房, 东厢南侧在底层墙设一门通向火巷。门洞皆饰砖细。底层短窗下槛墙外侧饰砖细贴面。

4) 瓦屋面

主楼和厢房均为双坡硬山小青瓦屋面, 屋面均施二瓦条屋脊, 檐口安装花边滴水瓦。

5) 楼地面

(1) 楼面: 楼面为木板楼面, 木板面铺设在木楼搁栅上。东次间贴后檐墙设一组木楼梯, 由东向西上二楼。

(2) 室内地面: 室内明间地面用 400 毫米 ×400 毫米方砖铺成, 面向天井地面的外边铺筑石阶沿, 次间及厢房地面铺木地板。

(3) 室外地面: 室外地面用方整石板铺成。

6) 木装修

(1) 底层木装修: 主楼明间前檐为六扇古式玻璃长格窗, 其窗在横抹头之间安装仔框, 仔框内安装玻璃, 这种形式在晚清至民初在扬州较盛行。长、短窗上施楣窗, 明、次间横向用木板分隔, 并留一门。厢房外檐上施玻璃楣窗和玻璃开窗, 下设玻璃座窗, 窗下为砖槛墙, 外饰砖细六角景。明间在后步柱间安装六扇屏门。室内木搁栅下为薄板天棚, 砖墙面包括窗下砖槛墙内侧均设护墙板。

(2) 二层木装修: 主楼前步柱间设门窗, 明间和东次间为古式长窗, 西次间为古式短窗, 短窗下施古式木槛墙; 在明间后檐柱外侧的角柱与檐柱围成一个古式木栏杆, 木栏杆内侧安装活动移板, 栏杆之上至檐枋下安装葵式支摘窗, 支摘窗分上、下两排, 上排固定, 下排支摘, 木栏杆和支摘窗均与后进厢房的栏杆和窗相连一体。

7. 后住宅楼

后住宅楼为二层双坡硬山砖木结构房屋, 主楼面阔三间, 厢房位于主楼两侧以南, 每侧各两间。后住宅楼平面图见图 9-35, 剖面图见图 9-36; 南立面图和照片分别见图 9-37、图 9-38。

1) 平面及檐高尺寸

主楼通面阔 10.90 米,其中明间阔 4.10 米,两次间各阔 3.40 米;通进深 5.82 米,其中前、后檐架各深 0.95 米,前、后步柱至中柱各深 1.96 米。

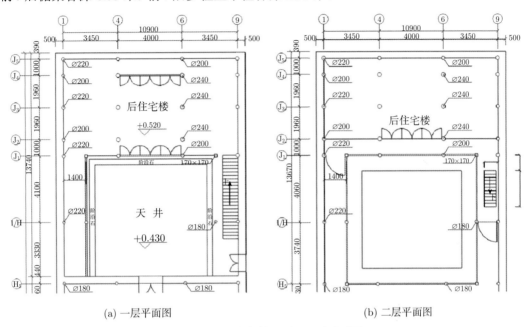

(a) 一层平面图　　　　　　　　　(b) 二层平面图

图 9-35　后住宅楼一层、二层平面图

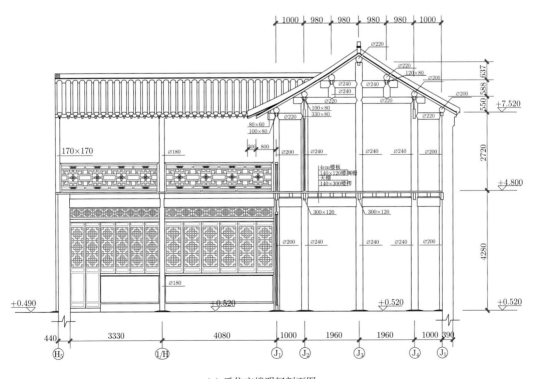

(a) 后住宅楼明间剖面图

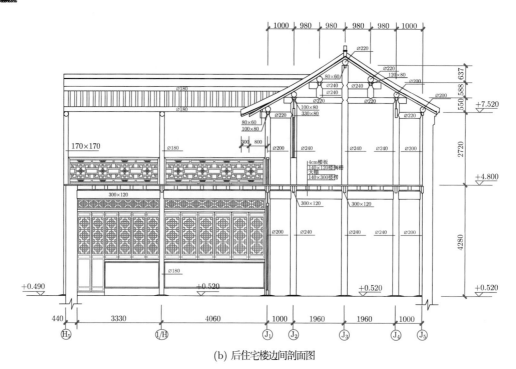

(b) 后住宅楼边间剖面图

图 9-36 后住宅楼明间、边间剖面图

厢房面阔自北向南依次为 4.06 米和 3.74 米, 深均为 1.40 米。东厢设木楼梯, 由南起步通往二楼, 楼梯南侧设对开门, 通往火巷。

后住宅楼檐高 7.43 米, 其中底层高 4.71 米, 楼层高 2.72 米。

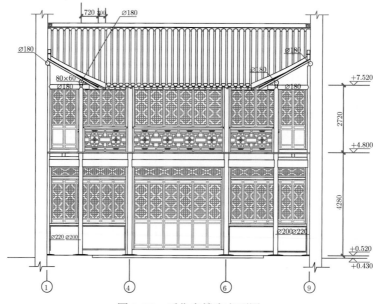

图 9-37 后住宅楼南立面图

图 9-38　后住宅楼南立面照片

2) 木构架

(1) 主楼木构架：主楼为五柱立帖式木构架，上承七桁六椽。檐口以上檐、步柱间单步梁连接，步、中柱间双步梁连接。楼面处各柱间楼楞连接。屋面、纵向设顺枋连接各柱。

(2) 厢房木构架：厢房为二柱单坡立帖式木构架，进深方向在檐下和楼面处设单步梁或楼楞连接柱，开间方向设顺枋连接各柱。

(3) 串廊：底层不设柱，楼面结构荷载由悬挑木梁支承，悬挑梁与前进后檐柱相连接，根部并搁置在檐柱外侧的墙上。二层在挑梁部端设柱，支承檐桁，柱顶设单步连接内侧柱。

3) 墙体

东、西墙及后檐墙均为青砖清水墙，山墙在屋面以上为屏风墙，上施双坡瓦顶，屏风墙的瓦顶下及檐墙的瓦顶下均为砖细挑檐和挂枋。屏风墙在 20 世纪 70 年代被拆除，现改为卷边做法。墙上门洞侧面饰方砖。

4) 瓦屋面

主楼为双坡小青瓦屋面，厢房为单坡小青瓦屋面，屋面坡向天井，屋脊均为三瓦条屋脊，厢房设龙梢过渡屋面，龙梢边与屋面相切处设斜沟排水。瓦屋面檐口均施蝙蝠图案的花边滴水。

5) 楼、地面

(1) 木楼面：主楼、厢房均为木楼面，楼面安装在楼搁栅上，并向檐柱外侧挑出，挑出的台口上表面铺方砖，外立面安装砖细挂枋。

(2) 木楼梯：东厢房设宽 90 厘米木楼梯通往二层，共 21 级，每步高 22 厘米，宽 25 厘米，因此楼梯较陡，踏面偏小。

(3) 地面：明间和厢房均为 400 毫米 ×400 毫米架空方砖地面，檐柱外侧为阶沿石；次间为架空木地板地面；天井为方整石地面。

6) 木装修

(1) 底层木装修：主楼外檐明间为六扇葵式长窗，长窗上施葵式横楣，次间不施楣窗，自顺枋下为葵式支摘窗，分上、中、下三排设置，中排支摘窗可支摘，其余为固定窗。窗下为木槛墙。内部的明、次间采用活动屏门式隔间分隔，屏门表面做地仗和国漆。内墙面安装护墙板。厢房檐口仅安装楣窗。

(2) 二层木装修：主楼前檐步柱间设置木装修，明间为古式长窗，上施楣窗，两次间设置短窗, 上施楣窗, 下设木槛墙。内部明、次间的柱间安装木板隔墙, 每道隔间留一门通向次间。

明间前檐和厢房的外檐柱间安装古式木栏杆。平面呈封闭状, 栏杆内侧安装活动移板, 栏杆以上至桁垫以下安装古式支摘窗。

第三节　损坏状况及病因分析

1. 门厅

门厅南檐墙的墙体在 21 世纪初进行了拆砌, 瓦屋面现状较好 (图 9-39), 故没有进行瓦望落地修理, 采取一般性维修。

图 9-39　门厅南立面现状

1) 墙体

(1) 南檐墙: 原清水整砖墙改为清水乱砖墙, 墙上多处开设窗洞, 清水立线较粗糙, 墙体平整度差; 大门踩脚石失落, 无门枕石; 屋檐下的砖细挑檐及挂枋改为水泥砂浆仿制。

(2) 西山墙: 为清水乱砖墙, 重新拆砌过, 墙面较好, 但坡屋面下的砖细博缝改为水泥砂浆仿制。

(3) 东山墙: 为清水乱砖墙, 未拆砌过, 墙体基本垂直, 坡屋面下的砖细博缝脱落, 部分失落。

(4) 槛墙: 北檐底层窗下原为清水槛墙, 现全部改为砖墙, 每间开一门或一窗。

2) 木结构

木构架桁、椽在上次修理后, 木柱间用砖墙或胶合板进行分隔, 将柱包入其中, 不见其貌, 只剩二层外檐柱暴露在外。檐桁下的垫枋缺失, 丁字拱下挠, 挑檐枋安装不规则, 飞椽坡度不一致, 檐口不整齐, 木构架的柱轻度沉降 10~15 毫米。

3) 屋面

(1) 瓦屋面: 屋面瓦完整, 基本整齐, 出檐的檐口因椽头下挠, 呈小波浪式。

(2) 屋脊: 正脊完整, 但不整齐。

4) 楼、地面

(1) 楼面：木楼面完整，基本平整，但板缝普遍不严密。

(2) 楼梯：原木楼梯应安装在室内，现被拆除，在天井西端后建砖混露天楼梯通往二楼。

(3) 室内方砖地面：原地面方砖全部丢失，被改为水泥地面，地面被抬高约 8 厘米，石礓全部被水泥覆盖。

(4) 阶沿：石阶沿沉降不均匀，不完整，部分丢失。

(5) 天井地面：天井原为方整石地面，现改为水泥地面，地面被抬高约 5 厘米。

5) 装修

(1) 底层木装修：底层北檐明间屏门全部丢失，各次间的短窗全部被改装成砖墙。次间木隔板全部改为砖墙和现代门窗。楼面下的木板天棚改为胶合板天棚。

(2) 楼层木装修：楼层外檐原古式木栏杆改为仿古木栏杆，栏杆内侧安装活动移板。栏杆以上至桁垫枋以下为支摘窗。横向柱间为木板隔墙。屋面以下无天棚。

(3) 南立面装修：南立面明间的对开实拼大门尚在，但关闭不严密，开启不灵活。南立面檐墙一、二层均开窗，不符合原有形制。

2. 楠木大厅

1) 墙体

(1) 两山墙体：两山墙及串廊檐墙均为青砖砌筑的清水墙，现存墙体表面基本平整，但局部倾斜，西墙较为严重些，在后开窗洞顶部墙体出现裂缝。现存墙体在瓦屋面以上不完整，查勘时仅在东山墙南端发现残存原屏风墙的遗迹，原屏风墙及其砖细挑檐和挂枋均被拆除。串廊檐墙上的砖细挑檐及挂枋失落。

(2) 倒座南立面檐墙：南檐墙的墙体较好，尤其是仪门的砖细立线垛雀替、挂枋、六角景及檐口飞檐挑檐保存完好，其结构未发现明显变化 (图 9-40)。但砖细门垛下部砖块腐蚀较严重，腐蚀最大深度达 2 厘米。门垛东侧芝麻杆立柱顶端的雀替失落。檐口的砖细挑檐及挂枋完整。门枕石上部失落。通往火巷门垛的砖细饰面下部受损，其余完好。

南立面的仪门及砖细部分仍保持原貌，其余墙面用水泥砂浆粉刷。仪门东侧的福祠已不存在，福祠现用水泥砂浆覆盖，凿除砂浆后，原构件全部失落。残存原福祠的部分轮廓，其高约 1980 毫米，宽 830 毫米，由屋面、梁枋、楣窗、长窗和香池等主要构件组成，并饰以雕刻。

(3) 后檐墙：大厅后檐原为古式长格窗，现为墙体。

图 9-40　仪门现状

2) 木结构

(1) 大厅木构架：明间柱、梁用料硕大，皆楠木构成，次间用料正常。柱基本垂直，木柱嵌入墙内部分普遍腐朽和受蚁害侵蚀，北檐柱及单步梁受害较严重，柱已失去支承上部结构的能力 (图 9-41)。明间西侧北檐柱、单步梁和西次间的檐檩均遭白蚁破坏。

图 9-41　木柱腐朽

(2) 串廊及倒座木构架：木构架中的木柱基本垂直，金柱顶部长期遭受屋面漏水，大部分产生水渍。嵌入墙内木柱腐朽严重。倒座的东部霉烂严重，倒座西侧串廊与大厅"脱找"连接处木构架由于屋面漏水严重，产生水渍并霉烂 (图 9-42)。

图 9-42　串廊与大厅"脱找"连接处

(3) 木檩条：大厅北檐木檩条腐朽严重，表面粉化部分截面缩小。倒座东次间木檩条腐朽闷烂。

(4) 木椽：大厅南北檐口飞椽尽失，木椽普遍腐朽。大厅的南檐与倒座的椽头不在同一个标高，檐口不交圈。大厅、倒座飞檐失落。

3) 屋面

(1) 瓦屋面：小青瓦屋面缺瓦失修，屋面破瓦较多，凌乱，屋面渗漏普遍；大厅北坡屋面檐口改为平瓦，天井位置的檐口均无瓦。

(2) 屋脊：屋脊大部分坍塌 (图 9-43)。

图 9-43　屋脊坍塌

4) 地面

(1) 室内地面：大厅方砖地面 80％以上破碎，其余地面改成水泥地面，并抬高约 5 厘米。

(2) 阶沿石及台阶：天井内的石阶沿和石台阶完整、平整，但大厅的北侧石阶沿部分缺失。

(3) 天井地面：天井地面由正方形块石铺成，采用 45° 斜铺法，部分石料破损缺失。

5) 木装修

(1) 大厅木装修：明、次间前后檐古式长窗全部丢失。挂楣基本完好，但有霉烂现象 (图 9-44)。

(2) 倒座木装修：明间外檐屏门全部丢失，次间长窗全部丢失。倒座挂楣部分丢失，有腐朽现象 (图 9-45)。

(3) 串廊木装修：外檐楣窗完好，全在原位置。

图 9-44　大厅挂楣现状

图 9-45　倒座挂楣现状

3. 二厅

1) 墙体

(1) 东、西山墙：山墙为青砖清水墙，檐口以上为空斗墙 (这是扬州传统民居常见的做法)，墙体基本垂直，山尖略向内收。后开门窗洞顶部墙体产生裂缝，山尖以上的屏风墙被拆除，屏风墙上的瓦顶、砖细挑檐及挂枋失落。

(2) 东、西围墙: 墙体同山墙, 墙体顶部被拆除, 局部增高改为山尖墙。原墙头双坡顶、砖细挑檐及挂枋全部失落, 东山墙上的砖细漏窗仍存在, 但少部分构件失落。西山墙上的漏窗丢失, 漏窗镶框内已改为砖墙。通往火巷门的砖细雨搭和立线门垛局部损坏。

(3) 北檐墙: 北檐墙与后进房共用, 为混水墙 (二厅和前住宅共用檐墙, 两面粉刷, 故为混水墙), 门洞周边的砖细贴面和雀替均完整 (图 9-46)。现墙体基本平整、垂直。

图 9-46　二厅北檐墙及砖细门套

2) 木结构

(1) 木柱: 底层外檐柱受蚁害和渗漏, 柱顶腐朽与枋脱离, 部分木柱劈裂, 裂缝内糟朽。内部木柱根部糟朽, 造成楼面沉降不平。二层木柱因受屋面雨淋, 大部分发生霉烂 (图 9-47)。

图 9-47　二厅外檐柱受损严重

(2) 木梁: 楼面木梁、木楼楞截面偏小, 木材霉变, 强度下降, 现采用临时支撑加固。倒座底层则用砖墙加固。屋面部位的梁因长期受潮, 均出现不同程度腐烂糟朽。

(3) 木桁条: 普遍发生糟朽。

(4) 木椽: 外檐蓬轩木椽严重糟朽 (图 9-48)。

3) 屋面

(1) 屋脊: 不完整, 部分坍塌。

(2) 瓦屋面: 屋面不平整, 屋面瓦凌乱, 东北角凹陷, 缺乏养护; 因长期渗漏, 已影响到木构架的质量和安全使用。

(3) 天沟: 碰檐天沟排水不畅, 渗漏严重, 影响靠墙木构件。

图 9-48   二厅蓬轩木椽糟朽

4) 楼、地面

(1) 木楼面: 木楼面长期受雨水淋, 部分楼面已丧失使用功能; 楼面外廊部分腐朽最为严重, 原平齐的板头已不见原貌, 台口上的砖细挂枋均已脱落。现底层增加砖墙来提高楼面承载能力。

(2) 室内地面: 方砖地面仅存于走廊处, 且全部破碎, 室内方砖地面已改为水泥地面, 地面被抬高 6 厘米。

(3) 阶沿: 石阶沿完整齐全。

(4) 天井: 天井为方整石地面, 部分缺失。

5) 木装修

(1) 底层: 前檐木装修俱在, 隔扇结构松动, 普遍开启不灵活, 部分隔扇脱落或被人为拆卸 (图 9-49)。内部均无装修。柱头撑牙及梁头座斗全部在原位 (图 9-50)。

(2) 二层: 前廊架木装修均毁, 现破烂不堪。前檐柱间木栏杆已毁, 现全部失落。室内木隔间现不存在, 室内木板天棚腐朽脱落。

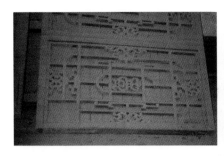

图 9-49   二厅被拆卸的隔扇

图 9-50　二厅柱头撑牙及梁头座斗

4. 前住宅楼及倒座

1) 墙体

(1) 东、西山墙及廊檐墙：山、檐墙均为青砖清水墙，墙面目测平整，垂直度无明显变化，山尖墙略向内收；串廊檐口局部外倾，门洞砖细部分损坏，后开窗头墙体产生较长的垂直裂缝。屋面以上的屏风墙被拆除，墙头双坡瓦顶及砖细构件均不存在。

(2) 主楼后檐墙：后檐墙为青砖清水墙，其平整度和垂直度无明显变化。

2) 木结构

屋面渗漏严重，造成木构架的梁、柱、枋和屋面桁条椽子大面积腐烂、糟朽 (图 9-51、图 9-52)。倒座的屋面和楼面已部分坍塌，随时都有全部坍塌的可能 (图 9-53)。

图 9-51　前住宅楼后廊房木构架

图 9-52　前住宅楼二层木构架

图 9-53　前住宅楼倒座临时支撑加固

3) 屋面

(1) 主楼屋面：瓦屋面的屋脊坍塌，瓦屋面失修，屋面缺瓦凌乱，多处渗漏；长期漏水引起屋面和楼面结构发生霉变、腐烂 (图 9-54)。

(2) 串廊屋面：瓦屋面缺瓦、失修，斜沟处渗水严重，屋面局部坍塌。

(3) 倒座屋面：瓦屋面缺瓦、失修，屋面凹陷，屋面和天沟漏水严重，东次间和明间屋面坍塌。

图 9-54　前住宅楼屋面现状

4) 地面

(1) 室内地面：室内方砖地面、木板地面部分保留 (图 9-55)，大多被拆除，被改成水泥地面，石阶沿失落，地面被提高 8 厘米。

(2) 天井地面：天井地面现被水泥地面所代替，原天井方整石全部失落。现水泥地面与室内地面等高。

图 9-55　前住宅楼保留木地板现状

5) 楼面

(1) 木楼面：木楼面不平整，木楼板及楼楞和楼搁栅普遍糟朽，倒座及东串廊最为严重，部分已坍塌，已成危险楼面。台口上的方砖缺失，立面砖细挂枋大部分缺失。

(2) 木楼梯：木楼梯设置在西串廊，现存楼梯设砖砌休息平台，木楼梯较宽，已被改造。

6) 木装修

(1) 底层木装修：底层原有的古式长窗、楣窗、短窗、板隔墙、护墙板全部失落，木板天棚仅存于东串廊楼面下部，且天棚面板糟朽严重。

(2) 二层木装修：二层木装修除木栏杆外，其余全部失落。木栏杆均腐朽，残缺不全，部分缺失 (图 9-56)。

图 9-56　前住宅楼木栏杆式样

5. 中前住宅楼

1) 墙体

(1) 两山及串廊墙体：青砖清水墙无较大变化，山尖略向内收，檐墙的柱子位置外倾，檐口外突，墙体自檐口起至底层门头产生垂直裂缝。檐墙上一、二层开窗各一樘。

(2) 后檐墙：后檐墙为青砖清水墙，仅一层高，二层不设砖墙。墙身的垂直平整度较好，无明显变化。

(3) 槛墙：砖槛墙设置在厢房和明间两侧的短窗下，砖槛外侧饰砖细贴面。

2) 木结构

(1) 木构架：由于柱基不均匀沉降，木构架变形严重，西南角檐柱沉降较大。木构架已采取过加固措施，构架的榫卯结合被拉开，嵌入墙内的木柱腐朽程度较严重。靠墙的单、双步梁腐朽较严重，部分单、双步梁因柱下沉而变形，使上、下架步间的木椽连接呈波浪形。枋随柱的沉降而倾斜。

(2) 木桁：由于木柱沉降，桁条不平整。

(3) 木椽：长期漏水部位的木椽糟朽最严重，飞椽大部分腐朽，因桁条位移，木椽脱掌。

3) 屋面

(1) 屋脊：正脊部分坍塌不完整 (图 9-57)。

(2) 瓦屋面：因年久失修，屋面破瓦较多，严重缺瓦；盖瓦脱脑，歪斜不正；屋面瓦凌乱，斜沟堵塞，多处渗漏。

4) 楼、地面

(1) 木楼面：不均匀沉降引起楼面不平整，西南角沉降最大，约 9 厘米。

(2) 台口：台口上表面的方砖面松动，部分脱落丢失；立面砖细挂枋部分丢失。

(3) 方砖地面：明间地面方砖 80% 破碎。

(4) 地板：底层次间和厢房木地板全部丢失。

(5) 阶沿：石阶沿全部在位，且平整。

图 9-57　现存屋脊

5) 木装修

(1) 古式长窗：底层檐口长、短窗均在位，但开启不灵活。

(2) 板隔墙：木板隔墙、护墙板丢失。

(3) 木栏杆：木栏杆松动、倾斜，因楼面沉降导致上下起伏。

6. 中后住宅楼

1) 墙体

(1) 东、西山墙及串廊檐墙：均为青砖清水墙，檐墙和山墙顶部略外倾，墙面轻度扭曲变形。现屋面以上的屏风墙被拆除，瓦顶及砖细挑檐和挂枋失落。

(2) 后檐墙：青砖清水墙，底层为砖墙，上层为木装修，墙体的垂直度和平整度较好。

(3) 槛墙：底层短窗下为半砖槛墙，槛墙外侧镶贴砖细六角景。六角景表面腐蚀严重，部分脱落，局部被拆除。

2) 木结构

(1) 木构架：柱子不均匀沉降，导致构架变形较大 (图 9-58)，部分木构架节点被拉破坏；嵌入墙内的木柱和枋腐朽严重 (图 9-59)，其余柱、梁、枋均发生不同程度的糟朽。

图 9-58　中后住宅楼二层木构架

图 9-59　中后住宅楼山墙构架

(2) 木桁：靠墙的木桁条和伸入墙内的桁条端部严重糟朽、腐烂。其余木桁条在漏雨部位腐朽形成凹槽。

(3) 木椽：木椽长期遭受屋漏影响，普遍产生水渍斑纹，大部分已糟朽。

3) 屋面

(1) 屋脊：屋脊仅剩瓦条，部分坍塌缺损。

(2) 屋面：屋面缺瓦凌乱，瓦行歪斜，局部坍塌，多处渗漏；柱子沉降导致檐口不平整。

4) 楼、地面

(1) 楼面：因木构架变形影响，木楼面不平整，楼板稀缝，部分楼板被撕裂。台口的方砖饰面松动失落，部分垂直的挂枋脱落。

(2) 方砖地面：明间原方砖地面改为平铺地面。

(3) 木地板：次间及厢房的木地板不完整，全部腐朽。

(4) 阶沿：石阶沿平整、完整。

5) 木装修

(1) 底层木装修：底层明间及厢房外檐的古式长窗均改为现代仿古门窗。明、次间木板隔墙全部丢失，护墙板全部丢失。天棚缺失。

(2) 二层木装修：主楼步柱间木装修、明间六扇古式长窗丢失，现改为分板墙，开一单扇门；西次间六扇短窗基本完好，但开启不灵活，东一间长窗失落。短窗下木槛墙被改装(图 9-60)。内部明、次间的板隔墙仅剩东明间一道，另一道失落；次间与后串廊交接处的装修全部失落。木板天棚糟朽，部分脱落。古式木栏杆变形，安装不牢固、倾斜。

图 9-60　中后住宅楼木栏杆

7. 后住宅楼

1) 墙体

(1) 东、西山墙及檐墙：均为青砖清水墙，上部略向外倾，局部扭曲，原屏风墙被拆除。

(2) 后檐墙：墙体被拆砌过，现为乱砖清水墙；二层墙体向外轻度倾斜、扭曲，新、老墙接槎处有较大裂缝，墙上留置多个窗洞，窗头有红砖修补现象。檐口砖细挑檐及挂枋现用水泥砂浆仿制，其高度与遗迹不一致。

2) 木结构

(1) 木构架：柱下基础不均匀沉降，引起构架变形；嵌入墙内木柱腐朽，柱下部分糟朽。楼面结构局部刚度不足、振动变形大，少部分梁柱节点被拉开。部分梁、枋腐朽。

(2) 木桁：北檐木桁条腐烂、糟朽，伸入两山墙的桁条头糟朽。

(3) 木椽：木椽普遍糟朽 (图 9-61)，漏雨之处和檐口较为严重。飞椽大部分腐烂。

图 9-61　后住宅楼木构架

3) 屋面

(1) 屋脊：屋脊坍塌不完整，部分仅剩脊胎。

(2) 瓦屋面：屋面瓦凌乱缺失，多处渗漏；屋面变形，龙梢坍塌。

4) 地面

(1) 方砖地面：明间和串廊方砖地面改为水泥地面。

(2) 木地板：次间原木地板被改为水泥地面。

(3) 阶沿：主楼石阶沿完整，厢房石阶沿丢失。

5) 楼面

(1) 木楼面：木板楼面不平整，部分破损。

(2) 木搁栅：排列间距大，楼面刚度不足、振动变形大。

(3) 木楼梯：原木楼梯翻改，现楼梯腐朽陈旧破损，栏杆缺少竖杆 (图 9-62)。

(4) 台口：台口腐朽不完整，平面砖细饰面及垂直面砖细挂枋脱落 (图 9-63)。

图 9-62　后住宅楼楼梯

图 9-63　后住宅楼南立面

6) 木装修

(1) 底层木装修：明间前檐的古式长窗和楣窗失落和破损，后屏门失落。次间支摘窗及木槛墙失修、破损 (图 9-64)。屏门式隔墙破损，地仗自然损坏。天棚部分脱落。护墙板下部腐烂，部分脱落。

(2) 二层木装修：明间古式长窗失落，东次间古式短窗失落。西次间窗扇破损 (图 9-65)。内部木板隔墙失落 (图 9-66)。木板天棚腐朽、部分坍塌。外檐古式木栏杆腐朽、歪斜 (图 9-67)。栏杆上部支摘窗腐朽损坏、部分失落。

图 9-64　后住宅楼支摘窗

图 9-65　后住宅楼二层西次间窗扇

图 9-66　后住宅楼二层西次间木板隔墙

图 9-67　后住宅楼木栏杆

第四节　修缮工艺及技术要求

1. 修缮方案及主要方法

汪宅中大部分房屋损坏严重，屋顶渗漏、木构架变形和墙体破损是主要的问题。本次修缮工程根据屋顶和木构架的损坏程度，主要采用揭瓦不落架牮正整修、局部落架大修两种修缮方法，并严格控制落架大修的范围，以充分保留建筑的历史信息。进行墙体修缮时，除了损坏严重的墙体需拆卸重砌外，要求最大限度地保留原有的青砖墙体；对局部倾斜、鼓肚的部位尽量采用不拆卸整修的方法，以保证墙体的完整性。汪宅中各分部工程的修缮内容见

表 9-1。

表 9-1 汪氏盐商住宅修缮表

分部工程	分项工程	修缮内容	备注
门厅	墙体	恢复东、西山墙、南檐墙和北檐底层槛墙	
	木结构	垄正构架；接换柱脚；拆换部分桁、椽	
	屋面	瓦望落地翻盖、做脊	
	地面	恢复室内方砖地面；翻铺阶沿石、天井方整石地面	
	楼面	拆换部分楼搁栅、拆铺木楼面；恢复木楼梯、木栏杆	
	木装修	整修大门；恢复屏门、短窗、楣窗、木板隔墙、木槛墙	
	粉饰	内墙面局部修补；木结构、门窗、木材面刷桐油和调和漆	
倒座、大厅	墙体	恢复东、西山墙及屏风墙、倒座南檐墙和大厅后檐墙	
	木结构	楠木厅垄正构架；拆换北檐受虫害侵蚀的部分柱、梁、桁、枋；拆换腐朽木椽；墩接柱脚，修理、补齐木雕件，整修蓬轩	
	屋面	瓦望落地翻盖、做脊	
	地面	恢复室内方砖地面；恢复石阶沿、天井方整石地面	
	装修	恢复屏门、长窗、楣窗	
	粉饰	内墙面铲粉；木装修、木材面刷桐油和调和漆	
二厅	墙体	恢复东、西山墙及围墙；清理北檐墙和恢复木槛墙	
	木结构	垄正构架；拆换部分柱、梁、桁、枋、椽；墩接柱脚	
	屋面	瓦望落地翻盖、做脊、新做碰檐天沟	
	地面	恢复室内方砖地面；整修阶沿石、天井方整石地面	
	楼面	拆铺木楼面；恢复台口平、立面砖细方砖	
	木装修	恢复短窗、楣窗、木板隔墙、天棚	
	油饰	内墙面铲粉；木装修、木材面刷桐油和调和漆	
前住宅楼倒座、前住宅楼	墙体	恢复东、西山墙；屏风墙及廊檐墙；整修后檐墙和恢复倒座墙体	
	木结构	东次间及明间落架大修；其余部分垄正构架	
	屋面	瓦望落地翻盖、做脊；恢复檐口花边滴水	
	地面	恢复室内方砖地面及次间、厢房木地板；整修阶沿石、天井方整石地面	
	楼面	拆铺木楼面；恢复台口顶、侧面砖细饰面和挂枋；恢复木楼梯	
	装修	恢复长窗、短窗、楣窗、木板隔墙、护墙板、天棚	
	油饰	内墙面铲粉；木装修、木材面刷桐油和调和漆	
中前住宅楼	墙体	恢复东、西山墙；清理后檐墙和拆砌局部槛墙	
	木结构	垄正构架；拆换部分柱、梁、桁、枋、椽；墩接柱脚	
	屋面	瓦望落地翻盖、做脊	
	地面	恢复室内方砖地面及次间、厢房木地板；整修阶沿石、天井方整石地面	
	楼面	拆铺木楼面；恢复台口平、立面砖细面层	
	装修	恢复长窗、短窗、木板隔墙、木栏杆	
	油饰	内墙面铲粉；木装修、木材面刷桐油和调和漆	
中后住宅楼	墙体	恢复东、西山墙；清理后檐墙和拆砌局部槛墙	
	木结构	垄正构架；拆换部分梁、桁、枋、椽；墩接柱脚	
	屋面	瓦望落地翻盖、做脊；恢复檐口花边滴水	
	地面	恢复明间室内方砖地面；整修阶沿石、天井方整石地面	
	楼面	拆铺木楼面；恢复台口平、立面砖细面层	
	装修	恢复长窗、短窗、楣窗、木板隔墙、天棚、木槛墙	
	粉饰	内墙面铲粉；木装修、木材面刷桐油和调和漆	

续表

分部工程	分项工程	修缮内容	备注
后住宅楼	墙体	恢复东、西山墙及屏风墙；拆砌后檐墙	
	木结构	牮正构架；整修部分柱、梁、桁、枋；拆换部分腐朽木椽；墩接柱脚	
	屋面	瓦望落地翻盖、做脊；恢复檐口花边滴水	
	地面	恢复明间、串廊方砖地面；恢复次间木地板；整修阶沿石、天井方整石地面	
	楼面	拆铺木楼面；恢复木楼梯；恢复台口平、立面砖细面层	
	装修	恢复屏门、长窗、短窗、楣窗、木槛墙、木板隔墙、天棚、木栏杆、护墙板	
	粉饰	内墙面铲粉；木装修、木材面刷桐油和调和漆	

修缮工程中，局部落架大修的房屋为前住宅楼倒座；因屋面长期渗漏，引起明间及东次间木构架、屋面、楼面的构件发生严重的霉变、糟朽和腐烂，使构件失去承载能力，引起瓦屋面、木楼面局部坍塌，成为危房。局部落架大修的范围为明间及东次间 (图 9-68)，修缮时，先拆卸整个倒座的屋盖和局部落架范围内的木结构，采用与原结构一致的杉木，更换不能使用的构件，使拆落范围的木构架、屋面结构、楼面结构保持原来的结构形式；其次，对不落架部位的木构架进行牮正，对损伤构件进行整修加固，达到修缮设计的要求；然后，进行落架部位的木构架归安，并与不落架部位的结构可靠地连接；待整个倒座的木结构体系安装连接牢固后，再重新铺设屋盖。

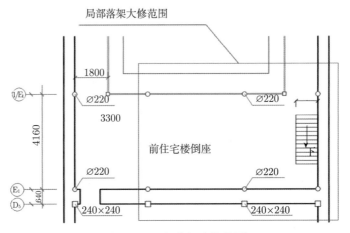

图 9-68　局部落架大修范围

2. 具体修复工艺及要求

1) 拆除工程

(1) 拆除不属于汪宅、被后人改建的楼梯，如第一进室外砖混楼梯；拆除大厅天井屋面以上瓦屋面天棚。

(2) 拆除汪宅房屋内部增加的墙体和被改动的地面。

(3) 将拆除的垃圾清运场外，为修缮工程做好前期的准备，使修缮工程按顺序正常进行。

(4) 需要揭顶大修的房屋按工序做好拆卸工程，按照修缮程序依次拆卸房屋的瓦望、椽、桁和装修，瓦望拆卸传至地面时应分类码放整齐备用。桁条和木构架拆卸前应按其所在位置进行编号，并在图纸上做好记录，以便归安时对号入座。桁椽拆卸后应拔除铁钉以及其他附着物，清理分类码放整齐；同时检查、剔除糟糠、腐朽、受虫蚁侵害和挠度过大失去承载能力的构件，并统计出完整和损坏构件的数量和规格，作为修缮备料的依据。

2) 木构架的落架与安装

(1) 木构架的落架

落架前，先搭设落架的脚手架；脚手架的高度应为构件所在高度并适合人工操作，脚手架的立杆应设在靠近柱的位置，便于归安时稳固柱身。

木构架拆卸应从一端开始，按顺序进行。拆卸时，应先退出锚固榫卯的千斤梢，再卸下各种构件，并清除构件上的铁钉和其他附着物。构件应分类堆放，便于配换和归安。

(2) 构件的配换和修理

因糟糠、腐朽和受虫蚁危害失去承载能力的构件，按其长度、截面尺寸、形状、结合方式和工艺进行配换。构件配换的过程中，其构件榫卯在地面应试装，确认无误后进行编号归安。

局部受损的构件通过修补可再利用，如柱的根部糟朽长度不超过柱高 1/3 时可采用墩接方法进行接长加固；柱的背面腐朽深度不超过柱径 1/3 的木柱可采用镶补的方法进行修补。不承重仅起连接作用的枋，其榫断裂，可采取补榫和铁件加固的方法使其再利用。挠度过大的五架梁、三架梁可在梁下增加随梁枋以加强其强度。

(3) 木构架归安

木构架归安前，应先复核柱下石磉的水平高度；石磉的地面正负误差在 5 毫米时可视作水平，超过时应调整其高度；同时复核柱下的石磉的间距尺寸是否有误差，若有误差应进行调整。复核柱网间距尺寸时，应考虑原有的侧脚尺寸，无误后再进行构架的归安。

归安时，待第一榀木构架榫卯就位、初步吊正后用平撑和斜撑将其固定，再进行第二榀木构架安装和纵向梁枋的连接；依此顺序，直至木构架安装全部就位。依次校核柱间的水平尺寸，无误后用水平撑固定柱根部；在各柱的柱头纵横方向挂上垂线，逐根校核垂直度，并使各榫卯完全就位，打入千斤梢，增加临时支撑，保持构架的稳定性。同时检查柱的底面与石磉面接触是否紧密，若不紧密必须楔入铁件，防止木柱回弹再度倾斜。

木构架归安后，在墙体砌筑期间和屋面工程结束前，每天派专人检查构架的垂直度，发现侧移立即纠偏加固。

3) 墙体及砖细修缮

(1) 原墙局部拆砌

拆墙时，应按先上后下的顺序依次拆卸，严禁用铁锤和铁镐打掉墙体。补砌时，应选择与墙面砖厚度一致的砖块砌筑外表面，墙体砌筑采用青灰浆，水平灰缝与老墙一致；乱砖应长砖短砌，上下垂直缝错开；墙芯"填馅"应随砌随填，随用灰泥抹平；砌筑灰浆颜色的深浅应与原灰浆接近。原是空斗墙的墙面亦按空斗墙恢复。

(2) 补砌屏风墙

原山墙在屋面以上的屏风墙被拆除，本次修缮应予恢复。恢复屏风墙前，应将山尖墙体松动的砖块拆除，局部改砌的墙体也一并拆除。屏风墙按传统风格进行恢复，即一片山墙接五架屏风墙或三架屏风墙,墙顶设双坡瓦顶,瓦顶上施一瓦条屋脊,瓦顶下设置砖细挑檐及挂枋。

(3) 墙面挖补

局部鼓肚、裂缝和表面腐蚀的墙面采用挖补的方法进行修补。将需修补墙面的砖块挖去进行补砌,补砌填芯时可采用水泥砂浆砌筑,表面用青灰浆砌筑。

(4) 填补墙洞

墙上后开的门窗,拆除门窗后进行填补封闭,恢复墙面原有面貌。封闭洞口时,新老墙体的砖块各皮要错开拉结。

(5) 砖细的修补

① 檐口挑檐挂枋:将挑檐挂枋拆卸后重新安装,补齐失落和损坏的构件,保持檐口水平和完整。

② 砖细装饰雕件:失落的雕件按现存雕件为样本进行复制,复制雕件的外形尺寸、外形花饰、雕刻工艺等应与原来一致。

③ 立线门垛和方砖饰面门垛:损坏部分按现存形式和原工艺手法修复完整。

④ 楼层平座砖细恢复:楼面整修结束后,进入木装修安装阶段即可进行平座砖细的恢复。先进行立面挂枋安装,安装挂枋留下的铁件圆孔应用细砖灰加 107 胶调和后补实补平,干燥后磨平磨光。平面方砖应用铁件固定在楼板上。

4) 木桁条、木椽安装

(1) 木桁条安装

原有木桁条整修后,按拆卸时的编号对号入座进行安装;更换的木桁条安装在原有的位置;安装前应将嵌入墙内的桁条端部和侧面进行防腐处理。

新旧桁条的安装应保持传统的榫卯结合,安装后其位置和举高应正确,节点牢固可靠。

(2) 木椽安装

① 轩椽:轩椽按原位置原间距进行安装,配换的轩椽长度、截面尺寸和弧度应与原轩椽一致。轩椽安装应牢固,安装后其上表面应处于同一水平面上。

② 正身半圆荷包椽:配换的木椽长度、截面尺寸和形状应与原木椽一致。木椽安装后其上表面应水平,上、下搭接的掌面应严密,安装要牢固,每间椽的根数与原来一致。

③ 矩形飞椽:矩形飞椽腐朽严重,需全部更换;更换的飞椽其截面尺寸应与原飞椽一致,压入的长度应大于挑出长度的 2 倍。

④ 龙梢:龙梢由桁条、木椽和斜沟底组成,全部采用木构件制作,安装在厢房屋面与正房屋面交接处。

5) 瓦屋面修缮

(1) 铺设望砖

凡"彻上明照"的房屋均铺清水望砖,其余为混水望砖;清水望砖需淋白牙线,蓬轩处望砖底面应磨成凹陷面,两卡边刨直,宽度要求统一准确。

铺设前应将破损、缺角和裂缝长度超过 1/3 宽度的望砖剔除。望砖从檐口处向屋脊方向铺设,当铺设到桁条位置时安装好勒望条,再向上铺设至顶部。铺设后的望砖应紧贴椽面。

(2) 筑脊

按照原屋脊形制恢复一瓦条、二瓦条和三瓦条屋脊。筑脊时应根据屋面总面阔计算出盖瓦的行数和行距,相邻两盖瓦的宽度宜在 5.5~7.0 厘米;盖瓦行数确定后,在明间的中心放好居中屋盖瓦,沿居中屋盖瓦向两侧安装盖瓦,保持行距的均匀。盖瓦安装结束后做脊胎,脊胎完成后带线砌筑瓦条,并用鸭嘴抹子将脊胎两侧用青灰抹平、压实抹光;在最上层的瓦条上用小青瓦站立筑脊;筑脊时应从明间的中心开始,瓦片弧面相对而筑,并向两端延伸,屋脊的两端安装砖细 "万全书" 脊件,脊件稍高于屋脊。

(3) 屋面铺瓦

屋面的盖瓦采用旧小青瓦,底瓦采用大号新底瓦。铺瓦前,应根据嵌入脊内脑瓦的行数和行距,在檐口处画出相应瓦行的标志,确认无误后按标志逐行铺瓦。铺瓦时底瓦必须端正,底瓦的两侧用碎瓦片和灰泥窝牢窝实;底瓦的搭接长度不小于瓦长的 2/3;盖瓦的外露长度为 1~2 指宽为宜。瓦行的间距保持均匀一致,盖瓦的侧面须顺直,底盖瓦的顶面须圆滑流畅。

铺瓦结束后,在檐口处带线安装花边、滴水瓦,花边脊的安装必须牢固和水平整齐。

(4) 斜沟

斜沟底层采用大号小青瓦铺设,斜沟宽 7.0~8.0 厘米。铺设斜沟底瓦时,应先用灰泥将基层曲面搪匀;斜沟铺设后,排水应流畅。斜沟两侧的瓦头应做成 45° 斜面,铺盖好后成为一条直线。

6) 地面

(1) 室内方砖地面

方砖地面采用架空法铺设。铺设前应将室内地面土降至 −0.26 米,平整后浇筑 100 毫米厚 C15 混凝土垫层;沿进深方向砌筑厚 24 厘米、高 12 厘米的地垄墙,地垄墙间距为 40 厘米;方砖铺设在地垄墙上,方砖面层应平整,接缝无高低现象,缝口嵌入油灰,其宽度应均匀一致。方砖面层铺设后自然养护 7 天,养护期间严禁人员踩踏。

(2) 石阶沿

现存石阶沿应带线进行整平,沉降和位移的阶沿应恢复原有的高度和位置。丢失的阶沿石首选旧阶沿石进行铺设;若无旧阶沿石,应选用石质和色泽比较接近的石材制作石阶沿,新制作的阶沿应采取传统做法,表面无机械加工的痕迹。阶沿成形后其表面标高应与室内地面一致,略向外泛水;整修时,结合层应用砂浆窝牢窝实,当结合层较厚时,应采用细石混凝土垫实;阶沿的接缝应小于 3 毫米,整修后自然养护 5 天。

(3) 木地板

原铺设木地板的房屋,需拆除现有水泥地面,按木地板恢复。地板顶面标高为 +0.15 米,地板面至混凝土垫层顶面高为 0.45 米。水泥地面拆除后,将地面土降至设计高度后平整夯实,浇筑 6 厘米厚 C15 混凝土垫层。在混凝土垫层上砌筑地垄墙,地垄墙采用标准砖 M5 水泥砂浆沿进深方向砌筑,墙厚 24 厘米、间距小于 1.20 米;地垄墙在底部每间隔 1.50 米预留一个通风口。地板楞采用 φ120 毫米原木制成,上下做成平面,便于搁置和安装木地板。地板楞搁置在地垄墙上,地板楞的间距在 30~50 厘米。木地板净厚 3.5 厘米,铺设在木地楞上,采用宽窄不等的木板铺成。

铺设后的地板面应坚固，受力后无回弹、松动现象，表面须平整，接缝应严密。

木地板的底面和地板楞均需做防腐处理。

(4) 天井地面

现仍存在的方整石天井地面，应整修平整；缺失的面层应补齐，保持天井地面完整。

被改为水泥地的天井地面，按方整石地面恢复。操作方法参照石阶沿修补。

7) 木楼面及木楼梯

(1) 木楼面

在木构架发平垡正修理阶段中对木楼楞进行更换、修理或加固，木楼面恢复前应校核楼面的平整度（即楼楞上表面的标高），若有高低差时在安装木搁栅时进行调整。木搁栅按照原来的位置进行安装，若原来的间距过大，可根据实际情况调整木搁栅的密度。木搁栅之间采用榫卯连接，用铁钉固定在楼楞上，楼楞上表面应水平。

木楼板铺设木搁栅上，板缝应严密，接头应整齐，板面应平整。

木楼面平座的平立面砖细亦应恢复完整。

(2) 木楼梯

① 现存和失落的木楼梯。现存楼梯共三组，一组设置在前住宅楼西厢房，另一组设置在后住宅楼东厢房，第三组是门堂楼房的楼梯。另在查勘中，发现前、后住宅楼的东次间有设置楼梯的痕迹。

前住宅楼木楼梯：原木楼梯已不存在。现存木楼梯为用户改造，下部为砖混结构，上部为木结构，应拆除，按原来的形制恢复木结构楼梯。

后住宅楼木楼梯：该木楼梯被改造，从楼梯组合上来看未设扶手立杆，楼梯的形式、工艺与建筑不相匹配，应不属于原来的楼梯，应拆除，按原来的形制恢复木结构楼梯。

门堂木楼梯：已被拆除，改为室外砖混楼梯，应在原位置恢复木楼梯。

失落的木楼梯：应在原位置进行恢复。

② 木楼梯的恢复。木楼梯恢复前，应根据楼层的实际高度和楼梯的长度，设计木楼梯的施工详图；每组楼梯的踢脚高度和踏面宽度应一致，楼梯必须牢固。

楼梯的望柱扶手及立杆形式应与所处房屋的风格相协调。

8) 木装修

汪宅中的木装修大都失落或被改造，特别是古式木门窗；在楠木大厅和前住宅楼中长短窗全部失落，天棚、板墙部分失落，现存天棚均腐朽和坍塌。所幸的是古式木栏杆虽破旧，但全部保留下来，为恢复木装修留下了真实的样品。

(1) 古式长窗

古式长窗扇按传统六抹头结构形式恢复，上、中、下设绦环板，窗芯下部的两绦环之间设裙板，扇上部窗芯式样按遗留在现场的残留痕迹，或按楣窗花饰进行制作，或选择风格与之协调的传统花饰。

现场遗留的长窗绦环板和裙板为素面，未施雕刻，仅作登台入槽。

古式长窗的上、下槛及抱柱均需添换，平开式长窗均采用梗榻开启。

(2) 短窗

短窗的构造同长窗的上半部分一致，其短窗芯花饰应与相邻长窗一致。

（3）支摘窗

支摘窗外边桎框内为窗芯，窗芯中部为玻璃仔框安装玻璃；固定的支摘窗与立柱榫卯固定，活动支摘窗采用铜质铰链支撑。

（4）楣窗

楣窗由边桎和内窗芯组成，安装在长窗、短窗或支摘窗顶部，为固定形式，不可开启。

（5）木板隔墙

木板隔墙在柱间用横托连接，横托与柱采用榫卯结合；板用铁钉固定在横托上，板的上、下端分别插入上枋和地栿的槽内。

（6）屏门式隔墙

按柱间净尺寸分扇制作屏门，起到分隔房间作用；屏门上、下端分别插入枋和地栿的宽槽，最后一扇平门下端用暗栓固定在地栿上。屏门式隔墙为活动式，可卸下，可安装。

（7）护墙板

安装护墙板时，先在砖墙面上弹出横筋墨线；按墨线固定木横筋，上、下间的横筋应位于同一个垂直面上；护墙板的上、下端分别插入枋和地栿的槽内，中间用铁钉固定在横筋上。

（8）天棚

现房屋中的底层和二层木板天棚部分失落、部分局部坍塌，天棚面板应全部更新，天棚楞木应重新安装。原天棚面板经过挑选，将能继续使用的集中到一起整理后使用，不足部分用新木板安装。

（9）木栏杆

各进房屋的古式木栏杆虽然腐朽、破旧、安装不牢固，但经过整修，部分仍可继续使用，缺少部分按原外围尺寸、原用料截面、原花饰和工艺进行复制，使之完整。

9）粉饰

（1）墙面粉刷

未安装护墙板的内墙面和其他需要粉刷的墙面均采用 1:1:4 混合砂浆粉刷，表面抹 3 毫米厚纸筋灰浆；纸筋灰浆表面需压平压实、平整，面层干燥后用白矾石灰水涂刷墙面。

（2）油漆

除楠木大厅不做油漆，其余房屋的木结构、木装修和木材面均刷一遍桐油、三遍调和漆。

第五节　典型建筑修缮前后对比照片

汪氏盐商住宅抢修工程自 2007 年 5 月 26 日开始，至 2007 年 12 月 10 日结束。工程严格按照修缮方案实施，保质保量地完成了任务。图 9-69～图 9-80 为主要工程项目修缮前后的对比照片。

(a) 修缮前   (b) 修缮后

图 9-69 门厅大门

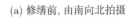

(a) 修缮前, 由南向北拍摄   (b) 修缮后, 由北向南拍摄

图 9-70 汪宅东山墙

(a) 修缮前   (b) 修缮后

图 9-71 对厅南立面

(a) 修缮前　　　　　　　　　　　　　(b) 修缮后

图 9-72　二厅南立面

(a) 修缮前　　　　　　　　　　　　　(b) 修缮后

图 9-73　前住宅楼北立面砖细门套

(a) 修缮前　　　　　　　　　　　　　(b) 修缮后

图 9-74　倒座北立面

(a) 修缮前　　　　　　　　　　　　(b) 修缮后

图 9-75　前住宅楼二层木构架

(a) 修缮前　　　　　　　　　　　　(b) 修缮后

图 9-76　前住宅楼楼梯

(a) 修缮前　　　　　　　　　　　　(b) 修缮后

图 9-77　窗下砖细槛墙

(a) 修缮前，由西向东拍摄　　　　　　　(b) 修缮后，由东向西拍摄

图 9-78　二层长隔扇

(a) 修缮前　　　　　　　　　　　　　(b) 修缮后

图 9-79　门厅栏杆

(a) 修缮前　　　　　　　　　　　　　(b) 修缮后

图 9-80　天井方整石板地面

第十章

吴氏宅第的修缮保护

第一节　吴氏宅第的建筑概况

1. 地理位置及保护范围

吴氏宅第 (吴道台宅第) 坐落在扬州市区北河下，今扬州市广陵区泰州路 45 号扬州市第一人民医院内。

吴氏宅第的保护范围 (图 10-1)：东至东围墙，南至黄牛巷北侧，西至现存建筑西山墙，北至测海楼北墙外 3 米东西一线。建筑控制地带：东至泰州路西侧路牙，南至围墙外 8 米，西至围墙外 44 米，北至围墙外 12 米。建设项目控制情况：建设控制地带范围内南侧在 20 世纪 70 年代中国船舶重工业集团七二三研究所新建了锅炉房、水塔，与环境风貌不协调；北侧 20 世纪 90 年代经有关部门批准新建了扬州市第一人民医院住院部三层楼房。

2. 历史沿革

宅主吴引孙 (1851~1921 年)，字福茨，祖籍安徽歙县，后改籍仪征，居扬州。历官浙江宁绍道台、浙江布政使等职。吴引孙酷爱藏书，收藏各类书籍计 8020 种，247 759 卷，于宅中建 "测海楼" 藏之。

吴氏宅第建于清光绪年间，是吴引孙在宁绍道台任上，聘请浙江匠师，耗时近 5 年在扬州修建的一座私人府第，建筑规模宏大、结构精巧、雕刻精细，以浙江建筑法则为基础，又糅合了扬州传统建筑风格，为扬州古建筑独具一格的住宅建筑群。其中仿宁波天一阁建造的藏书楼 —— 测海楼，是扬州市保存最完好的藏书建筑。

吴氏宅第于 1962 年被公布为扬州市文物保护单位，2002 年被公布为江苏省文物保护单位，2006 年被公布为全国重点文物保护单位。

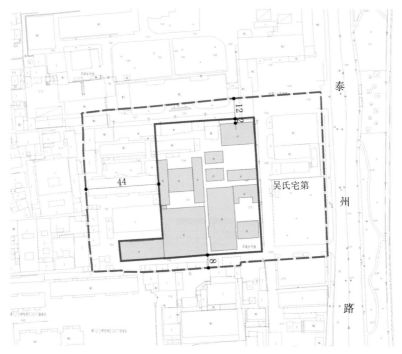

图 10-1　地理位置及保护范围

3. 建筑概况

吴氏宅第为大型住宅建筑群，整体布局严谨，大门厅东向，整个建筑坐北朝南，由东向西共五条轴线；宅内建筑高大、宽敞，石雕、木雕精美，兼具浙东派和扬州风格，具有独特的建筑风格和人文价值。

吴氏宅第为长方形大院落，东西阔 80 米，南北深 70 米，包括住宅、花园（芜园）、吴氏祠堂三部分；宅第占地面积约 25 亩（1 亩 ≈666.7 平方米），其中住宅占地 10 亩，芜园 11 亩，吴氏祠堂约 4 亩。

抗日战争期间，宅第中的芜园被日军强行征用、毁坏，改花园为练兵场，部分房屋被烧毁。

20 世纪 40 年代，宅第中部分建筑被占为烟厂，后因烟厂失火，烧毁第三条轴线住宅后楼、第四条轴线对厅以北住宅及第五条轴线全部建筑。

中华人民共和国成立后，吴氏宅第为扬州市第一人民医院用房和居民宿舍。

4. 历次维修情况

吴氏宅第于 1998 年迁出居民，筹备维修。

2003 年 11 月 22 日开始一期修缮工程，修缮区域为火巷以东的东部住宅，修缮测海楼、储水池等建筑共计 46 间，恢复廊房 14 间、亭 2 座，总建筑面积 1600 平方米，工程总造价 389 万元，2004 年 5 月竣工。

2004 年 5 月 10 日开始二期修缮工程，维修面积 1476 平方米。为修建宅第广场及停车场，拆除临街木楼等建筑面积 2149 平方米。

2005 年 1 月一期、二期工程同时通过验收，工程总造价 1800 万元。

第二节　典型建筑的形制与构造

吴氏宅第原包括住宅、芜园和吴氏祠堂，芜园和祠堂今已不存在。宅第原有五条轴线，现存四条，现存建筑占地面积 2650 平方米。

主体建筑为四路 (图 10-2)，东轴、中轴、西轴三条轴线已修缮对外开放，补一轴线上仅存第一进对厅，其梁架结构基本完整，但砖瓦局部脱落，建筑构件残缺，损毁较为严重。补二轴线上建筑已全部毁坏。

图 10-2　总平面图

1. 东轴线

东轴线上建有门厅、念佛堂、西式洋楼、测海楼等建筑。西式洋楼上下二层，面阔三间，青红砖夹砌，楼北为小花园。念佛堂面阔五间，进深七檩。测海楼二层，重檐歇山顶，面阔五间，砖木结构，仿建天一阁楼式。楼前东南西三面筑回廊，中为长方形的水池，围以铁花护栏。水池的东南、西南各建有八角攒尖凉亭。

1) 小洋楼

小洋楼为砖木结构 (图 10-3~ 图 10-5),北、东、西三面敞开走廊,柱座上并立双柱,柱顶用连续券代替梁枋,柱头有精美雕饰;屋面封檐,四面坡顶。

小洋楼原为主人计划接待洋人、洽谈洋务的场所,但建成后,由于时局的变化,吴引孙一直居住在上海,故未曾在此接待过洋人和洽谈过洋务。

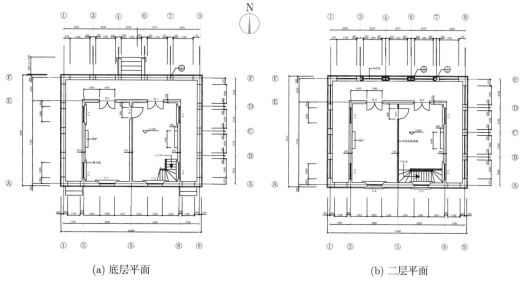

(a) 底层平面　　　　　　　　　　(b) 二层平面

图 10-3　东轴小洋楼底层、二层平面图

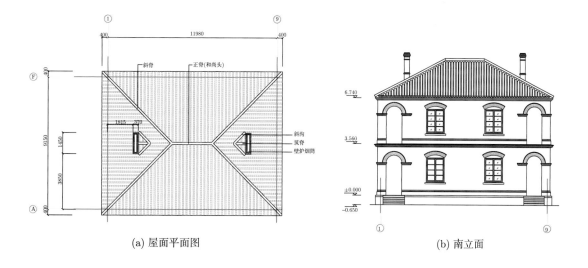

(a) 屋面平面图　　　　　　　　　　(b) 南立面

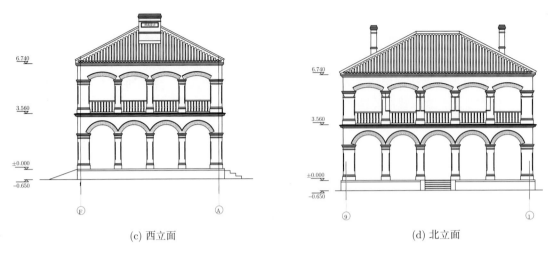

(c) 西立面　　　　　　　　　　　　　(d) 北立面

图 10-4　东轴小洋楼屋面，南、西和北立面图

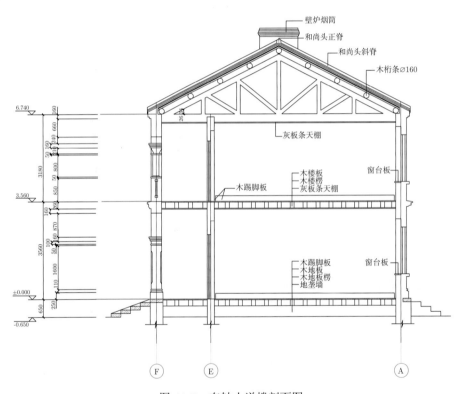

图 10-5　东轴小洋楼剖面图

2) 念佛堂

念佛堂是吴引孙的长辈念经场所。立面明三暗五 (图 10-6)，前有环抱廊，东梢间可通向后廊。其构架明间抬梁造，次间、梢间中柱造 (图 10-7)。

3) 测海楼

"测海楼" 为藏书楼，屋主人在楼下接待文人墨客，楼上藏书。建筑南、北立面图见

图 10-8；二层木结构，五开间重檐，两坡顶，其构架为：明间抬梁造；次间、梢间中柱造
(图 10-9)。底层明间做门斗，楼梯置于明间金柱之后。

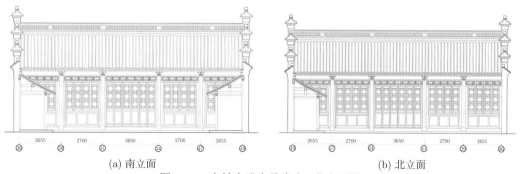

(a) 南立面   (b) 北立面

图 10-6   东轴中进念佛堂南、北立面图

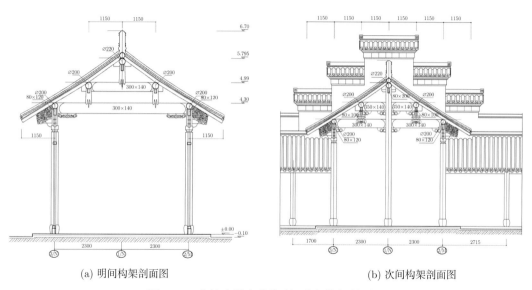

(a) 明间构架剖面图   (b) 次间构架剖面图

图 10-7   东轴中进念佛堂明、次间构架剖面图

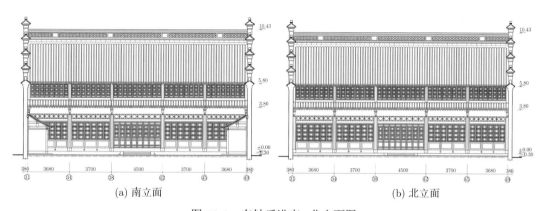

(a) 南立面   (b) 北立面

图 10-8   东轴后进南、北立面图

　　测海楼南有一大型水池，池四周设铸铁栏杆围之，池心有井一口，池水可与天地接气；水池南边是小花园，园中原有两个亭子，现已圮。池与花园两侧长廊相抱。

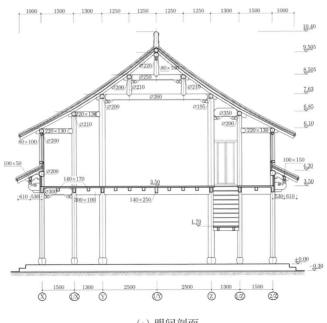

(a) 明间剖面

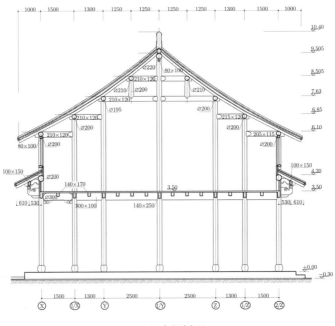

(b) 次间剖面

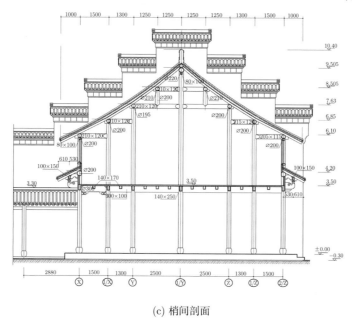

(c) 梢间剖面

图 10-9　东轴后进明、次和梢间构架剖面图

2. 中轴线

中轴线有二门厅、轿厅、爱日轩大厅、厨房等建筑。门厅南侧原有一照壁，上有砖雕"福"字样。爱日轩大厅，面阔三间，进深七檩，东西各有一间穿堂，分别通往后面住宅。厨房两进，面阔五间，两进之间有天井，西有门通火巷。

1) 二门厅

二门厅为住宅入口，其南、北立面及剖面见图 10-10、图 10-11。门厅三间分别开设正、侧门，门口有一对高大的象鼻抱鼓石，门侧砖细做工十分精美 (图 10-12)。檐柱下如意花鼓石础，柱顶上藤扎柱椀，椀上向开间饰置花牙。檐柱向外挑檐，挑头上花篮承托斗栱雕饰 (图 10-13)。檐柱内菱角轩、如意梁雕刻细腻 (图 10-14)。

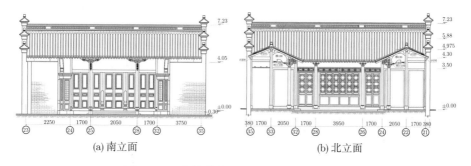

(a) 南立面　　　　　　　　　　　(b) 北立面

图 10-10　中轴前进 (二门厅) 南、北立面图

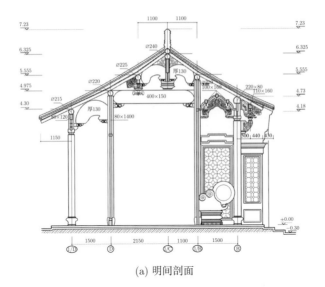

(a) 明间剖面

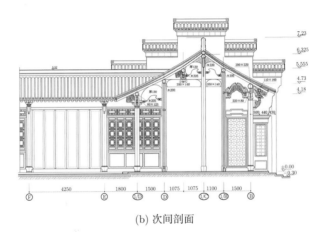

(b) 次间剖面

图 10-11　中轴前进明、次间构架剖面图

图 10-12　中轴前进南大门侧面砖细

图 10-13　南大门檐柱挑檐

图 10-14　南大门菱角轩

2) 轿厅

轿厅明三暗五廊 (图 10-15)，明间抬梁造，次间中柱造 (图 10-16 ～图 10-18)，梢间通廊。其前、后进之间有天井，四面环廊，无角柱，檐檩悬挑，吊挂花篮。正身廊房同次间构架，厢房与正身龙梢做法。

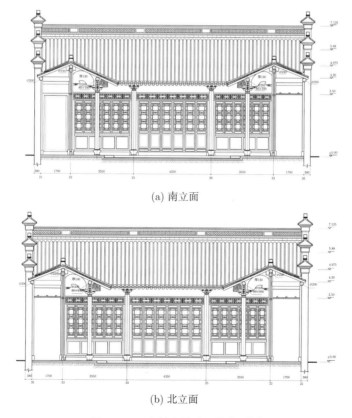

(a) 南立面

(b) 北立面

图 10-15　中轴中进南、北立面图

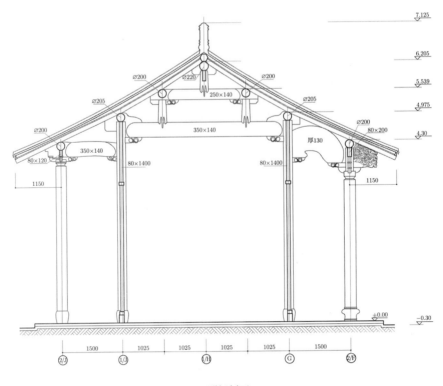

(a) 明间剖面

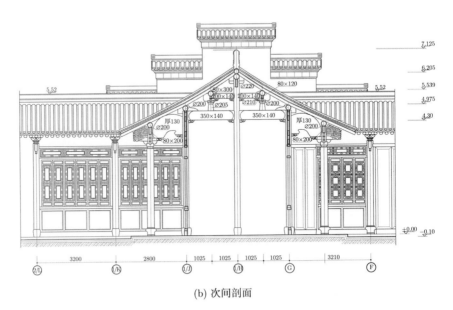

(b) 次间剖面

图 10-16　中轴中进明、次间构架剖面图

图 10-17　中轴线中进梢间构架

图 10-18　中轴线中进明间构架

3) 爱日轩大厅

爱日轩大厅与轿厅做法基本一致,其区别在于爱日轩前檐有廊,后檐无廊;即将后廊包纳室内。其南、北立面及剖面图见图 10-19 和图 10-20。

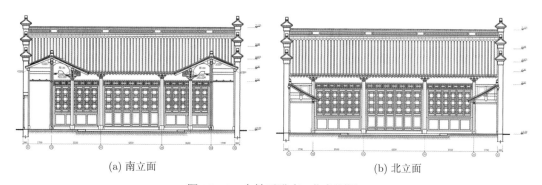

(a) 南立面　　　　　　　　　　　　　　　　(b) 北立面

图 10-19　中轴后进南、北立面图

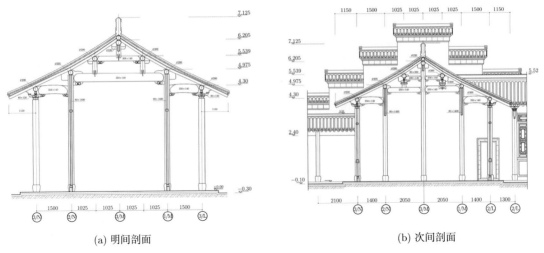

(a) 明间剖面 　　　　　　　　　　　　　　　(b) 次间剖面

图 10-20　中轴后进明、次间构架剖面图

4) 厨房

厨房位于中轴线第四、五进，共六间三厢 (图 10-21)；天井内开凿一眼水井，西厢房开门，可从火巷内进入。厨房结构形式简单，装修等级较低，均无雕刻装饰 (图 10-22、图 10-23)。明、次间无装修分隔，符合大户人家日常开伙要求。

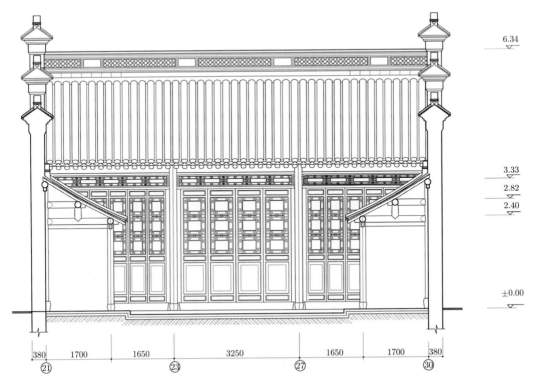

图 10-21　中轴前、后厨房南立面图

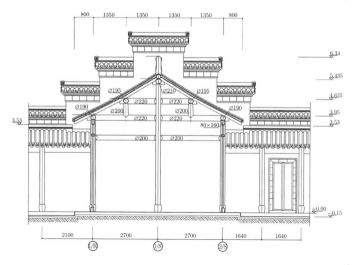

图 10-22　中轴前厨房明、次间构架剖面图

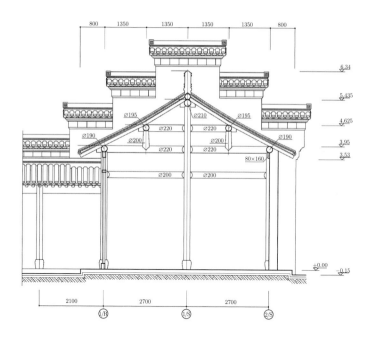

图 10-23　中轴后厨房明、次间构架剖面图

3. 西轴线

西轴线前后三进 (图 10-24)，依次为对厅、住宅，每进之间有外廊相连，木雕精美。对厅面阔七间，进深七檩，两侧为穿堂，通往厅后天井。住宅面阔七间，进深七檩，宅后原有两层住宅楼，面阔七间，已毁。

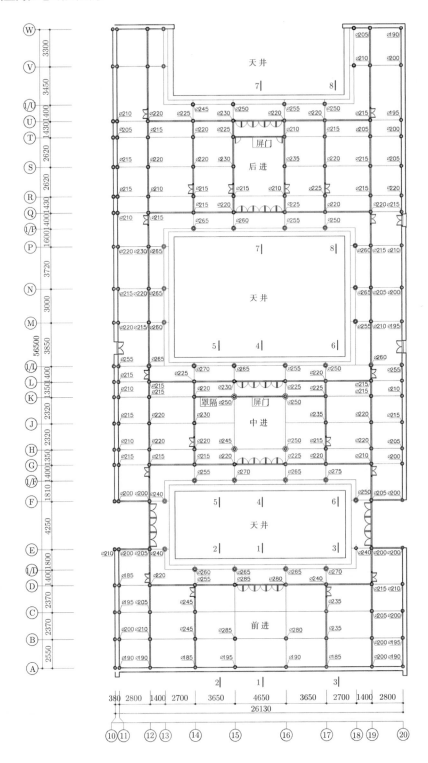

图10-24 西轴线平面图

1) 对厅

明五暗七布局 (图 10-25、图 10-26)，七架梁，明间抬梁造，次间金柱鸳鸯造，梢间金柱造，尽间亦金柱造 (图 10-27 ～图 10-32)。前檐砖墙无门窗，后檐天井环廊，四周弓形轩，廊为半月梁，如意柱础雕饰精致 (图 10-33)。明间格扇，其余槛墙。

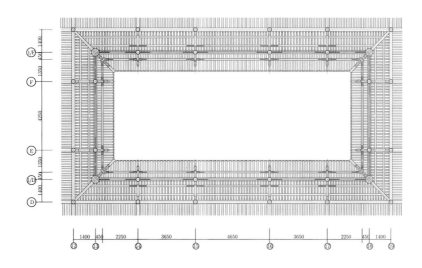

图 10-25　西轴前、中进环廊弓形轩仰视平面图

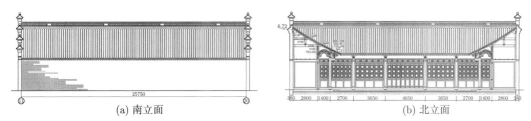

(a) 南立面　　　　　　　　　　　　(b) 北立面

图 10-26　西轴前进南、北立面图

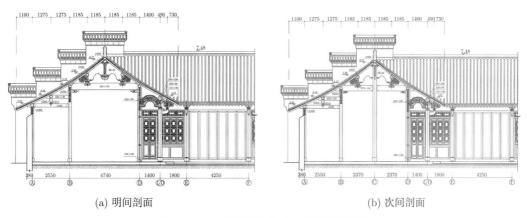

(a) 明间剖面　　　　　　　　　　　(b) 次间剖面

图 10-27　西轴前进明、次间构架剖面图

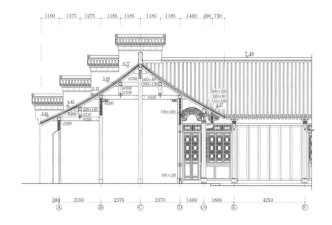

图 10-28　西轴前进梢、尽间构架剖面图

图 10-29　西轴线明间构架

图 10-30　西轴线次间构架

图 10-31　西轴线梢间构架

图 10-32　西轴线尽间构架

图 10-33　环廊如意柱础

2) 住宅

中、后两进为住宅，做法基本一致；中进明间构架金柱造，后进明间构架中柱造。中、后两进进深架步不一致，其南、北立面及剖面图见图 10-34 ～图 10-39。中进前檐与前进后檐天井的四周环廊做工非常考究，廊架均为半月梁，弓形轩 (图 10-40)。檐柱向外出挑，捧托花篮，花篮上重栱，栱上花牙置于桁下，桁檩进深从廊架中出挑，荷莲雕饰与挑檐枋相交 (图 10-41)。环廊四角阴戗中出窝角梁，廊桁悬挑，双捧窝角，下吊双重花篮。中进与后进间天井的四周环廊做法较前天井环廊简单，无轩 (图 10-42)。廊架用柁梁，桁下重栱，上置花牙。

后进向北原有楼屋，现只留下环廊的一半，其余已被拆除。

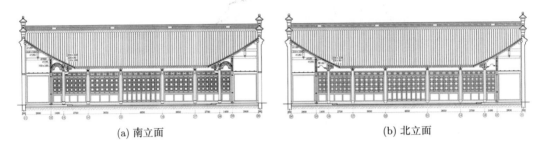

(a) 南立面　　　　　　　　　　　(b) 北立面

图 10-34　西轴中进南、北立面图

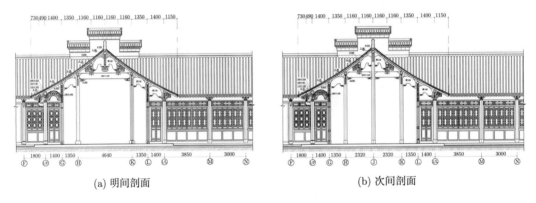

(a) 明间剖面　　　　　　　　　　(b) 次间剖面

图 10-35　西轴中进明、次间构架剖面图

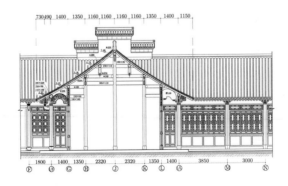

图 10-36　西轴中进梢、尽间构架剖面图

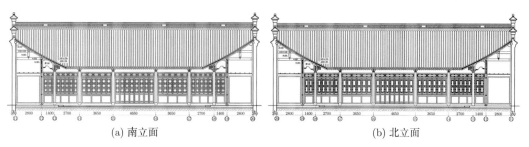

(a) 南立面　　　　　　　　　　　　　　(b) 北立面

图 10-37　西轴后进南、北立面图

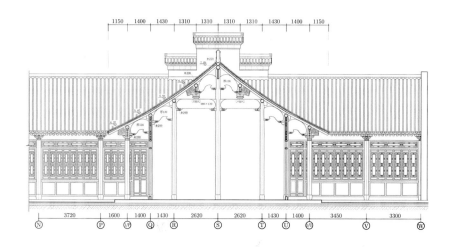

图 10-38　西轴后进明、次间构架剖面图

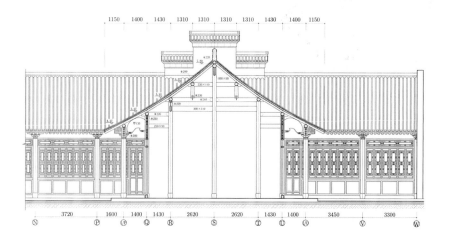

图 10-39　西轴后进梢、尽间构架剖面图

图 10-40 西轴线环廊轩梁

图 10-41 西轴线环廊檐柱挑檐重栱

图 10-42 西轴线环廊吊篮

4. 补建轴线

补建轴线为第四轴线，现存前进房，其余已被拆除；该轴线上自中进向北的建筑，从平面和遗留下来的残迹来看，应与西轴线构造相同。第五轴线已全部毁坏。补建轴线上的建筑都是住宅。吴氏宅第原状图见图 10-43，补建轴线图见图 10-44。

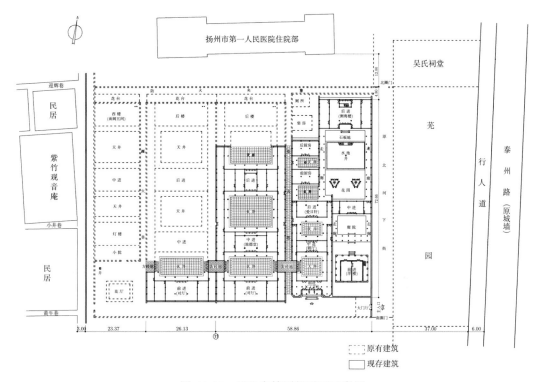

图 10-43　吴氏宅第原状平面示意图

5. 吴氏宅第与扬州民居建筑特征的比较

1) 平面布置比较

吴氏宅第在现存总平面布置中，共分为东、西两部分，每部分由两条轴线建筑组成，两部分建筑以火巷分隔；每条轴线亦分前、中、后三进，每进以四合院贯连三进。扬州民居一般以一条轴线前、中、后三进作一组合，而吴氏宅第将两条轴线连接在一起；共墙不共山，火巷分隔。在火巷以东是生活区，以西是住宅区。其功能布置分块明确。吴氏宅第与扬州民居平面布置比较图见图 10-45。

2) 面阔比较

吴氏宅第面阔七间 (明五暗七布局)，两条轴线并连在一起，火巷向西即住宅的南立面，出檐做法，视觉上较为矮长。其明间尺寸较大 (4.65 米)。而扬州民居一般面阔三间或五间 (明三暗五布局)，其南面建筑通长为五架，南立面封檐做法，有大门无窗，视觉上高大。其明间尺寸不超过 4 米。吴氏宅第与扬州民居面阔比较图见图 10-46。

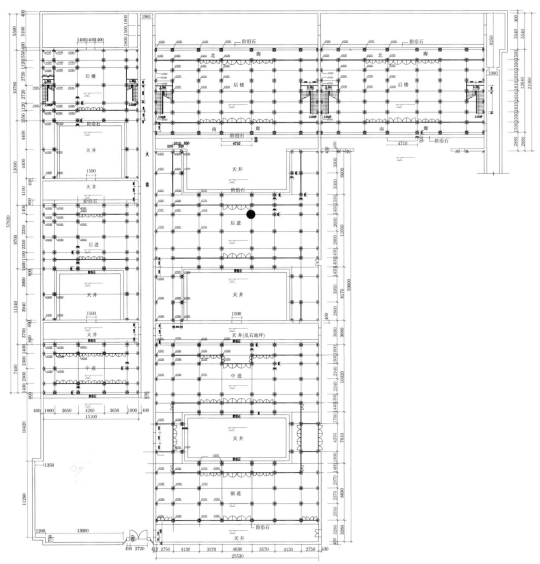

图 10-44　吴氏宅第补建轴线一层平面布置图 (复建方案)

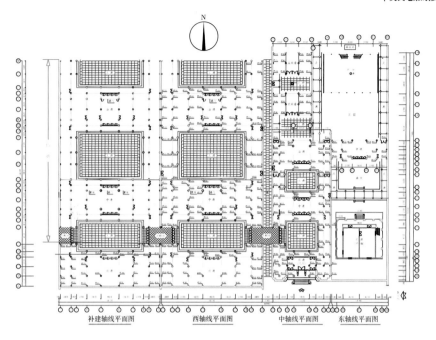

(a) 吴氏宅第平面布置图

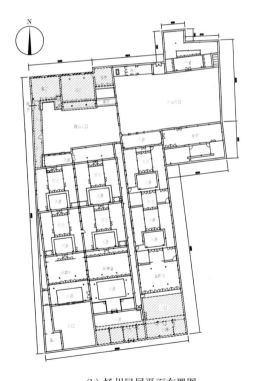

(b) 扬州民居平面布置图

图 10-45　吴氏宅第与扬州民居平面布置比较图

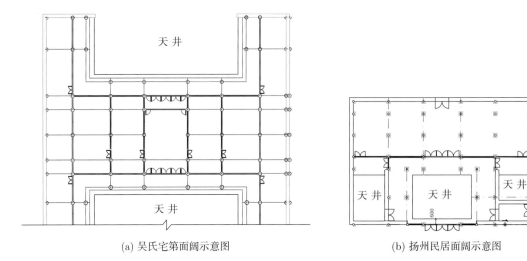

(a) 吴氏宅第面阔示意图　　　　　　　　(b) 扬州民居面阔示意图

图 10-46　吴氏宅第与扬州民居面阔比较

3) 地面的比较

吴氏宅第的天井、巷道均铺糙米色的宽大石板,这种石料是从浙江运来的,其石质松软。而扬州民居通常用青石或白矾石,尺寸与吴氏宅第相比不过一半。吴氏宅第的柱础,在重点建筑中用"如意花鼓",除此以外用素鼓,下垫一块石板。而扬州民居均用素鼓,下垫一块低矮的覆盆,或不用石鼓用覆盆。特别要提的,木门槛与石鼓连接的金刚腿做法,吴氏宅第把石金刚腿与石鼓连做在一起,较为巧妙,扬州民居少见。吴氏宅第与扬州民居柱础比较图见图 10-47。

(a) 吴氏宅第柱础　　　　　　　　　(b) 扬州民居柱础

图 10-47　吴氏宅第与扬州民居柱础比较

4) 构架比较

(1) 檐柱与步梁榫卯的比较

吴氏宅第檐柱头不出步梁,是将步梁安放在柱头上。而扬州民居是将柱头穿过步梁的榫卯做法,结构较为合理,能保证立柱与步梁 90° 的直角几何尺寸。

(2) 步梁与步柱、金柱、中柱榫卯的比较

吴氏宅第将柱梁结合后,又将梁腮部削去,表面看来呈半蛋状,这种做法的榫卯缺少严

密性、稳定性。扬州民居步梁的榫卯必须挖肩，梁榫进入卯口后，紧紧地抱住立柱，榫卯的严密性和稳定性较好。

　　吴氏宅第与扬州民居构架和柱梁比较分别见图 10-48、图 10-49。

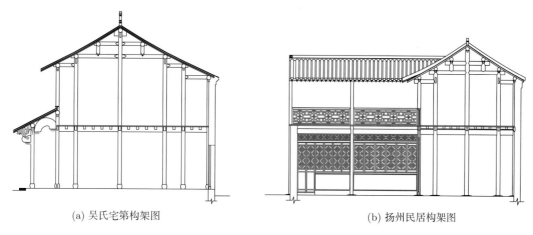

(a) 吴氏宅第构架图　　　　　　　　　(b) 扬州民居构架图

图 10-48　吴氏宅第与扬州民居构架比较图

(a) 吴氏宅第抬梁图　　　　　　　　　(b) 扬州民居抬梁图

图 10-49　吴氏宅第与扬州民居柱梁比较图

(3) 瓜柱外形比较

　　吴氏宅第与扬州民居的瓜柱榫卯做法相同，不同之处是吴氏宅第将瓜柱挂尖的两侧各刻一个凹槽，这是宁绍建筑的特征，扬州民居不用这种做法。吴氏宅第瓜柱不穿过步梁，而檩条与步梁在一个水平面上相交。扬州民居是将瓜柱穿过步梁檩条搁置在步梁之上。

(4) 内部构架和檐廊的比较

　　吴氏宅第的内部构架用柁梁、月梁，明间金瓜柱用坐花篮，中瓜柱用吊花篮，其等级较高，雕刻十分精致。而扬州民居的内部构架做工简朴，少有雕刻。

　　吴氏宅第的檐廊多无角柱，悬吊花篮；其廊架用半圆梁，挑头雕刻荷莲花纹，做成瑞兽状；蓬轩用弓形轩，截面较小。而扬州民居的檐廊的廊架，多用兔儿梁或象儿梁，亦用弓形轩，轩梁下两根低矮的瓜柱安置在单梁上；其轩椽较吴氏宅第的轩椽截面要大。除兔儿梁或象儿梁雕刻外，其余均不用雕刻。

　　吴氏宅第廊架做法与扬州民居廊架做法比较图见图 10-50。

(a) 吴氏宅第廊架做法   (b) 扬州民居廊架做法

图 10-50 吴宅廊架与扬州廊架做法比较图

5) 屋面、屋脊比较

吴氏宅第屋面的檐椽头截面为椭圆形，檐头有半圆花边无滴水；扬州民居用半圆荷包椽，檐头有瓦头、花边和滴水。

吴氏宅第正房屋脊等级较高，用筒瓦架脊，纹样为银锭古钱；扬州民居一般不用花脊，只用小青瓦站脊。

6) 屏风墙的比较

吴氏宅第屏风墙冲出屋面呈对称式或阶状式，并施瓦顶，做法同扬州民居相近；不同之处是屋脊外端做法，扬州呈水平状，吴氏宅第稍升起，脊头并向外挑出。吴氏宅第与扬州民居屏风墙比较图见图 10-51。

(a) 吴氏宅第屏风墙   (b) 扬州民居屏风墙

图 10-51 吴氏宅第与扬州民居的屏风墙比较图

第三节 损坏状况及病因分析

1. 总体损坏状况

吴氏宅第在建筑总平面上，仍保持原有的占地面积和形状，无扩大和收缩现象。在抗日战争期间，芜园被日军强行征用、毁坏，改花园为练兵场，部分被烧毁。20 世纪 40 年代，宅第被日军强占，部分用作制香烟的工厂，补一轴线大部分和补二轴线全部被烧毁。

中华人民共和国成立后，吴氏宅第长期以来用作医院用房和宿舍。居住者根据自己生活起居的需要，在房屋内部和院内随意搭建，有的住户还将生活用水引至二层木楼面上，影响了房屋的通风、采光和排水功能；在恶劣封闭潮湿的环境下，木构件长期受屋面渗漏和生活用水的影响，产生霉变、腐朽、腐烂，引起房屋变形；为避免房屋坍塌，住户又增加了许多砖墙、砖柱来支撑房屋构件，破坏了原有的结构体系。

吴氏宅第在“文革”中被任意拆改，整个建筑群遭受重大的破坏。再加上年久失修，风雨侵蚀，导致构架倾斜，榫卯脱位，部分屋面坍塌，已成为危房。医院作为使用单位，由于住房紧张、住户特多，无法腾让，对其进行修缮，只能对房屋根据使用状况进行“头疼医头，脚疼医脚”的维修，由于长期得不到全面修缮，原本宜居的房屋质量急剧下降。

本次工程维修前，吴氏宅第的整体环境杂乱、现有建筑老化破旧，难寻往日一派深宅大院、古朴典雅之境。

2. 现有房屋的查勘

1) 东轴线

(1) 小洋楼

①墙体。洋楼的砖砌体由于红砖的抗压强度和抗风化性能较差，砖的表面风化、剥落严重，墙体砌筑砂浆强度等级较低，砌体砂浆不饱满；在长期荷载作用下，砂浆被压碎脱落，西、北立面 (图 10-52) 砖柱的砖被压碎后使其截面减小，并多处产生垂直裂缝，西、北立面砖券砌体松动，砂浆脱落，砖块错位，也产生多处垂直裂缝。

北面檐口部分砖券已用青砖重新砌筑。顺墙披屋是后来搭建，原为空地。

洋楼外部砖砌栏杆已不是原物，原四周是清水红砖与青砖墙，现已加粉刷。

东廊楼梯已不在原位，内部装修改动。

基础下沉，墙身裂缝。

②屋面。

木屋架：木屋架整体基本完好，木屋架支座部分的锚固铁件被锈蚀，部分木构件因干燥收缩引起铁件螺栓有所松动。

木桁条：部分腐朽严重，并且部分挠度较大。

木椽：腐朽严重。

瓦屋面：瓦望破损严重，木基层基本腐烂，屋脊破损严重。

③楼、地面。

楼面：受屋面渗漏的影响以及使用上的原因，木楼板有腐朽、变形现象。

地面：因长期保养不到位，加之使用不当，受潮湿影响，支撑不牢固，行走时变形和振动幅度较大，木地板腐烂和变形严重。

④木装修。

木楼梯：休息平台木构架腐朽变形，引起楼梯段松动，踏步板磨损大。

天棚：局部变形，粉刷层脱落。

木门窗：改制比较严重，部分原有木门窗油漆剥落严重。

图 10-52　小洋楼北立面

(2) 念佛堂

①墙体。屏风墙已全部被拆除。墙顶松动、歪闪。墙体因住户随意拆开门窗破损，门窗洞口顶部松散严重。墙角处有残破现象，墙体表面腐蚀、风化严重。缺少部分砖细线条。

②屋面部分。正房屋脊、厢房屋脊均有局部变形。瓦屋面破损严重。斜沟、檐沟腐朽严重。木基层部分挠度大、腐朽及白蚁蚁害受损较多。木桁条部分变形腐朽。

③木构架。

水平度：柱顶至上表面基本在一个水平面，其高差在 −10 至 +15 毫米之间。

倾斜度：大部分木柱基本垂直，少数木柱略微倾斜。

④地面。原地板地面已全部被改为水泥地面。

⑤木装修。木槛墙局部变形。长窗、短窗均有部分腐烂，或被替换。附墙板墙基本丢失，只有少数残留。木板天棚遭破坏，全部丢失。

(3) 测海楼

①墙体。前后檐墙基本完好，两山屏风墙已被改动，但两山墙体部分基本完好。

②屋面部分。因长期保养不到位，瓦屋面损坏严重。檐口花边瓦、滴水几乎全部丢失。木基层、出檐椽、花架和脑架椽均有腐朽及变形现象，部分已失去承载能力。木桁条部分挠度较大，部分有明显撕裂。

③木构架

构架基本完好，无明显柱沉降，只有个别柱下基础沉降 5~15 毫米。无明显纵横向倾斜。

④楼、地面。木楼面基本平整，只有极少数地板腐朽；木楼楞柔度较大。方砖地面损坏较多，木地板被改为水泥地面。

⑤木装修。现北檐两尽间保存有原槛墙。古式木窗，无论是长木窗，还是短木窗，只有极少数留存，其余全部被更换。

测海楼修缮前南立面见图 10-53。

图 10-53　测海楼南立面

2) 中轴线

(1) 二厅门

①墙体。大门两侧砖细雕花已被粉刷白石灰。

②屋面部分。正房屋脊损坏比较严重；望砖风化严重，部分脱落。盖瓦由于长期缺少保养，凌乱不堪，屋面渗漏严重；原白铁斜沟腐朽严重。少量木椽挠度过大、腐朽；二架桁条有明显撕裂现象。

③木构架。经实测，木构架基本在一个水平面上，木柱也基本垂直。木构架部分节点存在脱榫情况，但均小于 2 毫米。

④地面。方砖地面损坏严重，几乎全部破损。

⑤木装修。明间大门闭塞，门厅后檐屏风、隔扇、木槛窗全部丢失。

(2) 轿厅、爱日轩大厅

①墙体。原屏风墙全部被拆除。墙角等处部分残缺，表面腐蚀风化严重。

②屋面部分。正房屋脊损坏比较严重；望砖风化严重，部分脱落。盖瓦由于长期缺少保养，凌乱不堪，屋面渗漏严重。少量木椽挠度过大、腐朽，二架桁条有明显撕裂现象。

③木构架。经实测，木构架基本在一个水平面上，木柱也基本垂直。木构架部分节点存在脱榫情况，但均小于 2 毫米。

④地面。原木地板全部改为水泥地面，原方砖地面破损严重。

⑤木装修。木槛墙已不是原物。窗被更换较多，留存的也难以开启，失去使用功能。附墙板墙全部丢失。

(3) 厨房

①墙体。西山墙基本完好，顶部局部歪闪；由于住户开拆窗洞，部分洞口周边墙体松动。东山墙歪闪和破损比较严重，同时墙上后开门窗洞较多。前、后檐墙基本完好。

②屋面部分。屋脊已基本不存在；望砖少量风化。盖瓦损坏严重，屋面严重渗漏。檐口只有花边瓦，未用滴水瓦。大部分木椽已失去承载能力，部分二架木桁条腐朽、撕裂。

③木构架。整体构架基本完整。少数构件有腐朽及白蚁蚁害现象，个别榫头断裂。

④地面。室内方砖地面全部改为水泥地面。阶沿石缺失和破损严重。天井石板地面破损较大。

⑤木装修。被改为住宅后，原门窗全部丢失，内部装饰也面目全非。

3）西轴线

(1) 前、中进房屋

①墙体。正房的东山墙、厢房的后檐墙普遍向外侧歪闪，前进东山墙外倾约 7～9 厘米，墙体表面多处产生垂直裂缝和斜裂缝，西山墙和两厢后沿墙上部墙体采用红砖拉结，墙体拆砌过。

房屋在使用过程中，用户过多地在墙上打洞开启门窗，补砌洞口时未能砌密实；因墙体松动和局部沉降，造成墙体变形，多处裂缝和歪闪，削弱了墙体稳定性。

屏风墙已全部被拆。中进过厅两侧砖细墙现用石灰粉面。

②屋面。瓦屋面坡度平缓，排水不流畅；木构架倾斜变形后引起屋面变形，屋面渗漏较严重，屋脊已被拆除。因木构架变形，木桁条发生位移，多处木桁条已不在原有的位置，造成木椽脱掌，瓦屋面变形。

③木构架。前、后进房的木构架向北倾斜，榫卯脱位，柱内键销拉裂；连接木构架的开间枋被人为卸去，构架的刚度被削弱；檐口高度较高、构架用料尺寸偏小，易导致构架产生变形。

④地面。室内原方砖地面均被住户改为水泥地面或釉面砖地面，地面被抬高 5～10 厘米；原地板均已腐朽破损，残缺不全；天井的石板地凹凸不平，部分石板破损和缺少。

⑤木装修。原木装修全部改为砖墙和现代木门窗。

前进房屋修缮前状况见图 10-54。

图 10-54　西轴线前进南立面

(2) 后进房屋

①墙体。正房的墙、厢房的后檐墙和山墙，普遍歪闪，墙体表面多处产生垂直裂缝和斜裂缝；正房的东山墙和东厢房的后檐墙裂缝和歪闪最为严重，垂直裂缝从墙的顶部延伸到墙基以上，裂缝最大宽度达 40 毫米。部分墙体在房屋使用过程中用灰泥重新修补或拆

砌过。

　　房屋在使用过程中，用户过多地在墙上打洞开启门窗，补砌洞口时未能砌密实；因墙体松动和局部沉降，造成墙体变形，产生多处裂缝和歪闪，削落了墙体稳定性。

　　屏风墙已全部被拆。

　　②屋面。瓦屋面坡度平缓，排水不流畅；木构架倾斜变形后引起屋面变形，屋面渗漏较严重；屋脊已被拆除，部分瓦屋面坍塌。因木构架变形，木桁条发生位移，多处木桁条已不在原有的位置，造成木椽脱掌，瓦屋面坍塌 (图 10-55)。

图 10-55　屋面坍塌

　　③木构架。后进房的木构架向北倾斜，木构架变形，其榫卯脱位，柱内键销拉裂。

　　④地面。室内原方砖地面均被住户改为水泥地面或釉面砖地面；原地板均已腐朽破损，残缺不全。

　　后进房屋修缮前状况见图 10-56。

图 10-56　西轴线后进南立面

3. 复建房屋 (补建轴线) 的查勘

1) 基本状况

(1) 西轴线

在后进房的厢房北侧, 恢复面阔为七开间的二层砖木结构住宅。

(2) 补一轴线

现仅存前进房屋, 其余房屋毁于火灾。该轴线自中进向北建筑, 从平面和遗留下来的残迹上来看, 应与西轴线构造相同。对厅以北恢复面阔为七开间的中进、后进和后楼房屋, 各进房屋在尽间处以厢房相连, 后楼为二层, 全部为砖木结构。

(3) 补二轴线

已全部毁于火灾。南端首进恢复面阔四开间房屋, 二、三进均面阔三开间, 一至三进的房屋均为一层砖木结构房屋。

2) 查勘要点

补建轴线在拆除清理现场后, 进行勘查测量。查勘要点如下:

(1) 对吴氏宅第已毁房屋的调查和发掘, 找出掩埋地下的柱基、墙基, 确定房屋的平面尺寸、柱网尺寸、墙体的趋向和砖墙的厚度。

(2) 根据现存和已毁建筑相连处墙体上遗留的柱口、梁口等残迹传递的信息 (图 10-57), 作为确定复建房屋的檐口高度、进深尺寸和柱、梁截面尺寸的重要依据。

(3) 根据吴氏后人和熟悉该房屋的老人提供的房屋内部装修分布状况和细部构造、知情人反映的可信信息作为恢复内部装修的参考依据。

(4) 依据于现存建筑提供的建筑形制、风格和艺术等方面的信息。

图 10-57 补建轴线相邻建筑被拆痕迹

第四节 修缮工艺及技术要求

1. 现有房屋修缮

1) 修缮依据与要求

修缮工程应遵循《中华人民共和国文物保护法》"不改变文物原状的原则"，力争按照"原有形制、原有结构、原有材料、原有工艺"进行修复，全面保存延续文物建筑的真实历史信息和价值。

工程修缮的依据如下：①现存房屋的平面布局、墙体、屋面、构架、装修及地面的形制、造型风格、工艺以及用材质地作为修缮主要依据。②依据于历史文献的记载。③依据于现场查勘获得的建筑信息。④依据于现场查勘、测绘的房屋现状图纸和数据，包括各进房屋的面阔、进深、檐高、柱网尺寸和主要构件的截面尺寸，以及各房屋木构架形式和构造尺寸，建筑细部构造形式和各种古式门窗详图。⑤本次查勘获得的房屋残损情况。

对于隐蔽工程的要求如下：①水，对于下水，检查整个排水系统，须请给排水专业技术人员到现场设计前，先用水准仪测定扬州市第一人民医院主下水道与该住宅沟底的标高，按规范计算高低差后，方可设计。对于上水，凡天井、廊院皆从火巷地下引进自来水管道，在每进的天井、廊院隐蔽处各安装一个自来水龙头。在适宜处安装备用阀。②电，需要专业设计。导线穿入明敷的金属管内，要求构架内走线要隐蔽，做到安全防火达标。大厅内，凡原铜钩位置设计宫灯，其余吊灯要求旧制，预先做好地下埋设工作。电话根据需要安置，走线同上。③消防，要有专业设计，建议在立柱上安装灭火器材。每进有一至两个消防栓和两只太平缸，确保木结构应急救火的安全。

工程施工尚应符合如下要求：①白蚁防治。瓦望落地后，由专业白蚁防治中心对所有木构架及可利用砖瓦等材料进行药物喷洒。对进场材料做好白蚁检查工作。喷洒药物期间建筑工人应回避，到药性挥发至对人无害时方可进入施工。②木构架。凡立柱下沉 20 毫米以上的皆须上涨，倾斜 15 毫米以上均要牮正。

吴氏宅第现有房屋的修缮内容见表 10-1。

表 10-1　吴氏宅第修缮表

分部工程	分项工程	修缮内容	备注
东轴线前进 （小洋楼）	屋面	揭瓦（蝴蝶瓦）	重盖
	砖柱、砖券及墙体	砖柱、砖券砌筑，墙面粉刷	
	小木作	门、窗、天花、板壁、木楼梯、栏杆	新做
	石作	翻铺台阶石；新做散水坡	
东轴线中进 （念佛堂）	屋面	揭顶；复原筒瓦脊	重盖
	墙体	东、西山墙恢复屏风墙	加砌
	大木作	复原南抄手廊；牮正构架；添换 1/2 檐椽；墩接墙下柱脚	
	小木作	隔扇、槛窗、隔断板壁、双面窗下板壁、后门、门楣	新做
	石作	阶沿石、石板地	翻铺
	砖细	方砖地、墀头	
	其他	拆除天井内非原有建筑、北檐墙、屋内天花	
东轴线后进 （测海楼）	屋面	揭顶；复原筒瓦脊	重盖
	墙体	东、西山墙恢复屏风墙	加砌
	大木作	复原南抄手廊；牮正构架；添换 3/5 檐椽；墩接墙下柱脚	
	小木作	隔扇、槛窗、罩隔、隔断板壁、双面窗下板壁、木楼梯、门楣、地板	新做
	石作	阶沿石、石板地	翻铺
	砖细	方砖地、墀头	新做
	其他	拆除非原有建筑、天花、水泥地坪、清理前水池	

分部工程	分项工程	修缮内容	备注
中轴线前进 (二门厅)	屋面	揭顶；复原筒瓦脊	重盖
	墙体	东、西山墙恢复屏风墙	加砌
	大木作	牮正构架；添换 1/2 檐椽、飞椽；墩接墙下柱脚	
	小木作	隔扇、槛窗、隔断板壁、双面窗下板壁、门楣、将军门一樘	新做
	石作	翻铺台阶石、新铺门前石板地	
	砖细	方砖地、墀头	新做
	其他	拆除屋内天花、水泥地坪、清洗出被石灰覆盖的砖、木、石雕图案	
中轴线中、后进 (前厅、后厅)	屋面	揭顶；复原筒瓦脊	重盖
	墙体	东、西山墙恢复屏风墙	加砌
	大木作	牮正构架；添换檐椽；换部分檐柱、墩接柱脚	
	小木作	隔扇、槛窗、隔断板壁、双面窗下板壁、门楣	新做
	石作	阶沿石、天井石板地	翻铺
	砖细	方砖地	新做
	其他	拆除天井内非原有建筑、屋内天花、水泥地坪	
中轴线 (厨房)	屋面	揭顶；复原筒瓦脊	重盖
	墙体	东、西山墙恢复屏风墙	加砌
	大木作	牮正构架；添换檐椽；换部分檐柱、墩接柱脚	
	小木作	隔扇、槛窗、隔断板壁、双面窗下板壁、门楣	新做
	石作	翻铺、增添阶沿石、石板地；新做井滩	
	砖细	方砖地	新做
	其他	拆除天井内非原有建筑、水泥地坪；淘井	
西轴线前进 (对厅)	屋面	揭顶；复原筒瓦脊	重盖
	墙体	东、西山墙恢复屏风墙；新砌南檐墙	
	大木作	牮正构架；添换 1/2 檐椽、轩架；墩接墙下柱脚	
	小木作	隔扇、槛窗、隔断板壁、双面窗下板壁、门楣	新做
	石作	翻铺阶沿石、门前石板地	
	砖细	新铺方砖地、加工轩望	
	其他	拆除天井内非原有建筑、室内水泥地坪、隔墙	
西轴线中进	屋面	揭顶；复原筒瓦脊	重盖
	墙体	东、西山墙恢复屏风墙；新砌南檐墙	
	大木作	牮正构架；添换 1/2 檐椽、轩椽；墩接墙下柱脚	
	小木作	隔扇、槛窗、隔断板壁、双面窗下板壁、门楣	新做
	石作	翻铺阶沿石、天井石板地	
	砖细	新铺方砖地	
	其他	拆除天井内非原有建筑、室内水泥地坪、隔墙	
西轴线后进	屋面	揭顶；复原筒瓦脊	重盖
	墙体	东、西山墙恢复屏风墙；新砌南檐墙	
	大木作	牮正构架；添换 1/2 檐椽、轩椽；墩接墙下柱脚	
	小木作	隔扇、槛窗、隔断板壁、双面窗下板壁、门楣	新做
	石作	翻铺阶沿石、天井石板地	
	砖细	新铺方砖地	
	其他	拆除天井内非原有建筑、室内水泥地坪、隔墙	

2) 小洋楼修缮方案

(1) 基础及台明

基础和台明用灰浆和青灰砌筑；地基在建房时夯筑较密实, 未发现较大的沉降；台明大部分砖表面轻度风化, 局部砌体松动, 砌筑灰浆脱落。

①风化砌体的修补：凿除风化的砖块，选用质地较好的青砖进行修补。

②松动砌体的修补：拆除已松动的砌体，砌筑时与原砌体的砖块搭接好，砌筑灰浆须饱满，砖的砌筑方法与砌体一致。

(2) 砖柱、砖券及墙体

由于砖柱和砖券已丧失承载能力，成为危险结构，所以砖柱、砖券须落地重新砌筑。砖柱和砖券应自上而下依次拆卸，并做好屋面结构的临时加固，确保施工安全，原墙柱上的旧红砖全部拆除，采用机制红砖砌筑，确保砌体强度，满足使用要求。

①砖柱修缮要求：按原砖柱的矩形、L 形和全圆形截面和尺寸恢复。原柱由柱墩、柱身和柱帽三个部分组成，拆卸后的砖柱应与原砖柱的形制保持一致。砖柱采用红砖和 M7.5 白石屑砂浆砌筑。柱墩、柱帽的线条和花饰按原样加工恢复。圆形截面砖柱，经放样加工后砌筑。

②砖券修缮要求： 东、西、北三个里面的砖券均为多跨连续砖券，底层为半圆券，二层为梳背券，其余外墙的门窗洞上部为单跨半圆券。砖券采用 M7.5 白石屑浆，红砖砌筑。砖券的矢高应与原砖券矢高一致，砖券砌筑应符合施工规范要求。砖券的砌筑砂浆达到强度后方可拆卸券模。

③墙体修缮要求：连续砖券上部的墙身用青砖砌筑，腰线采用加工后的红砖砌筑；为加强墙体的整体强度和刚度，券顶的墙身增设暗钢筋砖圈梁，砖圈梁高 30 厘米，内配 $3\phi6$ 钢筋共两层，用 M7.5 白石膏砂浆砌筑。挖补松动和严重腐朽风化的南立面砖墙墙体，修理松动的砖券。

(3) 木屋架

检查木屋架各个节点，木屋架支座须做防腐和加固；检查所有铁件，铁件螺栓如有松动，应将其锚固紧，锈蚀严重的铁件按原规格加工更换，新旧铁件涂刷防锈漆两遍。

(4) 木桁条、木椽

①木桁条修缮要求：逐根检查木桁条，换去腐朽和挠度过大的桁条，桁条的支撑处加固处理，使其安全可靠。

②木椽修缮要求：换去腐朽和挠度过大的木椽，原椽需整理和加钉加固。

(5) 瓦屋面

瓦望落地，依次铺盖望砖和底瓦、盖瓦。恢复和尚头屋脊。

(6) 地面

现地面为架空木地板，因长期维修保养较差，地板楞木支撑不牢固，受力后摇晃较大；地板面层拼缝不严密，楞木稀疏，地板面层柔度较大；因此木地板需拆除翻做。修缮要求如下：①拆除室内地板和楞木。②清理地板以下的垃圾，拆换通风洞小铁门。③拆砌损坏的砖墙墩和地垄墙。④安装经防腐处理的楞木和地板。⑤铺设地板，地板表面须刨平、刨光，地板背面涂刷防腐剂。

(7) 楼梯、楼面

木楼梯现设置在东廊内，查勘时，发现楼梯位置应在东一间室内，现楼梯是被后人移至东廊处。木楼梯因长期受风雨的侵蚀，其木材均已腐朽变质，并有蚁害现象，已岌岌可危。

①根据恢复文物原状的要求，将楼梯位置恢复到原有的位置上。

②木楼梯因楼梯梁柱腐朽，已不能正常使用，须拆除重做。修缮要求如下：拆除原有木

楼梯。在东间室内重新制作安装木楼梯。楼梯栏杆采用车木栏杆。

③楼面修缮要求如下：拆换修补不完整的楼板。修整缝隙较大的楼板，使之拼缝严密。拆换腐朽和翘曲过大的楼板。

(8) 天棚

修缮要求如下：①铲除灰板条天棚粉刷面层。②修补灰板条天棚。③用水泥、纸筋石灰粉刷天棚。④恢复天棚周边线条。⑤涂刷白色乳胶漆。

(9) 木门窗

拆除改制的木门窗，按现存的木门窗配制恢复，配制的木门窗材料尺寸、形式与原有木门窗一致。

(10) 粉刷

①内墙面修缮要求：铲除原墙内粉刷。混合砂浆粉内墙面。批白水泥，涂刷白色乳胶漆。

②外墙面修缮要求：采用白水泥掺铁红粉刷外墙面，铁红掺入量需先做小样，使其色泽接近于红砖，按砖的尺寸弹线割缝，做成仿红砖清水墙面，其砖缝为油灰灯草缝。

3) 测海楼修缮方案

(1) 屋面

①屋脊 (正脊)：正脊为花脊，主要由圆鼓、花砖、花档和瓦条等构件组成，花档图案为辘轳钱形式，共 2 个辘轳钱高，总长分为五档，用砖垛分隔。

②望砖：利用原有望砖，铺前先清理灰尘，再刷蓝浆干燥后做牙缝，进行望砖铺设。

③铺瓦：利用原有旧小瓦进行铺盖，底瓦窝牢窝实，保证底瓦搭盖外露长度不大于 1/3 瓦长，盖瓦搭盖外露长度不大于 1/5 瓦长。

④檐口花边瓦：根据现场做法和宁波天一阁实地考察，初步认为檐口只有花边瓦，无滴水瓦。是否用滴水瓦，经专家认定后，按确定方案施工。花边瓦采用原有花边瓦，不足部分先将其他房屋的花边瓦串用。

⑤檐沟：檐沟和落水管为白铁制作，其尺寸和形状按原样恢复，落水管截面为圆形，在施工中尽量将落水管放在不显眼之处。

(2) 木基层

现木基层的椽子为鸭蛋形圆椽，脑架和花架椽为矩形截面；瓦望拆除后，经过查勘，圆形椽用扒头钉固定，矩形椽用圆钉固定。修缮时，原有出檐椽、花架和脑架椽均需整理加钉，同时换去因挠度过大、腐朽、糟糠而失去承载能力的木椽。

铺望砖后，增设 SBS 防水油毡一层，防水油毡沿开间方向铺设，上下搭接长度不小于 5 厘米，用灰板条顺水固定。

(3) 木桁条

木桁条整理加固，使其水平度和上、下桁条间的落差高度和水平间距达到验收要求，保证屋面平整，曲线流畅，同时换去挠度过大、明显撕裂、腐朽或受白蚁危害的桁条。原桁条搁置长度达不到要求的亦应换去，原有桁条搁置点检查加固。

(4) 木构架

经测量，柱顶石上表面基本在一个水平面，个别柱下基础沉降 0.5~1.5 厘米 (明间 4 根金柱基础沉降 0.5~1.0 厘米)，不影响今后使用。

(5) 木装修

①木槛墙：现北檐两尽间保存有原槛墙，其做法是宁波仿石槛墙做法，即外框用料硕大，节点为平肩。

②古式木长窗：测海楼内现保存有部分古式长窗，其独特风格和做法明显与扬州做法不同，确定是测海楼内原长窗，修缮中严格按原长窗形制、工艺修复配齐。

③古式木短窗：现有的短窗认定为测海楼的原物，根据宁波市文管部门专家介绍，宁波式的门窗形式较简朴；测海楼与天一阁短窗相比较结构形式和工艺较接近，其差别是窗档玻璃四周没有饰物，可参照天一阁的短窗恢复饰物。

④木楼面：木楼面基本平整，不需要发平。修理时拆换腐朽、撕裂、未按规范修补和受白蚁危害的楼板。检查木楼楞，柔度较大的部位加固木楼楞使之牢固。

⑤木楼梯：现楼梯已破损，部分构件损坏，已不能安全使用，需要重新安装；原楼梯踏步板和踢脚板用料较薄，需要增厚，使其具有安全性和耐久性。楼梯扶手可参照天一阁扶手恢复。楼梯井木栏杆为车木栏杆，现已基本损坏，恢复时尽量保留仍可使用的构件，重新构置构件须与原构件的用料及外形一致。

(6) 地面

按原使用功能恢复方砖地面和地板。

①地面：方砖地面采用架空铺法，即基层出土后增加混凝土垫层和油毡防潮层，在混凝土垫层上用砂浆砌筑地垄墙，方砖铺设在地垄墙上。

②地板：基层设混凝土垫层和油毡防水层，在整层上用砂浆砌筑地垄墙，地板楞搁置在地垄墙上，地板铺设在楞木上，地板厚 4~4.5 厘米，上表面刨平、刨光，地板下表面及地板楞均做防腐处理。

(7) 屏风墙及墙体

①屏风墙分段尺寸：按宁波做法，屏风墙分段为最顶一层长度为 2 份，其余层段各 1 份。

②屏风墙正立面：向外侧缓缓升起，升起坡度约为 7%。

③屏风墙垛头、铲巴按现存遗迹恢复。

④屏风墙屋脊为砖制品实砌，而不同于扬州用小瓦筑成。

原有墙体需要拆修或增砌，外墙面均为清水墙，用青灰砌筑，原墙是空斗墙的仍按空斗墙恢复，其砖的尺寸和砌筑方法与原墙保持一致，原墙是乱砖墙的仍按乱砖墙恢复。

4) 西轴线后进房修缮方案

(1) 拆除工程

拆除保护建筑以外乱搭乱建的房屋后，依次拆卸瓦屋面、木椽和墙体。

(2) 木构架

①复核木构架水平度，凡柱基沉降大于 2 厘米的独立基础，均需将其柱下石礅抬高复位，安装平整。

②复核木柱的垂直度，将木柱根部定位于相应纵横轴线交点的位置上，校核木柱纵横方向的垂直度，凡整根柱倾斜度超过 15 毫米的木柱均需牮正，使柱保持垂直。

③牮正木构架时先复核柱距尺寸，无误后用木枋将相邻柱互相连接，再牮正校核木柱的垂直度。校正后用木枋连接相邻的主要构件，并采用临时剪刀撑固定木构架，防止牮正好的

构架变形跑位；在施工时要经常检查木构件所在的位置和木柱的垂直度，发现跑偏立即校正；屋面瓦作工程结束后方可拆卸临时支撑和剪刀撑，拆卸时应缓缓依次拆卸，防止木构架回位。

④依次检查柱、梁、枋损坏程度，靠墙柱糟朽不超过柱径 1/3 时，采用杉木进行镶接，柱的下部糟朽时采用墩接方法接柱。靠墙木柱接补后，与墙接触的柱表面刷沥青漆两遍。逐根检查梁的节点，如梁的榫头撕裂应将其补好，榫头断裂的梁应将其换去，新换梁的长度、截面尺寸和形状应与原梁一致。逐根检查枋，凡变形不大的枋应继续使用，挠度过大和损伤严重的枋应换去。所有锚固的键销均重新制作安装，垒正复位后，各榫卯节点用键销锚固。

⑤连接构架的枋，应保证其完整，凡被锯去的枋，均按原制配制恢复。

⑥单、双步梁下雀替，柱顶和梁下的座斗等小构件，如有破损需进行修复，缺少的小构件按原制补齐。

(3) 木桁条

木桁条整理加固、校正位置，使其水平度和相邻桁条间的落差高度和水平间距达到验收要求，保证屋面平整，曲线流畅。

①换去挠度过大和明显撕裂失去承载能力的木桁条。

②换去受虫蚁危害的木桁条。

③新换的木桁条其截面尺寸应与原桁条一致。

(4) 墙体

①原墙拆卸后，剔除无面和破碎的砖，外墙面挑选清洁整齐的旧砖砌筑。

②墙面为清水墙，采用青灰砌筑。

③原墙体多处产生裂缝，产生裂缝的原因一是墙上后开门窗过多，二是基础不均匀沉降，但地基经 100 年的受压，基础沉降应趋于稳定。为了增强墙体的刚度，砌墙时在砖基内和檐口部位增设暗钢筋砖圈梁一道，砖圈梁高 300 毫米，M7.5 水泥砂浆砌筑，每道砖圈梁内配 6ϕ6 钢筋，分上、下两层设置。

④屏风墙：按东轴线的屏风墙恢复。

(5) 木椽

①换去糟朽和受蚁害侵蚀的木椽。

②新换的木椽采用杉木制作，木椽的截面形状与原椽一致。

③木椽安装应牢固，位置准确。

④望砖铺设后，增设 SBC 防水油毡一层，防水油毡沿开间方向铺设水平搭接长度不小于 5 厘米，垂直搭接长度不小于 10 厘米，用灰板条固定。

(6) 屋面铺瓦

①屋脊：屋脊为花脊，主要由圆鼓、花砖、花档和瓦条等构件组成，花档图案为轱辘钱形式，总长分为三档，用砖垛分隔。

②望砖铺设：利用原有望砖铺设，铺设前先清理望砖上的灰尘，望砖表面刷蓝浆干燥后做牙缝。铺设时应剔去有裂缝和缺角等有缺陷的望砖。铺钉防水油毡后，应在屋面下部检查有无断裂望砖，发现后及时将断望砖换去。旧望砖数量不足时，用规格相近的新望砖补齐。

③屋面铺瓦：利用原有和新添的小青瓦铺盖，底瓦要窝牢窝实，保证底瓦搭盖外露长度不大于 1/3 瓦长，盖瓦搭盖外露长度不大于 1/5 瓦长，瓦行边缘保持顺直，屋面坡度曲线应圆滑。

④檐口花边瓦：檐口用花边瓦，不用滴水瓦。

(7) 地面

按原使用功能恢复方砖和地板。

①方砖地面：现方砖地面均改为水泥地面和釉面砖地面，方砖铺设前，先将改后地面面层拆除，将地面土挖至 −0.30 米时平整夯实，铺 10 厘米厚清水碎石一层，浇筑 10 厘米厚 C15 混凝土垫层，在混凝土层上铺设方砖。方砖结合层采用 1:3 水泥砂浆。

②地板：地板基层增设 10 厘米厚 M5 混凝土垫层和油毡防水层。在混凝土垫层上用 M7.5 水泥砂浆砌筑地垄墙，地板楞搁置在地垄墙上，地板铺设在地板楞木上，地板采用厚 4~4.5 厘米杉木板制作安装，上表面铺设后刨平、刨光。地板下表面和地板楞均做防腐处理。地板楞铺设后，铺地板前应将基层杂物垃圾清理干净，同时安装好通风洞口。

(8) 木装修

①木长窗：主要用于明间前、后步柱间，由于明间开间为 4.65 米，所以开间定为 8 扇长窗，每扇宽度不超过 0.55 米；长窗上部横披做成楣窗，通往厢房的檐步柱间为对开长窗。由于原房内长窗全部失落，长窗的花饰图案参照测海楼做法制作。

②木短窗：木短窗用于正房明间以外的房间，与长窗并列；厢房檐口处也用短窗，木短窗上部为楣窗，下部施槛墙。

③木槛：木槛墙为仿石槛墙做法，具有用料大、结构简单、粗犷的特点。

④天棚：除明、次间为"彻上明造"，其余房屋均有木天棚，天棚骨架由楞木、龙筋和吊筋组成，面层采用薄板。

2. 复建方案

1) 复建依据与要求

复建原则：①应遵循"不改变文物原状"的原则，全面地保存、延续文物建筑的真实历史信息和价值。②按照吴氏宅第原有的建筑形制进行修复，保持原来的平面布局、原来的造型、原来的艺术风格。③以吴氏宅第现存建筑的结构形式为样本，使复建建筑的结构形式与原有建筑的结构形式保持一致。④参照吴氏宅第原有建筑的建筑材料进行修复，不随意采用现代材料代替传统材料。⑤按照吴氏宅第现存建筑的工艺技术进行修复，保持传统工艺手法。

修缮依据：①对吴氏宅第已毁房屋的调查和发掘，确定房屋的平面尺寸、柱网尺寸、墙体的趋向和砖墙的厚度。②根据现存和已毁建筑相连处墙体上遗留的柱口、梁口等残迹传递的信息，作为确定复建房屋的檐口高度、进深尺寸和柱、梁截面尺寸的重要依据。③根据吴氏后人和熟悉该房屋的老人提供的房屋内部装修分布状况和细部构造、知情人反映的可信信息作为恢复内部装修的参考依据。④依据于现存建筑提供的建筑形制、风格和艺术等方面的信息。

2) 复建方案与措施

(1) 平立面布置

①西轴线：在后进房的厢房北侧恢复面阔为七开间的二层砖木结构住宅。

②补一轴线 (第四轴线)：照厅以北恢复面阔为七开间的中进、后进和后楼房屋，各进房屋在尽间处以厢房相连，后楼为二层，全部为砖木结构。

③补二轴线 (第五轴线)：南端首进恢复面阔四开间房屋，第二、三进均为面阔三开间房屋，第一至第三进的房屋均为一层砖木结构房屋，第四进为面阔三间二层砖木结构房屋。

④补建轴线一、二层平面、立面和剖面图详见图 10-58～图 10-67。

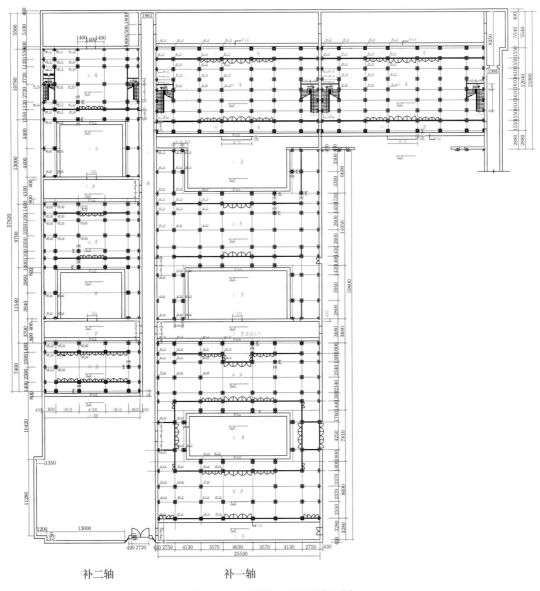

补二轴　　　　　　　补一轴

图 10-58　补轴一层平面布置图

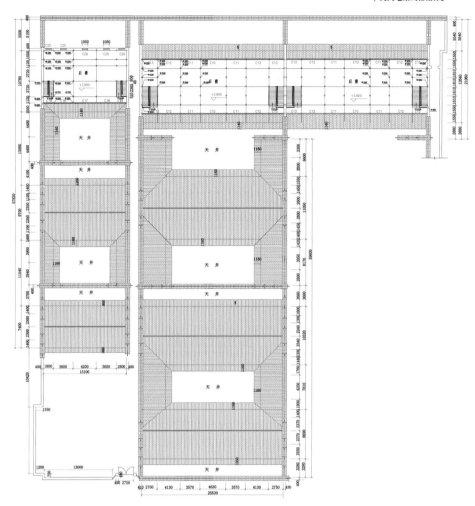

图 10-59　补轴二层平面布置图

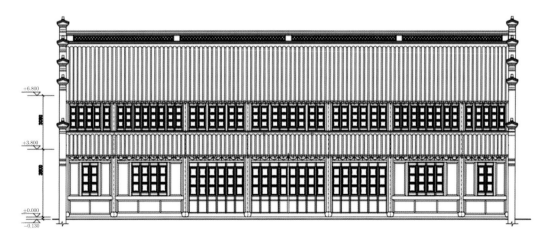

图 10-60　补一轴（西轴）后楼北立面图

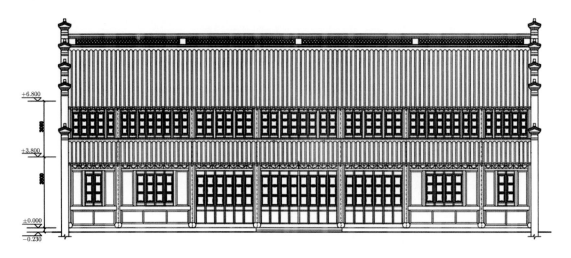

图 10-61　补一轴 (西轴) 后楼南立面图

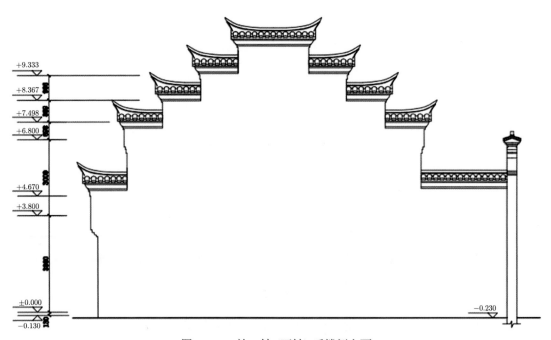

图 10-62　补一轴 (西轴) 后楼侧立面

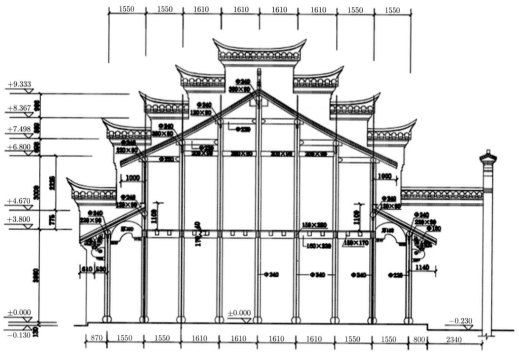

图 10-63　补一轴 (西轴) 后楼明、次间剖面图

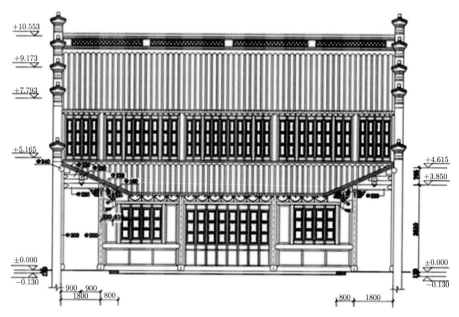

图 10-64　补二轴后楼南立面

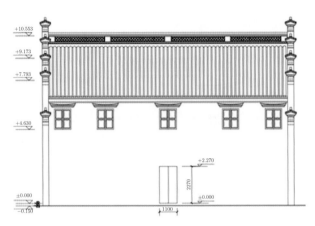

图 10-65　补二轴后楼北立面

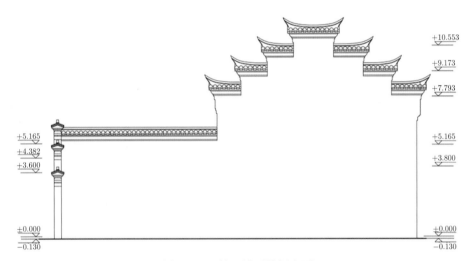

图 10-66　补二轴后楼侧立面

(2) 基础

正房的山墙、后檐墙，厢房的后檐墙均为条形基础。木柱下均为独立基础。天井的阶沿下为挡土墙。

墙下基础采用 C20 钢筋混凝土和砖条形基础，砖基础用 MU7.5 标准砖、M10 水泥砂浆砌筑，砖基础自地面以下 2 皮砖起采用仿古青砖、青灰浆砌筑。基础以下设 10 厘米厚 C10 混凝土垫层，垫层每边比基础宽 10 厘米。

①条形砖基础：基础埋深 0.60 米，墙厚 0.38 米，基础底面宽 0.76 米，三层台阶式大放脚基础。

②柱下独立基础：凡木构架柱下均为独立基础，混凝土独立基础底面尺寸为 1.20 米 ×1.20 米，高为 0.35 米，内配 $\phi10@150$ 钢筋（双向）。混凝土基础扩顶面尺寸为 0.59 米 ×0.59 米，扩大顶面以上为 0.49 米 ×0.49 米的矩形砖柱墩。

③挡土墙砖基础：阶沿石下设砖砌挡土墙，基础埋深 0.60 米，一层大放脚，基础底面宽 0.62 米，墙厚 0.50 米。

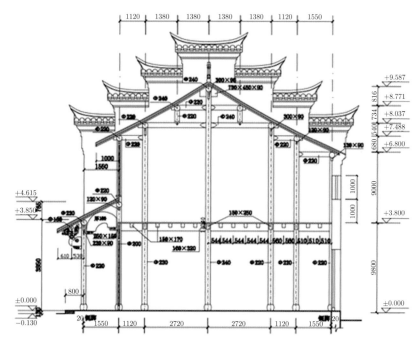

图 10-67　补二轴后楼明间剖面图

(3) 木构架

木构架的形制参照东、中轴线上的现存建筑，主要有立帖式和抬梁式两种形式，其特点是木桁条上表面与单、双步梁上表面齐平，构架的端部和配件均饰以雕刻，部分矮柱以大斗的形式代之。

正房与厢房转角处不设木柱，上部的桁条以悬挑形式进行端部连接，节点下悬木雕花篮。

①木构架制作。木构架制作以手工为主，辅以机械。木构架节点全部由榫卯结合，梁与柱结合时其榫卯采用千斤梢固定。单步梁立面做成弓形，双步梁两端均挖采，最上面的单步梁在金桁下方以大斗形式搁置在双步梁上。单、双步梁的端头下部均设置雀替，檐柱的上部设大斗和一字斗栱支撑檐桁。开间方向在檐柱和步 (金) 柱上方用上、下枋连接木柱，上、下枋之间为夹樘板，双面蒙平后与上、下枋齐平。

木构架制作时榫卯需严密，尺寸要准确，所有榫卯制作后必须在地面试装，并复核试装连接后的尺寸，经修整后达到设计要求。试装后各构件按所在轴线和所处的位置进行编号、存放，等待安装。

②木构架安装。木构架安装前，须复核柱网的水平尺寸和各磉石的水平度，搭设安装构架的脚手架。安装木构架应从正房开始，沿横轴线依次进行，正房木构架安装结束后再安装厢房木构架。

安装木构架从"退盘"开始，先将木柱的柱顶石高度量取准确，截去柱根部多余的部分，使各木柱安装后的高度与设计高度一致。截后的木柱底面应与柱顶石顶面接触严密。退盘后按照顺序拼装木构架的各分件，进行榫卯连接，并使各榫卯完全就位。

第一轴线木构架拼装后将其竖立就位，并用木枋将柱的根部进行连接，连接时，相邻两柱的轴线应平行。就位后进行吊正，并用拉杆、斜撑将木构架固定，防止位移倾覆。每一轴线木构架安装后，依次安装其余轴线的木构架，并依次安装开间方向的木顺枋，依此类推，直至木构架安装完毕。

安装后复核各柱的轴线尺寸和纵横方向的垂直度，无误后用支撑固定，使木构架形成足够的刚度。木构架全部安装后，直至屋面工程结束，每天应有专人检查木构架受力后有无位移、变形的现象，发现问题及时采取措施进行纠正。

(4) 木桁条、木椽

①木桁条制作与安装。木桁条按图示尺寸进行制作，桁条选好后，用斧砍成粗圆后再刨圆刨光。桁条两端做出榫卯。

安装木桁条先从明间开始，再依次安装次间、梢间和厢房。桁条与桁条之间、桁条与木构架之间全部采用榫卯连接，根据宁波式木构架的特点，木桁条与所在位置的单、双步梁的上表面在同一个水平面。桁条安装复核无误后钉好分山木椽。

②木椽制作安装。根据木构架的举架尺寸，算出各种椽的长度尺寸，并加上椽掌面和齐头的后备尺寸作为椽的配料长度，椽配好后将其刨直刨光。做出各种椽的足尺样板，椽搭接的掌面应严密，根据样板制作各种椽，制作后将椽分类码放、点数备用。

木椽安装前先在脊、檐桁上画出椽的安装线，相邻椽的间距须一致。椽先从尽间的一端开始安装，依次安装结束。每路椽安装时，应校核上下椽的顺直，相邻椽的上表面应水平。椽安装后檐口钉上里口木。截去多余的椽头，沿桁各部位临时钉上眼檐勒望条。

(5) 砖墙

①山墙、围墙。山墙和围墙连为一体，全部为青砖青灰砌筑的清水墙。砌筑砖采用仿古砖，基础以上至檐口为实心墙，檐口以上为空斗墙。墙体砌筑前应将砖块在墙上试摆，并调整砖的顶头灰缝后再进行砌筑。墙体砌筑时灰缝要饱满，要控制灰缝的厚度，要保持墙体的"三度"。

②屏风墙。砌筑屏风墙前，根据房屋的进深尺寸，计算出各屏风墙的长度，砌筑屏风墙和围墙时，其挂枋、线条应相应砌好，并用青灰进行粉刷。屏风墙上瓦顶和脊，参照吴氏宅第东、中轴房屋的做法。

③礓石及柱顶石。礓石平面为正方形，圆形镜面凸出礓面。柱顶石分为两种形式：外檐柱下为蘑菇状，表面雕饰如意头图案；内檐柱下为圆鼓状，表面素平，不雕饰。处于过道处的柱顶石自带金刚腿，供安装石槛作连接之用。

礓石和柱顶石的石质与色泽应与现存相应构件基本相同。

(6) 瓦屋面

①铺望。根据房屋的用途，"彻上明造"的房屋按清水望铺法施工，露明造的房屋按糙望铺法施工，清水望砖应在铺望前1~2天淋上白牙线。

蓬轩的轩椽上铺盖做细望砖，做细望砖制作前应根据轩椽平直和曲面部分的尺寸确定望砖的宽度和块数。望砖的平面弧度应与轩椽弧度一致。

铺盖望砖时应自下而上依次进行，当铺至下、中、上金桁时，将临时固定勒望条撬起后紧贴望砖上侧面固定好，继续向上铺盖望砖直至全部结束。

做细望砖铺盖方法与清水望砖铺盖方法基本相同，但须在望砖上表面满抹一层30毫米厚的麻刀灰,并将灰面抹平、压实。

铺望时应剔除缺角、断裂和火焖长度大于 1/4 望砖宽的望砖,盖瓦前和盖瓦结束后应在室内用眼检查望砖是否有断裂现象,发现断裂望砖应及时补上。

②防水层。清、混水望砖铺盖结束后,在望砖上表面满铺 SBS 防水卷材和玻纤网格布各一层,卷材沿房屋进深方向铺设,采用焊接搭拉,卷材铺设应平整,并用顺水条固定在木椽上。

③屋脊。筑脊前,根据房屋总面阔长度,计算出瓦的行数和行距,筑脊时,先将嵌入脊内的底瓦和盖瓦摆好,按照筑脊的顺序先做脊胎,做脊胎时应将嵌入脊胎内的底、盖瓦窝牢窝实。依次砌好花脊框档,用筒瓦切割加工成所需的尺寸,架设花档,砌筑压顶。

④铺瓦。根据预留在脊内的底瓦和盖瓦,逐行进行铺盖。铺底瓦时应将底瓦窝牢窝实,底瓦搭接长度不小于瓦长的 2/3,铺盖瓦时的搭接长度不小于瓦长的 1/5。铺瓦时应用直木条检查瓦行的顺直,屋面曲线应圆滑。檐口铺设扇形花边瓦。

⑤斜沟。斜沟位于正房与厢房屋面相交处,呈 45°,斜沟底采用大号底瓦铺设,斜沟两侧的底、盖瓦应切割成 45°,成形后的瓦端应成直线,斜沟的宽度应满足排水流畅的要求。

(7) 楼、地面

①室内方砖地面。按照图纸构造尺寸,将室内地面降至设计要求,将地面土整平、夯实,铺设 10 厘米厚清水碎石,浇筑 6 厘米厚 C10 混凝土垫层,在混凝土垫层上铺设加工磨光后的方砖。方砖结合缝用 1:3 水泥砂浆。方砖沿房屋纵向呈 45° 斜向铺设,方砖地面铺设后需进行 7 天自然养护和成品保护。

②木地板。根据设计图纸铺设木地板,木地板采取架空法进行铺设。将室内地面降至设计标高,沿进深方向砌筑地垄墙,地板楞木搁置在地垄墙上,地板铺设在地板楞上。地垄墙采用 M5 水泥砂浆、标准红砖砌筑;地板楞搁置应水平,上表面符合起拱要求,地板楞安装应牢固。地板以下需通风,通风口设在基础墙上,须有防止鼠蛙类进入和雨水倒灌的功能。木地板铺设须牢固,接缝严密,平整度符合验收要求,地板表面应无刨痕、戗搓。木地板、木地楞铺设前应进行防虫和防腐处理。

③木楼面。木楼楞安装前,先清理楼搁栅上的杂物和灰尘;按照间距要求将楼楞固定在楼搁栅上,楼搁栅上表面应在同一个表面;木楼板铺设在楼楞木上,楼板铺设应牢固,接缝应严密,平整度应符合验收要求;楼板表面应无刨痕、戗搓。

④木楼梯。凡二层房屋均设木楼梯,根据房屋的层高,确定楼梯踏步数量和每个踏步的尺寸,确定休息平台的高度,每座楼梯上、下跑的踏步尺寸应一致。楼梯的柱、梁应以榫卯连接,各部件尺寸应精确;踏脚板应水平,踢脚板应垂直,并安装牢固;楼梯栏杆为车木栏杆,栏杆两端与扶手和踏脚板用榫卯连接。楼梯井口的侧面施以木栏杆围护。

⑤天井地面。阶沿石铺设在挡土墙上,铺设时阶沿石下方应用水泥砂浆填实,不允许松动,相邻阶沿石的接缝应严密,阶沿石上表面应平整,并向天井方向以 2% 的坡度泛水。

天井地面铺设石板材,铺设前先将地面降至设计高度,找平夯实后铺设碎石垫层和混凝土垫层。在混凝土垫层上铺设石板材,石板材结合层应密实,表面应平整,接缝应严密。天井四角设排水口将雨水排入下水道。

火巷为石材地面,铺设方法同天井地面。

(8) 木装修

①古式木长窗。古式长窗设置在明间及通道出入口处，长窗以上为楣窗，根据开间尺寸，每间分为 6～8 扇。长窗为八抹头，上半部由窗档组成，窗档四周为镂空花牙条装饰，窗档内安装平板玻璃，下半部由绦环板和裙板组成。

②古式木短窗。古式木短窗设置在次间和梢间前、后檐处，楼房通面阔均以短窗围护。一层房屋为五抹头短窗，上部设楣窗，下部设为仿石材做法的木槛墙，二层为六抹头短窗，下设裙板围护。短窗做法及花饰均同长窗。

木槛墙为仿石槛墙做法，主要特点为用料硕大，结构粗犷牢固。

③支摘窗。支摘窗用于厅房明间以外的开间围护。支摘窗上部为楣窗，下部为木槛墙。支摘窗共分三樘。上档窗为固定形式，中档窗向外侧支启，下档窗向内可摘。

④板隔墙。板隔墙用于各轴线间需要进行分隔的部位。板隔墙采用 2.5 厘米厚的木板，正、背面刨光，四周入槽，不用板托固定，垂直部位入槽入抱柱内，上端入槽上槛内，下端入槽于地栿内。

⑤天棚。天棚采用木板面层，面层固定在天棚楞木上，天棚楞木吊在木桁条上。二层房屋的底层天棚面层直接安装在楼楞下方。

(9) 油漆装饰

①木装饰。内墙面采用 1:1:4 混合砂浆粉刷，批底后刷白色乳胶漆三遍，乳胶漆选用偏暗的品种。

②木构架、木装修。木材面油漆均采用一遍桐油、三遍调和漆。但走廊外侧柱基层采用地仗做法，油漆采用生漆，地仗及油漆遍数待施工时根据具体情况再确定，确定后编写专项施工方案。

第五节　典型建筑修缮前后对比照片

吴氏宅第自 2003 年 11 月 22 日开始一期修缮工程，2004 年 5 月 10 日开始二期修缮工程，2005 年 1 月一期、二期工程同时通过验收。工程严格按照修缮方案实施，保质保量地完成了任务。图 10-68～图 10-79 为主要工程项目修缮前后的对比照片。

(a) 修缮前　　　　　　　　　　　　　　　(b) 修缮后

图 10-68　东轴线东立面

(a) 修缮前   (b) 修缮后

图 10-69   东轴线小洋楼

(a) 修缮前   (b) 修缮后

图 10-70   东轴线测海楼南立面

(a) 修缮前   (b) 修缮后

图 10-71   东轴线测海楼前水池

(a) 修缮前　　　　　　　　　　　　　　　　　(b) 修缮后

图 10-72　中轴线二门厅南立面

(a) 修缮前　　　　　　　　　　　　　　　　　(b) 修缮后

图 10-73　西轴线南立面

(a) 修缮前　　　　　　　　　　　　　　　　　(b) 修缮后

图 10-74　中轴线木构架

(a) 修缮前　　　　　　　　　　　　　　(b) 修缮后

图 10-75　中轴线前进大门菱角轩

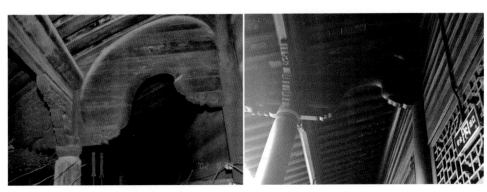

(a) 修缮前　　　　　　　　　　　　　　(b) 修缮后

图 10-76　中轴线中进环廊柁梁

(a) 修缮前　　　　　　　　　　　　　　(b) 修缮后

图 10-77　中轴线前进如意柱础

(a) 修缮前   (b) 修缮后

图 10-78　中轴线前进西侧屏风墙

(a) 修缮前   (b) 修缮后

图 10-79　中轴线中进天井石板地面

参 考 文 献

白丽娟, 王景福. 2007. 古建清代木构造. 北京: 中国建材工业出版社.

陈从周. 2007. 扬州园林. 上海: 同济大学出版社.

国际古迹遗址理事会中国国家委员会. 2015. 中国文物古迹保护准则 (2015 年修订). 北京: 文物出版社.

国家技术监督局, 中华人民共和国建设部. 1993. 古建筑木结构维护与加固技术规范: GB 50165—1992.
    北京: 中国建筑工业出版社.

国家文物局. 2013. 文物保护工程设计文件编制深度要求 (试行).

计成. 2015. 园冶. 扬州: 广陵书社.

李斗. 2017. 扬州画舫录. 陈文和点校. 扬州: 广陵书社.

李诫. 2006. 营造法式. 北京: 中国建筑工业出版社.

梁思成. 2006. 清工部《工程做法则例》图解. 北京: 清华大学出版社.

刘大可. 1993. 中国古建筑瓦石营法. 北京: 中国建筑工业出版社.

罗哲文. 2001. 中国古代建筑. 上海: 上海古籍出版社.

马炳坚. 1991. 中国古建筑木作营造技术. 北京: 科学出版社.

韦明铧. 2003. 风雨豪门: 扬州盐商大宅院. 扬州: 广陵书社.

文化部文物保护科研所. 1983. 中国古建筑修缮技术. 北京: 中国建筑工业出版社.

袁建力, 杨韵. 2017. 打牮拨正 —— 木构架古建筑纠偏工艺的传承与发展. 北京: 科学出版社.

中华人民共和国建设部. 1997. 古建筑修建工程质量检验评定标准 (南方地区): CJJ 70—1996. 北京:
    中国建筑工业出版社.

中华人民共和国建设部. 2004. 木结构设计规范: GB 50005—2003. 北京: 中国建筑工业出版社.

中华人民共和国文化部. 2003. 文物保护工程管理办法. 中华人民共和国国务院公报, 26.

中华人民共和国文物保护法, 中华人民共和国文物保护法实施条例 (2017 年最新修订). 2017. 北京: 中
    国法制出版社.

中华人民共和国住房和城乡建设部. 2008. 古建筑修建工程施工与质量验收规范: JGJ 159—2008. 北京:
    中国建筑工业出版社.

中华人民共和国住房和城乡建设部. 2013. 木结构工程施工质量验收规范: GB 50206—2012. 北京: 中
    国建筑工业出版社.

朱江. 1990. 扬州园林品赏录. 上海: 上海文化出版社.

祝纪楠. 2012.《营造法原》诠释. 北京: 中国建筑工业出版社.

索　引